普通高等教育"十二五"规划教材

EDA 技术及应用

主　编　周　彬

副主编　程进军　龚成莹

主　审　赵又新

北京邮电大学出版社

www.buptpress.com

内 容 简 介

本书以学生岗位能力培养为核心，体现工学结合教学模式，以提高实际工程应用能力为目的，通过实例引入，深入浅出地介绍EDA技术，VHDL语句，程序结构及语法规则，EDA设计流程以及FPGA开发应用的相关知识，并给出了丰富翔实的实例。读者阅读本书并动手完成书中项目后，能初步建立起EDA的知识架构、学会使用Quartus Ⅱ开发软件平台、掌握EDA技术的开发流程和学会常用数字电路的设计方法和手段。

本书可作为高职高专院校、成人高校、民办院校及二级职业技术学院的电子信息工程、通信技术、工业自动化、计算机技术、应用电子技术及仪器仪表等专业的教材，也适用于中职相关专业，并可作为相关专业技术人员的自学参考书。

图书在版编目(CIP)数据

EDA技术及应用 / 周彬主编. -- 北京 : 北京邮电大学出版社，2014.9

ISBN 978-7-5635-4041-9

Ⅰ. ①E… Ⅱ. ①周… Ⅲ. ①电子电路—电路设计—计算机辅助设计 Ⅳ. ①TN702

中国版本图书馆CIP数据核字(2014)第142237号

书　　名：EDA技术及应用

著作责任者：周　彬　主编

责 任 编 辑：刘　颖

出 版 发 行：北京邮电大学出版社

社　　址：北京市海淀区西土城路10号(邮编：100876)

发 行 部：电话：010-62282185　传真：010-62283578

E-mail：publish@bupt. edu. cn

经　　销：各地新华书店

印　　刷：北京鑫丰华彩印有限公司

开　　本：787 mm×1 092 mm　1/16

印　　张：14.25

字　　数：371千字

印　　数：1—2 000册

版　　次：2014年9月第1版　2014年9月第1次印刷

ISBN 978-7-5635-4041-9　　定　价：32.00元

前　言

20世纪末，电子技术获得了飞速发展，在其推动下，现代电子产品几乎渗透到社会的各个领域，有力推动了社会生产力的发展和社会信息化程度的提高，同时也使现代电子产品性能进一步提高，产品更新换代越来越快。EDA技术融合多学科于一体，又渗透于各个学科之中，打破了软件和硬件的壁垒，使计算机的软件技术与硬件实现、设计效率和产品性能合二为一。EDA技术代表了电子技术和应用技术的发展方向，因此它也成为许多高职高专院校电类专业学生必修的一门课程。

本书充分体现了"理论与实践一体化"的教学模式。本书结合EDA相关岗位能力需要，以模块为载体，将每个模块分解为若干单元模块，每个单元模块从最简单的系统设计任务出发。由实际问题入手引出相关知识和理论，并对其进行了深入、详细的讲解，将理论和实践融为一体。此外，书中提供了一定量的实训项目，以加强学生的技能培养。

本书依据高职高专学校学生培养目标，联系实际，突出应用，注重培养学生的动手操作能力和分析、解决问题的技能。本书将EDA技术的基本理论、EDA软件平台Quartus Ⅱ的使用方法、VHDL知识及其语法要素和规则、FPGA开发流程等内容都渗透于精心设计的简单、直观、典型的设计任务之中，将VHDL最核心、最基本的内容解释清楚，而避开纯粹VHDL语法特点的一味讲解、分析，使学生在相对轻松、有趣的状态下把握VHDL的主干内容，并学会利用CPLD/FPGA器件设计简单的数字系统的步骤和方法。

本书编写时结合本校和兄弟院校不同专业的教学经验和就业岗位群工作范围，力求在内容、结构、理论和实践教学方面充分体现高职高专教育的特色和任务。全书共5个大模块。模块一简要介绍EDA技术、CPLD/FPGA的结构原理及其常用开发工具，了解基于CPLD/FPGA的EDA设计流程；模块二介绍了Quartus Ⅱ 原理图输入设计方法，以任务的形式分别讲述了利用Quartus Ⅱ 开发环境自带的基本门电路、Maxplus2老式宏函数、LPM函数进行原理图输入法设计的方法，同时用小型数字系统的设计方法讲述了层次化设计思想；模块三、模块四讲述了Quartus Ⅱ 中VHDL设计方法，同样以任务引入，通过大量的数字电路中常见的简单电路器件功能和实现，将VHDL程序结构和设计方法的知识点贯穿其中，使学生更易接受；模块五选用相对大一点的数字系统作为设计对象，利用之前讲过的Quartus Ⅱ 原理图输入方法和VHDL语言设计实现，充分反映了EDA技术自顶向下的层次化设计思路。

本教材设计任务丰富，很适合边学边练，学生只需将书中提供的设计程序或设计方法按步骤在Quartus Ⅱ 9.0平台上输入计算机，就可完成波形仿真和硬件下载测试，同时各章都安排了一定量的习题和实训项目，使学生对每章内容能及时巩固和通过实验得到强化。

本书模块一由秦玉娟编写，模块二由周彬编写，模块三由龚成莹编写，模块四由龚成莹、何辉编写，模块五由程进军、周彬编写，各模块习题、实训项目由程进军编写。全书由周彬统稿，赵又新教授主审。

由于我们经验和水平有限，书中难免有疏漏和不妥之处，恳请广大读者批评指正。

编　者

目　　录

模块一

概　　述

21世纪是信息时代，集成电路是信息技术的基石，我们通常所接触的电子产品，包括通信系统、计算机与网络系统、智能化系统、自动控制系统、空间技术、数字家电等，都离不开集成电路，而集成电路的设计离不开EDA（Electronic Design Automation，电子设计自动化）技术。本模块的基本知识点如下：

（1）EDA的基础知识；

（2）常用EDA开发工具；

（3）EDA设计流程。

单元模块一　EDA基础知识

信息社会的标志产品是电子产品。现代电子产品的性能越来越高，复杂度越来越大，更新步伐也越来越快。实现这种进步的主要原因就是微电子技术和电子技术的发展。前者以微细加工技术为代表，目前已进入超深亚微米阶段，可以在几平方厘米的芯片上集成几千万个晶体管；后者的核心就是电子设计自动化EDA技术。EDA技术是现代电子信息工程领域中一门新技术，它提供了一种基于计算机和信息技术的电子系统设计方法，它的发展和推广极大地推动了电子工业的发展，已成为电子工业中不可缺少的一项主要技术。

现代电子设计的核心已日趋转向基于计算机的电子设计自动化技术，即EDA技术，EDA是指以计算机为工作平台，融合应用电子技术、计算机技术、智能化技术最新成果而研制成的CAD通用软件包，主要能辅助进行三方面的设计工作：IC设计、电子电路设计和PCB设计。没有EDA技术的支持，想要完成超大规模集成电路的设计制造是不可想象的，反过来，生产制造技术的不断进步又必将对EDA技术提出新的要求。

一、EDA的定义及分类

1. EDA的定义

EDA是指利用计算机完成电子系统的设计。

EDA技术以计算机为工作平台，以相关的EDA软件为开发工具，以大规模可编程逻辑器件为设计载体，以硬件描述语言 HDL(Hardware Description Language)为系统逻辑描述的主要方式，自动完成系统算法和电路设计。其本质就是利用硬件描述语言和 EDA 软件来完成对系统硬件功能的实现。

2. EDA 技术的分类

EDA 技术分广义的 EDA 技术和狭义的 EDA 技术。

广义的 EDA 技术是指以计算机和微电子技术为先导，汇集了计算机图形学、数据库管理、图论和拓扑逻辑、编译原理、微电子工艺与结构学和计算数学等多种计算机应用学科最新成果的先进技术。

狭义的 EDA 技术是指以大规模可编程逻辑器件为载体，以硬件描述语言 HDL 为系统逻辑的主要表达方式，借助功能强大的计算机，在 EDA 工具软件平台上，对用 HDL 描述完成的设计文件，自动完成用软件方式设计的电子系统到硬件系统的逻辑编译、逻辑简化、逻辑分割、逻辑综合及优化、逻辑布局布线、逻辑仿真，直至对特定目标芯片的适配编译、逻辑映射、编程下载等工作，最终形成集成电子系统或专用集成芯片(Application Specific Integrated Circuits，ASIC)的一门新技术。本书中提到的 EDA 技术指的是狭义的 EDA 技术。

二、EDA 发展状况

EDA 技术是现代电子设计的核心。它的发展以计算机科学、微电子技术的发展为基础，并融合了应用电子技术、智能技术及计算机图形学、拓扑学、计算数学等众多学科的最新成果，现已成为现代电子设计的主要技术手段，无论是电子系统的设计还是集成芯片的设计，都需要 EDA 技术的支持，否则将难以完成。

EDA 技术的发展，大致经历了三个发展阶段：计算机辅助设计 CAD 阶段，计算机辅助工程设计 CAE 阶段和电子设计自动化 EDA 阶段。

(1) 计算机辅助设计(CAD)阶段

20 世纪 70 年代是 EDA 技术发展初期。这一时期硬件设计大量选用中、小规模标准集成电路。传统的手工布图方法无法满足产品复杂性的要求，更不能满足工作效率的要求。

人们开始利用计算机代替人的手工劳动，辅助进行集成电路版图编辑、PCB 布局布线等工作。CAD 阶段是 EDA 技术发展的初级阶段。

(2) 计算机辅助工程设计(CAE)阶段

20 世纪 80 年代初推出的 EDA 工具则以逻辑模拟、定时分析、故障仿真、自动布局和布线为核心，重点解决电路设计没有完成之前的功能检测等问题。利用这些工具，设计师能在产品制作之前预知产品的功能与性能，能生成产品制造文件，使设计阶段对产品性能的分析前进了一大步。

20 世纪 80 年代初，出现了低密度的可编程逻辑器件：可编程阵列逻辑(Programmable Array Logic，PAL)和通用阵列逻辑(可重复编程)(Generic Array Logic，GAL)。

80 年代后期，EDA 设计工具已经可以进行初级的设计描述、综合、优化和设计结果验证。

(3) 电子设计自动化(EDA)阶段

为了满足千差万别的系统用户提出的设计要求，最好的办法是由用户自己设计芯片，让他们把想设计的电路直接设计在自己的专用芯片上。微电子技术的发展，特别是可编程逻辑器件的发展，使得微电子厂家可以为用户提供各种规模的可编程逻辑器件，使设计者通过设计芯片实现电子系统功能。

20 世纪 90 年代，可编程逻辑器件迅速发展，出现功能强大的全线 EDA 工具。具有较强抽象描述能力的硬件描述语言 HDL 及高性能综合工具的使用，使过去单功能电子产品开发转向系统级电子产品开发单片系统、片上系统集成(System On a Chip，SOC)。

开始实现“概念驱动工程”(Concept Driver Engineering，CDE)的梦想。

EDA 技术在进入 21 世纪后，得到了更大的发展，突出表现在以下几个方面：使电子设计成果以自主知识产权的方式得以明确表达和确认成为可能；在仿真和设计两方面支持标准硬件描述语言的功能强大的 EDA 软件不断推出；电子技术全方位纳入 EDA 领域；EDA 使得电子领域各学科的界限更加模糊，更加互为包容；更大规模的 FPGA 和 CPLD 器件不断推出；基于 EDA 工具的 ASIC 设计标准单元已涵盖大规模电子系统及 IP 核模块；软硬件 IP 核在电子行业的产业领域、技术领域和设计应用领域得到进一步确认；SOC 高效低成本设计技术成熟。

三 、EDA 技术的特点

传统的数字电子系统或 IC 设计中，手工设计占了较大的比例。所以存在以下缺点：

① 由于设计的每一步主要靠人来完成，所以传统设计方法依赖于手工及经验。

② 设计依赖于现有通用元器件，如果不能买到相应元器件，则设计必须作修改或不能完成设计。

③ 设计后期的仿真和调试。若调试中发现问题，小的问题可能需要修改电路板，大的问题如方案有问题则可能要重新设计。

④ 自下而上设计思想的局限。低层的设计是否满足系统的要求，必须在系统设计完成后，才能进行测试和调试。

⑤ 设计实现周期长，灵活性差，耗时耗力效率低下。

另外，设计过程中产生的大量文档，也不易管理。对于集成电路设计而言，设计实现过程与具体生产工艺直接相关，因此可移植性差，只有在设计出样机或生产出芯片后才能进行实测。

而采用 EDA 设计方法的设计思想是自上而下的设计(实现)方法，自上而下是指将数字系统的整体逐步分解为各个子系统和模块，若子系统规模较大，则还需将子系统进一步分解为更小的子系统和模块，层层分解，直至整个系统中各个子系统关系合理，并便于逻辑电路级的设计和实现为止。

自上而下设计中可逐层描述，逐层仿真，保证满足系统要求。

EDA 设计方法与传统设计方法比较：

1. 设计重点不同

传统设计方法是基于电路板的设计。EDA 技术是基于芯片的设计方法，设计重点是芯片设计。

2. 描述方式不同

传统设计方法以电路图作为主要描述手段。EDA 设计方法以硬件描述语言为主。

3. 设计实现手段不同

传统设计方法以手工实现设计为主。EDA 设计方法为开发软件自动实现设计。其方案设计与验证、系统逻辑综合、布局布线、性能仿真、器件编程等均由 EDA 工具一体完成。

EDA 技术极大地降低了硬件电路设计难度，提高了设计效率，是电子系统设计方法的一次飞跃。

四、EDA 技术实现目标

一般来说，利用 EDA 进行电子系统设计，最后实现的目标是以下两种：全定制或半定制专用集成电路 ASIC；FPGA/CPLD(或称可编程 ASIC)开发应用。实现目标可以归结为专用集成电路 ASIC 的设计和实现，具体可以通过三种途径完成：①FPGA/CPLD 可编程 ASIC；②半定制或全定制 ASIC；③混合 ASIC。EDA 技术实现目标如图 1.1 所示。

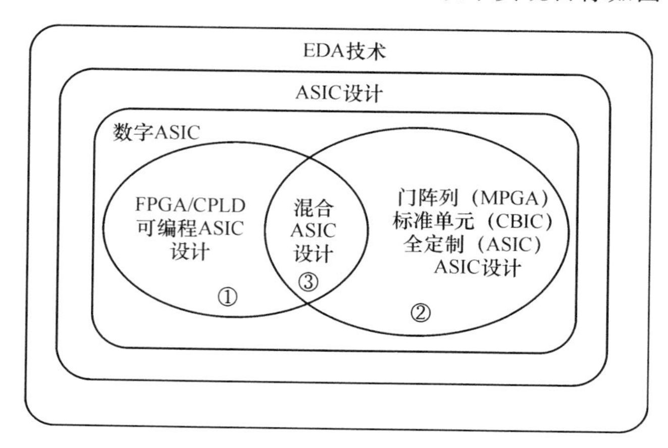

图 1.1 EDA 技术实现目标

单元模块二 常用 EDA 开发工具

EDA 技术整个流程中的不同设计环节需要有对应的软件包或专用 EDA 工具独立进行处理，包括对电路模型的功能模拟和 VHDL 行为描述的逻辑综合以及器件的配置、下载等。

从设计流程来看，EDA 的设计大致可分成 5 个模块：设计输入编辑工具、仿真工具、综合工具、布局布线工具和下载工具。

这个分类主要是按设计流程的不同环节来划分，目前大多数 EDA 工具都是将这些模块集成起来的开发软件。

一、常见的 EDA 开发软件

1. Maxplus2

Maxplus2 是 Altera 公司的全集成化可编程逻辑设计环境。它的界面友好，在线帮助完备，初学者也可以很快学习掌握，完成高性能的设计。另外，在进行原理图输入时，可以直接放置 74 系列逻辑芯片，所以对于普通爱好者来说，即使不使用 Altera 的可编程器件，也可以把 Maxplus2 作为逻辑仿真工具，不用搭建硬件电路，即可对自己的设计进行调试、验证。

Maxplus2 作为 Altera 的上一代 PLD 设计软件，由于其出色的易用性而得到了广泛的应用。目前 Altera 已经停止了对 Maxplus2 的更新支持。Quartus Ⅱ 是 Altera 公司继 Maxplus2 之后开发的一种针对其公司生产的系列 CPLD/PGFA 器件的综合性开发软件，它的版本不断升级。

2. Quartus Ⅱ

Quartus Ⅱ是 Altera 公司 2011 年推出的第四代功能强大的可编程逻辑器件设计环境。

(1) Quartus Ⅱ 的优点

该软件界面友好，使用便捷，功能强大，是一个完全集成化的可编程逻辑设计环境，是先进的 EDA 工具软件。该软件具有开放性、与结构无关、多平台、完全集成化、丰富的设计库、模块化工具等特点，支持原理图、VHDL、VerilogHDL 以及 AHDL(Altera Hardware Description Language)等多种设计输入形式，内嵌自有的综合器以及仿真器，可以完成从设计输入到硬件配置的完整 PLD 设计流程。

Quartus Ⅱ可以在 XP、Linux 以及 UNIX 上使用，除了可以使用 Tcl 脚本完成设计流程外，提供了完善的用户图形界面设计方式。具有运行速度快，界面统一，功能集中，易学易用等特点。

(2) Quartus Ⅱ对器件的支持

Quartus Ⅱ支持 Altera 公司的 MAX 3000A 系列、MAX 7000 系列、MAX 9000 系列、ACEX 1K 系列、APEX 20K 系列、APEX Ⅱ系列、FLEX 6000 系列、FLEX 10K 系列，支持 MAX 7000/MAX 3000 等乘积项器件。支持 MAX Ⅱ CPLD 系列、Cyclone 系列、Cyclone Ⅱ、Stratix Ⅱ系列、Stratix GX 系列等。支持 IP 核，包含了 LPM/MegaFunction 宏功能模块库，用户可以充分利用成熟的模块，简化设计的复杂性，加快设计速度。此外，Quartus Ⅱ通过和 DSP Builder 工具与 Matlab/Simulink 相结合，可以方便地实现各种 DSP 应用系统；支持 Altera 的片上可编程系统(SOPC)开发，集系统级设计、嵌入式软件开发、可编程逻辑设计于一体，是一种综合性的开发平台。

(3) Quartus Ⅱ对第三方 EDA 工具的支持

对第三方 EDA 工具的良好支持也使用户可以在设计流程的各个阶段使用熟悉的第三方 EDA 工具。

Altera 的 Quartus Ⅱ 可编程逻辑软件属于第四代 PLD 开发平台。Quartus 平台与 Cadence、ExemplarLogic、MentorGraphics、Synopsys 和 Synplicity 等 EDA 供应商的开发工具相兼容。改进了软件的 LogicLock 模块设计功能，增添了 FastFit 编译选项，推进了网络编辑性能，而且提升了调试能力。

Quartus Ⅱ支持多种编辑输入法，包括图形编辑输入法，VHDL、Verilog HDL 和 AHDL 的文本编辑输入法，符号编辑输入法，以及内存编辑输入法。

3. Xilinx ISE 软件

ISE 是 Xilinx 公司最新推出的基于 CPLD/FPGA 的集成开发软件。

ISE 的主要功能包括设计输入、综合、仿真、实现和下载，涵盖了可编程逻辑器件开发的全过程，从功能上讲，完成 CPLD/FPGA 的设计流程无须借助任何第三方 EDA 软件。

ISE 提供的设计输入工具包括用于 HDL 代码输入和查看报告的 ISE 文本编辑器(the ISE Text Editor)，用于原理图编辑的工具 ECS(the Engineering Capture System)，用于生成 IP Core 的 Core Generator，用于状态机设计的 StateCAD 以及用于约束文件编辑的 Constraint Editor等。

ISE 的综合工具不但包含了 Xilinx 自身提供的综合工具 XST，同时还可以内嵌 Mentor Graphics 公司的 Leonardo Spectrum 和 Synplicity 公司的 Synplify，实现无缝链接。

ISE 本身自带了一个具有图形化波形编辑功能的仿真工具 HDL Bencher，同时又提供了使用 Model Tech 公司的 Modelsim 进行仿真的接口。

ISE 的实现功能包括了翻译、映射、布局布线等，还具备时序分析、管脚指定以及增量设计等高级功能。

ISE 的下载功能包括了 BitGen，用于将布局布线后的设计文件转换为位流文件，还包括了 IMPACT，功能是进行芯片配置和通信，控制将程序烧写到 FPGA 芯片中去。

除了上述介绍的几种开发软件外，许多 EDA 公司还提供了其他一些专业软件，如下：

- 用于帮助用户完成原理图和 HDL 文本编辑输入的设计输入工具；
- 用于对设计输入文件进行编译、优化和转换的逻辑综合器；
- 对设计进行模拟仿真的仿真器；
- 用于 IC 版图设计的版图设计工具。

这些软件具有良好的兼容性和互操作性，可以组合使用。

二、常用的硬件描述语言

硬件描述语言是 EDA 技术的重要组成部分，常见的硬件描述语言有 VHDL、Verilog HDL、ABEL、AHDL、System Verilog 和 System C 等。其中 VHDL、Verilog HDL、System Verilog 和 System C 是现在 EDA 设计中使用最多，也拥有几乎所有主流 EDA 工具的支持。VHDL 是电子设计主流硬件的描述语言之一，本书将重点介绍它的编程方法和使用技术。

数字系统设计分为硬件设计和软件设计，但是随着计算机技术、超大规模集成电路(CPLD、FPGA)的发展和硬件描述语言(Hardware Description Language ，HDL)的出现，软、硬件设计之间的界限被打破，数字系统的硬件设计可以完全用软件来实现，只要掌握了 HDL 语言就可以设计出各种各样的数字逻辑电路。所谓硬件描述语言，就是可以描述硬件电路的功能、信号连接关系以及定时关系的语言，它比电原理图更能有效地表示硬件电路的特性。

当前各 ASIC 芯片制造商都开发了自己的 HDL 语言，唯一被公认的是美国国防部的 VHDL 语言，它已成为 IEEE STD-1076 标准。VHDL 有许多优点：它支持自上而下(Top Down)和基于库(Library Based)的设计方法，而且还支持同步电路、异步电路、FPGA 以及其他随机电路的设计；系统硬件的描述能力强；用 VHDL 编程，可以和工艺无关等。

VHDL 的英文全名是 VHSIC(Very High Speed Integrated Circuit) Hardware Description Language。VHDL 是 20 世纪 80 年代中期，由美国国防部资助的 VHSIC 项目开发的产品。作为 IEEE 的工业标准硬件描述语言，在电子工程领域，已成为事实上的通用硬件描述语言。VHDL 本身的生命期长。VHDL 的硬件描述与工艺技术无关，不会因工艺变化而使描述过时。与工艺技术有关的参数可通过 VHDL 提供的属性加以描述，工艺改变时，只需修改相应程序中的属性参数即可。同时支持大规模设计的分解和已有设计的再利用。一个大规模设计不可能一个人独立完成，它将由多人、多项目组来共同完成。VHDL 为设计的分解和设计的再利用提供了有力的支持，是电子系统设计者和 EDA 工具之间的界面。

单元模块三　可编程逻辑阵列

可编程逻辑器件（Programmable Logic Devices，PLD）是 20 世纪 70 年代发展起来的一种新的集成器件，是一种由用户借助计算机编程来实现某一逻辑功能的器件。它的出现打破了由通用集成电路和其他专用集成电路垄断的局面。与中小规模通用逻辑器件相比，PLD 具有集成度高、速度快、功耗低、可靠性高等优点。与其他专用集成电路相比，PLD 具有产品开发周期短、用户投资风险小、小批量生产成本低等优势。

一、可编程逻辑器件

可编程逻辑器件 PLD 是一种由用户编程以实现某种逻辑功能的新型逻辑器件。PLD 是大规模集成电路技术发展的产物，是半定制的集成电路，拥有自主设计的广泛空间。

PLD 的应用和发展简化了电路设计，降低了成本，提高了系统的可靠性和保密性，推动了 EDA 工具的发展，改变了数字系统的设计方法。

任何数字电路都是由基本门构成，如与门、或门、非门、传输门等。由基本门可构成两类数字电路：一类是组合电路；另一类是时序电路。事实上，不是所有的基本门都是必需的，如用"非门"单一基本门就可以构成其他基本门。任何的组合逻辑函数都可以化为"与-或"表达式。即任何的组合电路可以用"与门-或门"二级电路实现。同样，任何的时序电路都可由组合电路加上存储元件（锁存器、触发器）构成。典型的 PLD 基本逻辑结构为与或阵列，如图 1.2 所示。

PLD 的应用和发展简化了电路设计、降低了成本，提高了系统的可靠性和保密性，推动了 EDA 工具的发展，改变了数字系统的设计方法。

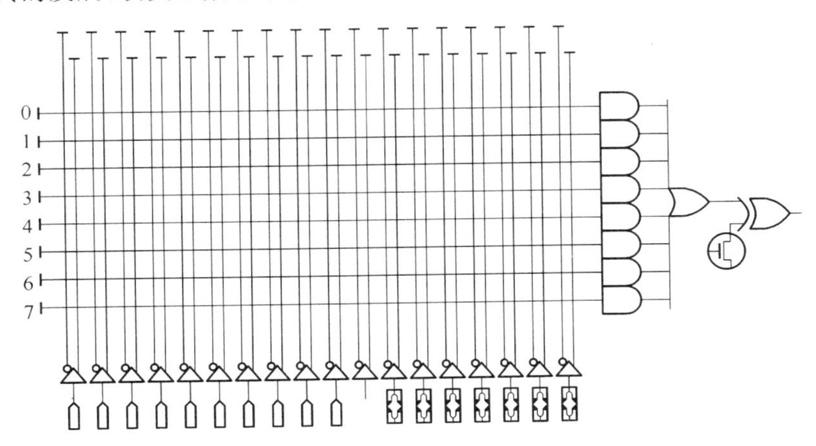

图 1.2　典型的 PLD 的部分结构（实现组合逻辑的部分）

可编程逻辑器件按集成度分类分为：

① 低集成度芯片。可用逻辑门数大约在 500 以下，又称简单 PLD。

② 高集成度芯片。如 CPLD、FPGA 芯片，又称复杂 PLD。

PLD 按集成度分类如图 1.3 所示。

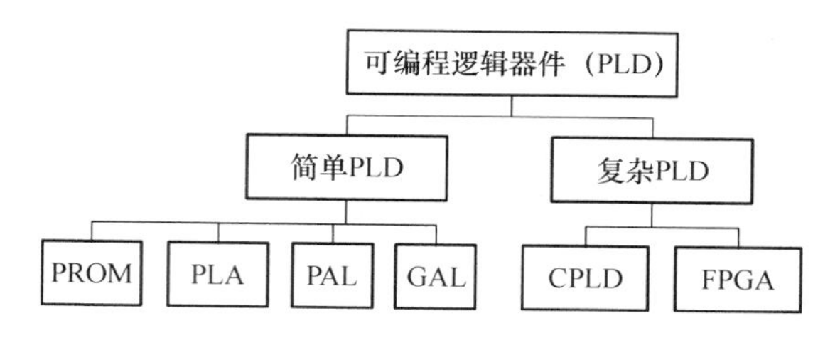

图 1.3　PLD 按集成度分类

简单 PLD 器件在实用中已经被淘汰，主要因为：

① 阵列规模较小，资源不够用于数字系统。

② 片内寄存器资源不足，且寄存器的结构限制较多，难以构成丰富的时序电路。I/O 不够灵活，限制了片内资源的利用率。

③ 编程不便，需用专用的编程工具。

二、复杂可编程逻辑器件

复杂可编程逻辑器件(Complex Programmable Logic Device，CPLD)与简单的 PLD 相比，允许有更多的输入信号，更多的乘积项和宏单元，CPLD 器件内部含有多个逻辑单元块，每个逻辑块就相当于一个通用阵列逻辑器件 GAL，这些逻辑块之间可以用可编程内部连线实现相互连接。

CPLD 在结构上主要包括 3 个部分，即可编程逻辑宏单元、可编程输入/输出单元和可编程内部连线。以 Altera 的 MAX7000S 系列的 CPLD 为例介绍其具体结构，MAX7128S 的结构如图 1.4 所示，它主要由逻辑阵列块 LAB(Logic Array Block)、I/O 控制块和可编程互连阵列 PIA(Programmable Interconnect Array)3 个部分构成。

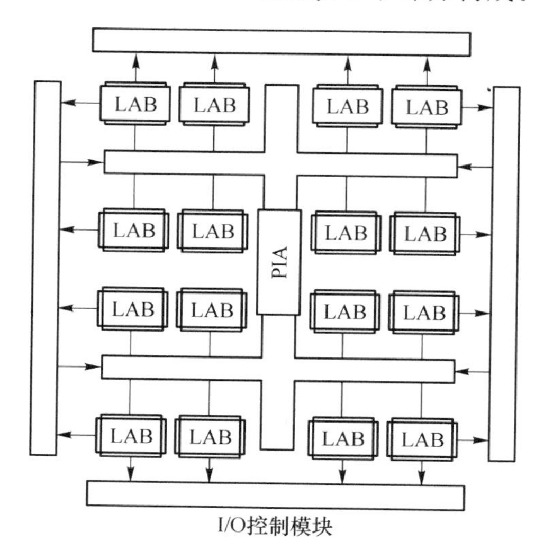

图 1.4　MAX7128S 的结构

MAX7000A 的主体是通过可编程互连阵列 PIA 连接在一起的、高性能的、灵活的逻辑阵列块。每个 LAB 由 16 个宏单元组成。

单个宏单元的结构包括：可编程的与阵列和固定的或阵列、可配置寄存器。含共享扩展乘积项和高速并联扩展乘积项。宏单元的具体结构如图 1.5 所示。

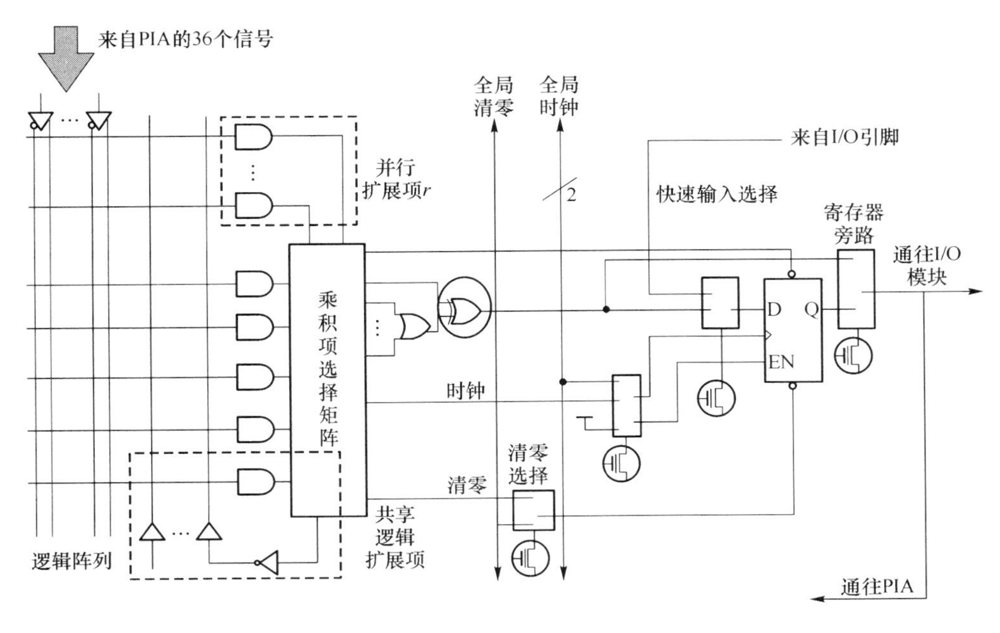

图 1.5 宏单元结构

可编程连线阵列,不同的 LAB 通过在可编程连线阵列上布线,以相互连接构成所需要的逻辑。PIA 信号布线到 LAB 的方式如图 1.6 所示。

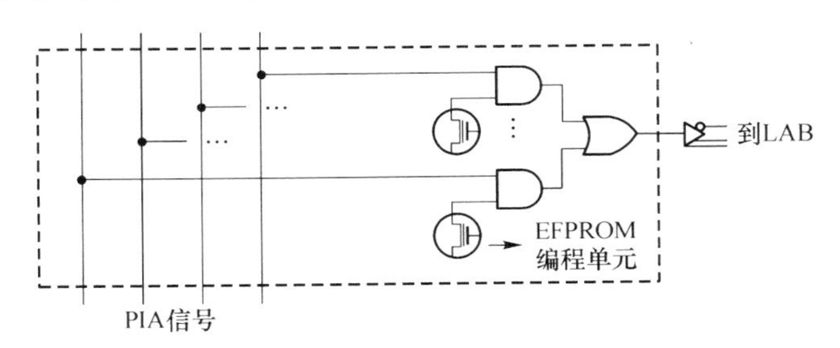

图 1.6 PIA 信号布线到 LAB 的方式

输入/输出控制块(I/O Control Block)的结构如图 1.7 所示。I/O 控制块允许每一个 I/O 引脚单独地配置成输入、输出或双向工作方式。所有的 I/O 引脚都有一个三态输出缓冲器,可以从 6～10 个全局输出使能信号中选择一个信号作为其控制信号,也可以选择集电极开路输出。输入信号可以馈入 PIA,也可以通过快速通道直接送到宏单元的触发器。

三、现场可编程门阵列

现场可编程门阵列(Field Programmable Gate Array,FPGA)是除 CPLD 外的另一类大规模可编程逻辑阵列。FPGA 不受"与-或"阵列结构和含有触发器、I/O 端数量的限制,依靠内部的逻辑单元以及它们的连接构成任何复杂的逻辑电路,更适合实现多级的逻辑功能,并具有更高的密度和更大的灵活性。它们具有掩膜编程逻辑门阵列的通用结构,由逻辑功能块排列为阵列,并由可编程的互联资源连接这些逻辑功能块,以实现不同的逻辑设计。

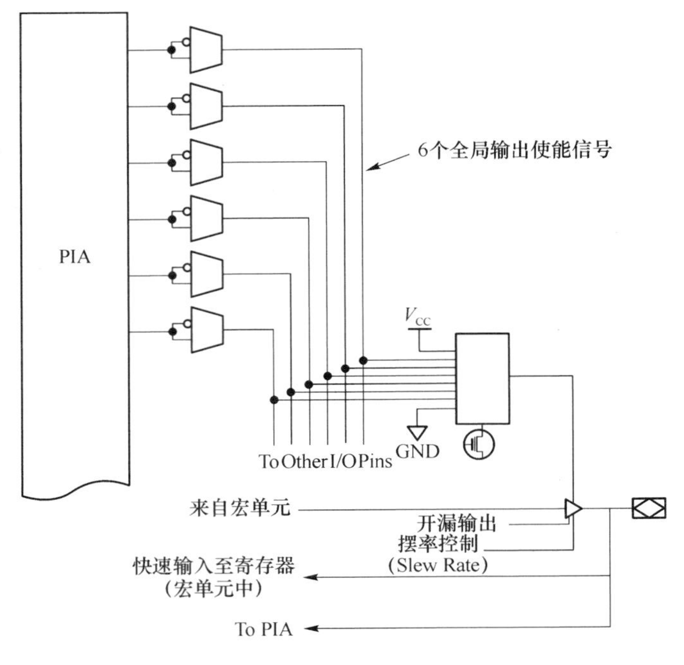

图 1.7　I/O 控制块

前面提到的 CPLD 之类都是基于乘积项的可编程结构,即由可编程的“与”阵列和固定的“或”阵列组成,这里的 FPGA 使用另一种可编程逻辑的形成方法,即可编程的查找表 LUT 结构,大部分 FPGA 采用基于 SRAM 的查找表结构,用 SRAM 来构成逻辑函数发生器。

以 Altera 公司典型的 Cyclone 系列的 FPGA 为例,介绍 FPGA 的结构。

Cyclone 主要由逻辑阵列块 LAB、嵌入式存储器块、I/O 单元、PLL(锁相环)等模块构成,各个模块之间存在丰富的互连线和时钟网络。

高集成度、高速度和高可靠性是 FPGA/CPLD 最明显的特点,其时钟延时可小至 ns 级。结合其并行工作方式,在超高速应用领域和实时测控方面有着非常广阔的应用前景。现在,FPGA 和 CPLD 器件的应用已十分广泛,它们将随着 EDA 技术的发展而成为电子设计领域的重要角色。

单元模块四　EDA 设计流程

完整地了解利用 EDA 技术进行设计开发的流程对于正确选择和使用 EDA 软件,优化设计项目,提高设计效率十分有益。一个完整的典型 EDA 设计流程既是自顶向下设计方法的具体实施途径,也是 EDA 工具软件本身的组成结构。

一、面向 CPLD/FPGA 的 EDA 设计流程

图 1.8 是基于 EDA 软件的 FPGA 开发流程框图。

对于目标器件为 FPGA 和 CPLD 的 VHDL 设计,其工程设计步骤如何呢? EDA 的工程设计流程与基建流程类似:第一,需要进行“源程序的编辑和编译”——用一定的逻辑表达手段将设计表达出来；第二，要进行“逻辑综合”——将用一定的逻辑表达手段表达出来的设计，经过一系列的操作，分解成一系列的基本逻辑电路及对应关系(电路分解)；第三，要进行“目标器件的布线/适配”——在选定的目标器件中建立这些基本逻辑电路及对应关系(逻辑实现)；第四，目标器件的编程/下载——前面的软件设计经过编程变成具体的设计系统(物理实现)；第五，要进行硬件仿真/硬件测试——验证所设计的系统是否符合设计要求。同时，在设计过程中要进行有关“仿真”——模拟有关设计结果与设计构想是否相符。现具体阐述如下。

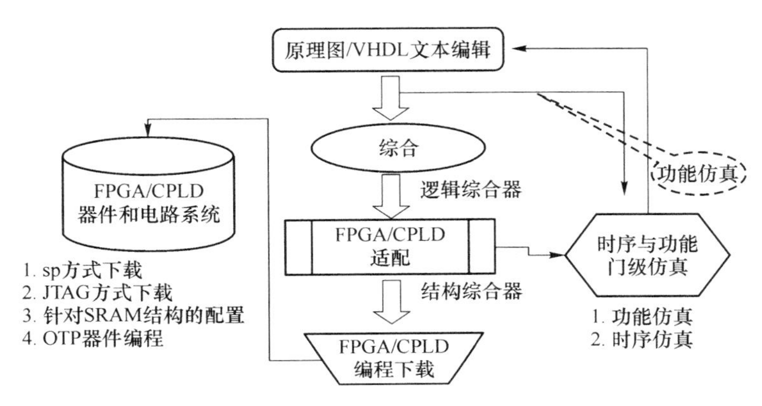

图 1.8　FPGA 的 EDA 开发流程

1. 源程序的编辑和编译

首先需利用 EDA 工具的文本编辑器或图形编辑器将它用文本方式或图形方式表达出来，变成 VHDL 文件格式，为进一步的编辑综合做准备。

常用的 3 种源程序输入方式如下：

(1) 原理图输入方式。利用 EDA 工具提供的图形编辑器以原理图的方式进行输入。原理图输入方式比较容易掌握，容易实现仿真，便于信号的观察和电路的调整。所画的电路原理图(请注意，这种原理图与利用 Protel 画的原理图有本质的区别)与传统的器件连接方式完全一样，很容易被人接受，而且编辑器中有许多现成的单元器件可以利用，自己也可以根据需要设计元件。然而原理图输入法的优点同时也是它的缺点：①随着设计规模的增大，设计的易读性迅速下降，对于图中密密麻麻的电路连线，极难搞清电路的实际功能；②一旦完成，电路结构的改变将十分困难，因而几乎没有可再利用的设计模块；③移植困难、入档困难、交流困难、设计交付困难，因为不可能存在一个标准化的原理图编辑器。

(2) VHDL 软件程序的文本方式。目前最常用的输入方式，任何支持 VHDL 的 EDA 工具都支持文本方式的编辑和编译。

(3) 状态图输入方式。以图形的方式表示状态图进行输入，适用于时序逻辑和有重复性的逻辑函数。

2. 逻辑综合

整个综合过程就是将设计者在 EDA 平台上编辑输入的 VHDL 文本、原理图或状态图形描述，依据给定的硬件结构组件和约束控制条件进行编译、优化、转换和综合，最终获得门级电路甚至更底层的电路描述网表文件。网表文件即按照某种规定描述电路的基本组成及如何相互连接的文件。

3. 目标器件的布线/适配

将由综合器产生的网表文件配置于指定的目标器件中,使之产生最终的下载文件,如JEDEC、Jam格式的文件。包括底层器件配置、逻辑分割、逻辑优化、布线与操作等,配置于指定的目标器件中,产生最终的下载文件。

4. 仿真

在编程下载前必须利用EDA工具对适配生成的成果进行模拟测试,这就是所谓的仿真。

(1) 时序仿真。接近真实器件运行特性的仿真,仿真文件中已包含了器件的硬件特性参数,因而,仿真精度高。但时序仿真的仿真文件必须来自针对具体器件的综合器与适配器。

(2) 功能仿真。直接对VHDL、原理图描述或其他描述形式的逻辑功能进行测试模拟,以了解其实现的功能是否满足原设计的要求,仿真过程不涉及任何具体器件的硬件特性。

5. 编程下载和硬件测试

将适配器产生的器件编程文件通过编程器或下载电缆载入到目标芯片FPGA或CPLD中,以便进行硬件调试和验证。最后是将包含下载过后的FPGA或CPLD的硬件系统进行统一测试,以便最终验证设计项目在整个硬件系统上的实际工作情况,以便排除错误,改进设计。

模块一　小结

本章首先介绍EDA技术与硬件描述语言及其发展过程,然后介绍CPLD/FPGA的结构、面向CPLD/FPGA的EDA设计流程及常见的EDA的设计工具。

习　题

1. EDA的英文全称是什么? EDA的中文含义是什么?

2. 什么叫EDA技术?

3. 对于目标器件为FPGA/CPLD的VHDL设计,其工程设计包括几个主要步骤? 每步的作用是什么?

4. FPGA/CPLD有什么特点? 二者在存储逻辑信息方面有什么区别?

5. 目前比较流行的EDA的软件工具有哪些? 这些开发软件的主要区别是什么?

模块二

Quartus Ⅱ原理图输入设计

模块要求

Quartus Ⅱ是Altera提供的FPGA/CPLD开发集成环境，而原理图输入设计是QuartusⅡ的重要输入设计法，本章使用纯原理图设计方式，首先用基本元件库中的元件实现一位全加器电路的设计和仿真测试，详细介绍Quartus Ⅱ 原理图设计的完整流程，使学习者初步掌握Quartus Ⅱ原理图输入设计法的基本知识；然后对原理图输入法进行深入讨论，分别介绍了原理图输入法中Maxplus2老式宏函数的应用和原理图输入法中LPM函数的定制方法；最后讲述了层次化设计方法。本模块的要求如下：

（1）理解Quartus Ⅱ原理图输入法。

（2）掌握原理图输入法中Maxplus2老式宏函数的应用。

（3）掌握原理图输入法中LPM函数的定制方法。

（4）掌握原理图输入法中层次化设计方法。

任务引入

QuartusⅡ原理图输入法设计的优点是：设计者不必掌握诸如编程技巧、硬件描述语言等知识就可轻松上手，完成较大规模电路系统设计。QuartusⅡ提供了比Maxplus2功能更加强大、更加直观便捷的原理图设计功能，同时它还有丰富的元件库，其中包括基本逻辑元件库、Maxplus2老式宏函数库和参数可设置的宏功能块LPM库等。

为了让大家更好地理解QuartusⅡ原理图输入法的特点和设计流程，下面以一位全加器的设计作为实例说明，有两种办法进行设计。

第一种办法：根据一位全加器的真值表写出逻辑表达式进行直接设计，表2.1为一位全加器的真值表。

表 2.1　一位全加器的真值表

输入端			输出端	
被加数	加数	进位	和	进位
a	b	c_0	sum	cout
0	0	0	0	0
0	0	1	1	0
0	1	0	1	0
0	1	1	0	1
1	0	0	1	0
1	0	1	0	1
1	1	0	0	1
1	1	1	1	1

由真值表可得一位全加器输出端的逻辑表达式如下：

$$\mathrm{sum}=\bar{a}\,\bar{b}c_0+\bar{a}\,b\,\bar{c}_0+a\,\bar{b}\,\bar{c}_0+abc_0=a\oplus b\oplus c_0 \tag{2.1}$$

$$\mathrm{cout}=\bar{a}bc_0+a\,\bar{b}c_0+ab\,\bar{c}_0+abc_0=(a\oplus b)c_0+ab \tag{2.2}$$

根据表达式可知，要设计一位全加器需要三个异或门、一个或门和两个与门，可在原理图编辑界面用这些逻辑门绘制原理图，完成设计。

第二种办法：我们知道要设计一位全加器可以从半加器入手，所以先设计一位半加器，然后在一位半加器的基础上设计一位全加器。一位半加器的真值表如表 2.2 所示。由表 2.2 的真值表可得一位半加器输出端的逻辑表达式如下：

表 2.2　一位半加器的真值表

输入端		输出端	
被加数	加数	和	进位
a	b	s	c
0	0	0	0
0	1	1	0
1	0	1	0
1	1	0	1

$$s=\bar{a}b+a\,\bar{b}=a\oplus b \tag{2.3}$$

$$\mathrm{c}=ab \tag{2.4}$$

同理，可根据一位半加器的逻辑表达式画出半加器的原理图，而由半加器的原理图可画出一位全加器的原理图，因为全加器和半加器的区别在于前者有低位来的进位，后者没有低位来的进位，因此设计全加器时是在半加器的基础上把低位来的进位考虑进去。通过比较半加器和全加器的逻辑表达式，写出全加器与半加器间的关系，用半加器表示全加器：

$$\mathrm{sum}=a\oplus b\oplus c_0=s\oplus c_0 \tag{2.5}$$

$$\mathrm{cout}=(a\oplus b)c_0+ab=sc_0+c \tag{2.6}$$

根据式(2.5)、式(2.6),可以进行全加器的原理图设计,具体操作方法在本单元模块一中讲述。

单元模块一 基本元件库的使用

任务:用基本元件库中元件设计一位全加器

在数字逻辑课程中已经讲过一位全加器,即加数和被加数都是一位二进制数,它们二者相加时还要考虑低位来的进位信号,这是它的逻辑功能。下面用 Quartus Ⅱ 基本逻辑元件库中的元器件实现之。

一、建立工程文件夹

1. 新建文件夹

首先在计算机中建立一个文件夹作为工程项目目录,因为任何一项设计都是一项工程(Project),都必须为该工程建立一个放置与此工程相关的所有设计文件的文件夹。此文件夹将会被 EDA 软件默认为工作库(Work Library)。一般目录不能是根目录,如 D:,只能是根目录下的目录,假设本设计在 D 盘 EDA_book 文件夹下新建工程文件夹为 add_1,则路径为 D:\EDA_book\add_1,此即工程项目目录。

注意:

a. 不同的设计项目最好放在不同的文件夹中,而同一工程的所有文件都须放在同一文件夹中。

b. 工程文件夹不要设在计算机默认的安装目录中,更不要将工程文件不加管理直接放置在安装目录下。

c. 文件夹名不能用中文,也最好不要用数字或以数字开头。

2. 建立工程项目

使用新工程向导(New Project Wizard)可以指定工程目录,为工程和顶层实体命名,还可以调入工程中要使用的设计文件、其他源文件、用户库和 EDA 工具、以及选择目标器件系列和具体器件名称。下面利用 New Project Wizard 为一位全加器设计创建工程项目,详细步骤如下:

(1) 进行工程设置

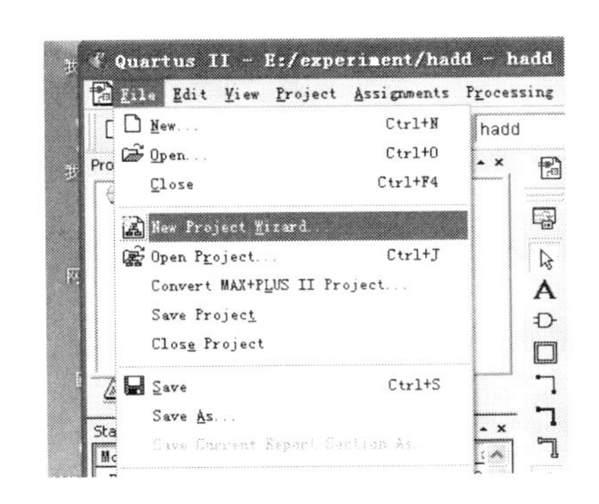

图 2.1 执行"New Project Wizard..."命令

运行 Quartus Ⅱ 软件,执行"File→New Project Wizard..."命令,如图 2.1 进行选定,弹出图 2.2 所示对话框,单击"Next"按钮,弹出如图 2.3 所示的"New Project Wizard"对话框,分别填写三个文本框中各项,即进行工程设置。单击此对话框最上一栏的"..."按钮,找到文件夹 D:\EDA_book,选中已存盘的文件 add_1。再单击"打开"按钮,即出现如图 2.3

所示的设置情况。其中第一个文本框中的路径表示工程所在的文件夹是 D:\EDA_book\add_1;第二个文本框中的 add_1 表示此工程的工程名称,工程名可以取任何其他的名字,也可与顶层实体的名字一样,若是 VHDL 文本文件,也是这种起名方式;第三个文本框是工程顶层设计实体的名称,这里为 add_1。

New Project Wizard: Introduction
The New Project Wizard helps you create a new project and preliminary project settings, including the following:
Project name and directory
Name of the top-level design entity
Project files and libraries
Target device family and device
EDA tool settings
You can change the settings for an existing project and specify additional project-wide settings with the Settings command (Assignments menu). You can use the various pages of the Settings dialog box to add functionality to the project.
Don't show me this introduction again
< Back
Next >
Finish
取消

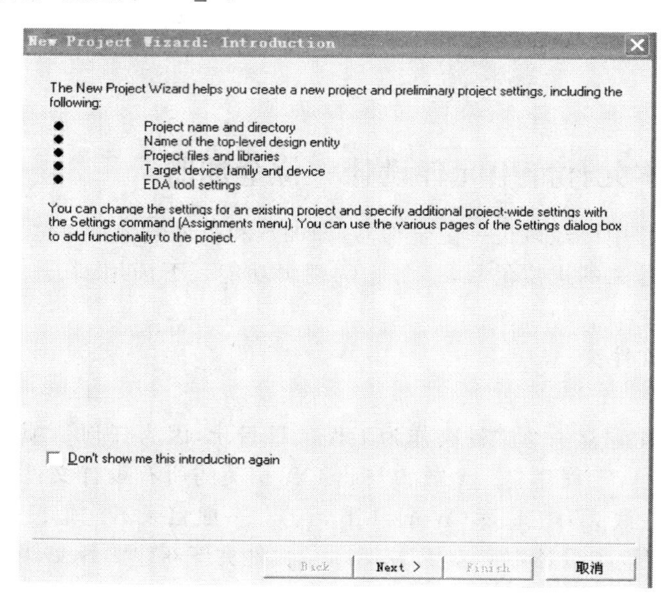

图 2.2 “New Project Wizard”对话框

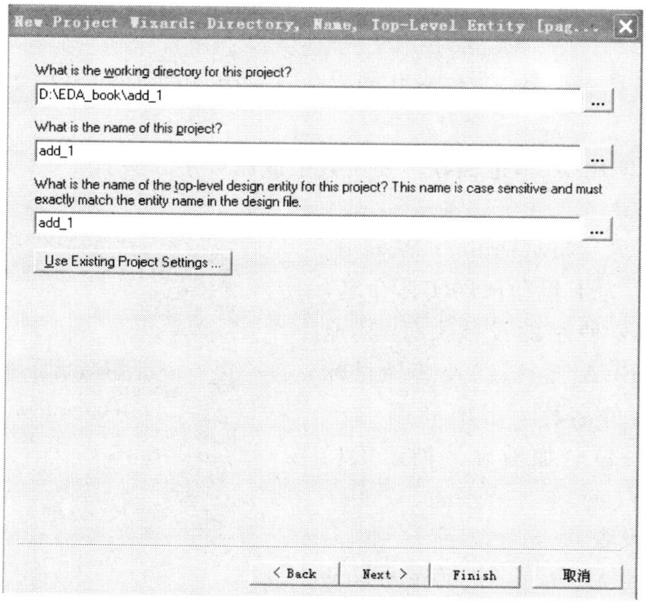

New Project Wizard: Directory, Name, Top-Level Entity [pag...
What is the working directory for this project?
D:\EDA_book\add_1
What is the name of this project?
add_1
What is the name of the top-level design entity for this project? This name is case sensitive and must exactly match the entity name in the design file.
add_1
Use Existing Project Settings ...
< Back
Next >
Finish
取消

图 2.3 工程项目基本设置

(2) 添加工程文件和 FPGA 器件选型

单击图 2.3 中“Next”按钮,出现添加工程文件的对话框,如图 2.4 所示。若原来已有文件，可单击“File name”栏的“...”按钮和“Add”按钮，将与该工程相关的文件添加进工程。

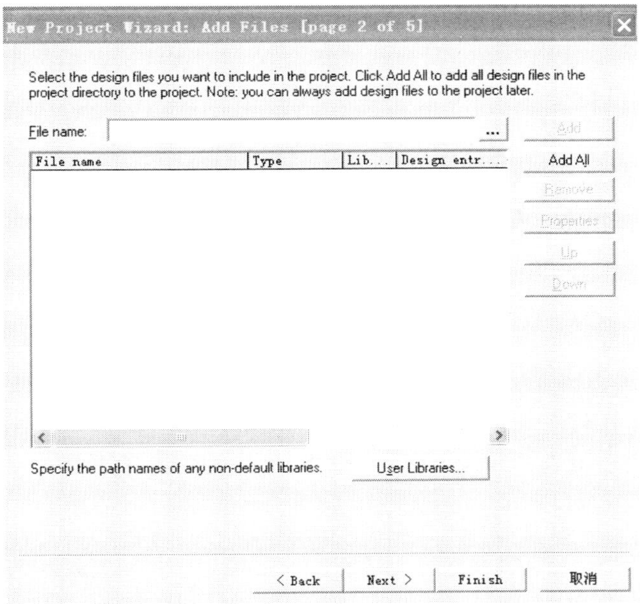

图 2.4　添加工程文件的对话框

这里直接单击“Next”按钮进行下一步，选择 FPGA 器件的型号，如图 2.5 所示。在“Family”下拉框中，根据硬件设备中的 FPGA 型号选择，在此因为进行硬件测试的实验箱中的 FPGA 芯片为 Cyclone 系列的 EP1C3T144C8，于是在“Family”栏中选 Cyclone；而在“Available devices”栏中选择 EP1C3T144C8 芯片（器件较多时，也可以通过右侧“Show in Available device list”项通过下拉菜单，单击芯片封装、引脚数、速度等条件来过滤选择）。

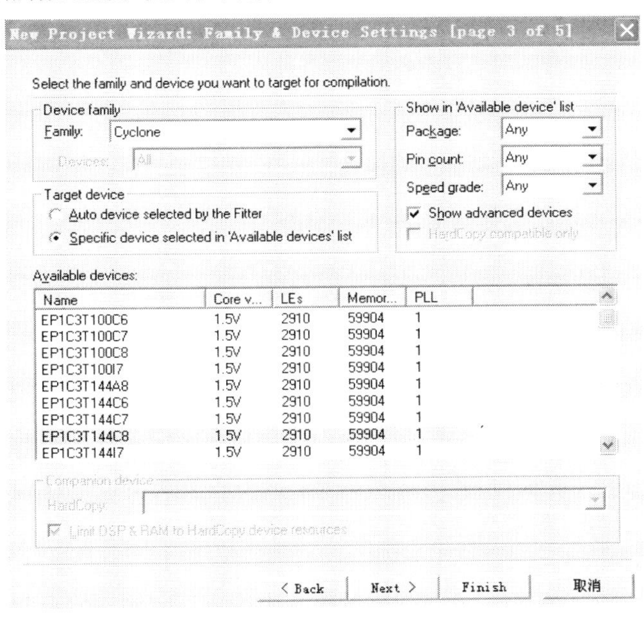

图 2.5　选择 FPGA 器件

注意：

a. 在图 2.5 中选中复选框“Show Advanced Devices”以显示所有的器件型号。

b. EP1C3T144C8 芯片中的字母所代表的意义为：EP1C3 表示 Cyclone 系列及此器件的逻辑规模；T 表示 TQFP(Thin Quad Flad Package)封装；C8 表示速度级别(此速度级别的器件，32 位计数器的等效工作频率约为 300MHz)。

c. 若要从众多的芯片中选择 EP1C3T144C8，可通过图 2.5 所示窗口右边的三个列表窗口过滤选择：Package 为 TQFP；Pin count 为 144；Speed grade 为 8。

(3) 添加外部工具

单击图 2.5 中“Next”按钮，出现如图 2.6 所示的选择其他 EDA 工具的对话框。该窗体有三项选择：①Design entry /synthesis tool，用于选择输入的 HDL 类型的综合工具；②Simulation tool，用于选择仿真工具；③Timing analysis tool，用于选择时序分析工具。这些都是除 QuartusⅡ自身所拥有的设计工具之外的外加工具。由于本书所涉及的工程都使用 QuartusⅡ的集成环境进行开发，因此此处不做任何改动，直接按“Next”按钮，打开如图 2.7 所示对话框。

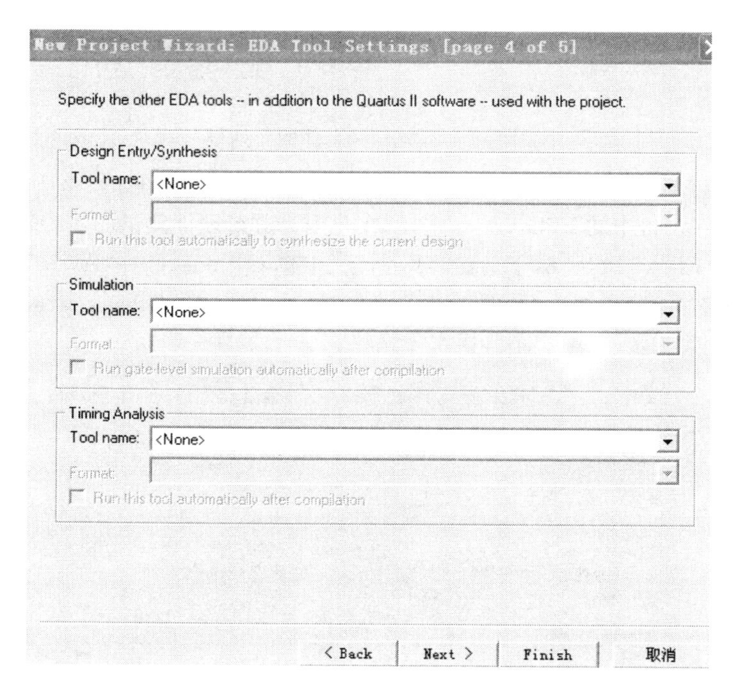

图 2.6 选择其他 EDA 工具

(4) 结束设置，查看工程概况

图 2.7 为工程信息总概括对话框，此界面列出了与此工程相关的设置情况。单击“Finish”按钮就建立了一个空的工程项目，并出现了 add_1 的工程管理窗口 Project Navigator，如图 2.8 所示，此窗口主要显示本工程所包含的所有文件和层次结构。

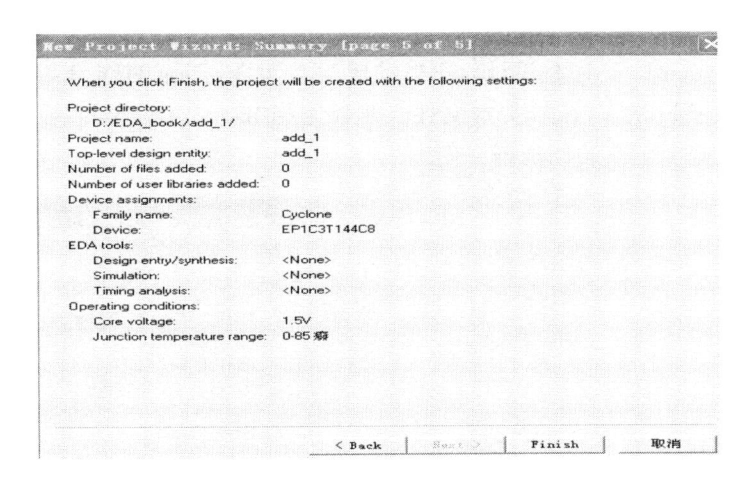

图 2.7　信息总概括对话框

注意：

a. 建立工程后，可以在菜单“Assignments→Settings→Files”中单击“Add/Remove”按钮，在工程中添加和删除其他设计文件；也可在图 2.9 中所示“Project Navigator”下边选中“Files”项，选中“Files”文件夹，右击，选择“Add/Remove files in project”，也可为工程添加和删除其他设计文件。

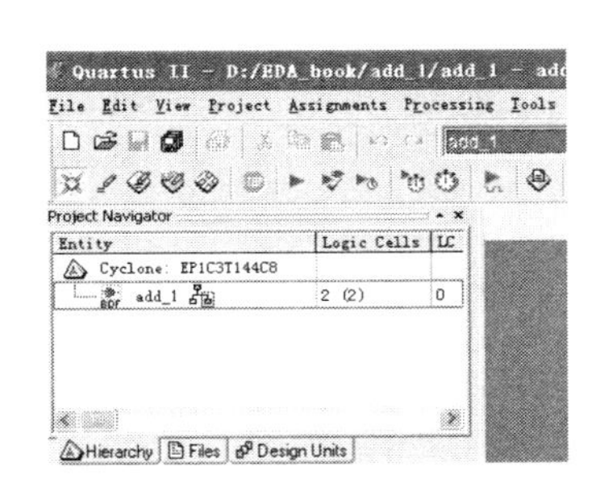

图 2.8　工程管理窗口

b. 图 2.9 中所示“Files”文件夹下面列出该工程的所有文件，可选中其中的文件，右击进行相关选择，如将该文件删除或置为顶层文件。

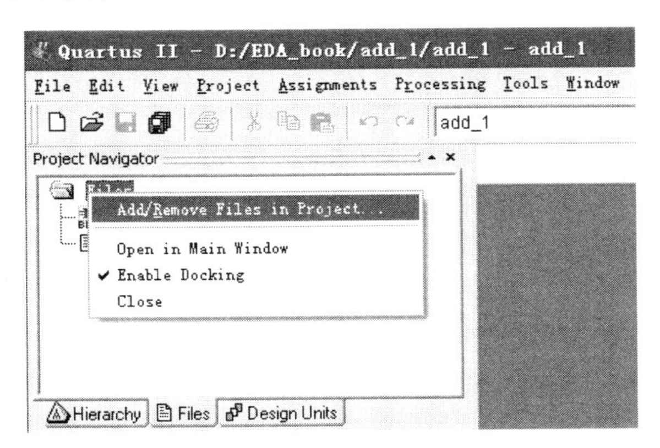

图 2.9　为工程添加/删除文件

二、编辑设计文件

1. 进入原理图编辑窗

打开 QuartusⅡ软件，选择菜单“File→New”，如图 2.10 所示，单击“New”之后，弹出图 2.11 的新建文件对话框。在图 2.11 所示的对话框中，在器件设计文件 Design Files 栏选择设计输入文件类型。Quartus Ⅱ 9.0 支持多种设计输入文件：AHDL File 是 AHDL 文本文件;Block Diagram/Schematic File 是流程图和原理图文件,简称原理图文件;EDIF File 是网表文件;State Machine File 是设计状态转换图的文件;Verilog HDL File 是 Verilog HDL 文本文件;VHDL File 是 VHDL 文本文件。此处选择“Block Diagram/schematic File”,单击“OK”按钮即建立一个空的原理图文件。

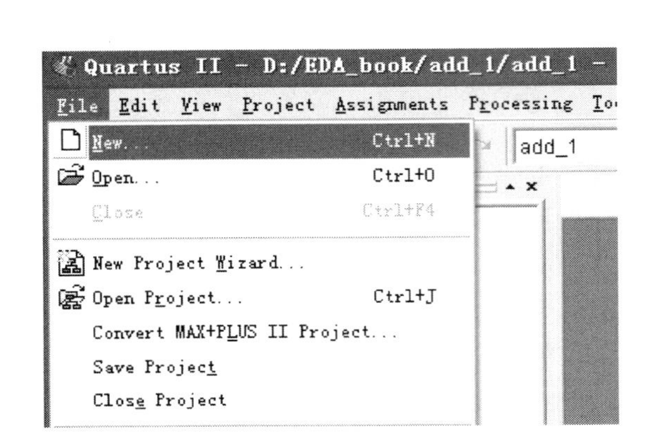

图 2.10 执行“File→New...”命令

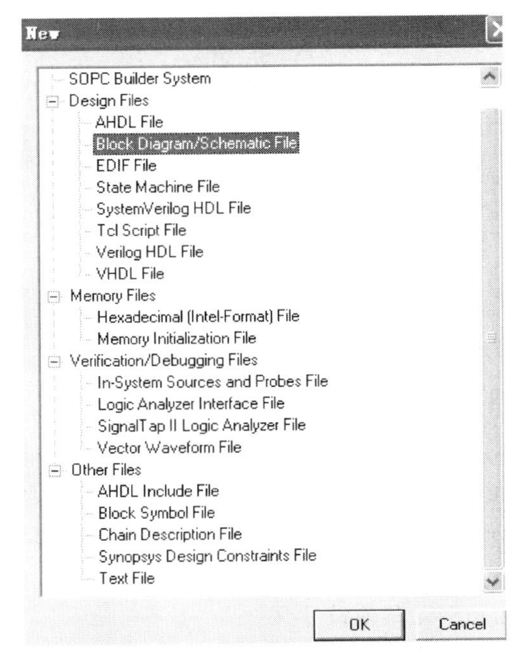

图 2.11 选择设计输入文件

执行“File→Save as...”命令,把刚新建的空原理图文件另存为名叫 add_1 的原理图文件,文件后缀.bdf,将菜单中的“Add file to current project”选项选中,使该文件添加到刚建立的工程中去,如图 2.12 所示。

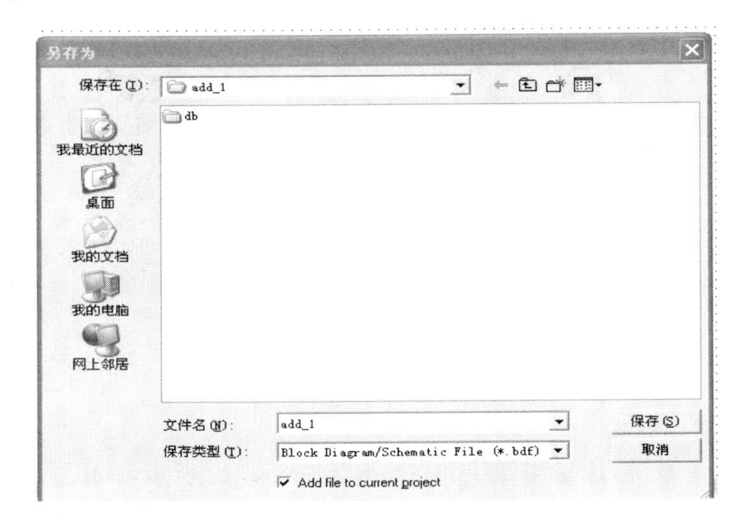

图 2.12 将文件添加到工程中

2. 编辑原理图文件

原理图编辑界面如图 2.13 所示，其右侧的空白处就是原理图的编辑区，在这个编辑区利用图 2.13 所示的编辑工具绘制图 2.15 所示原理图。

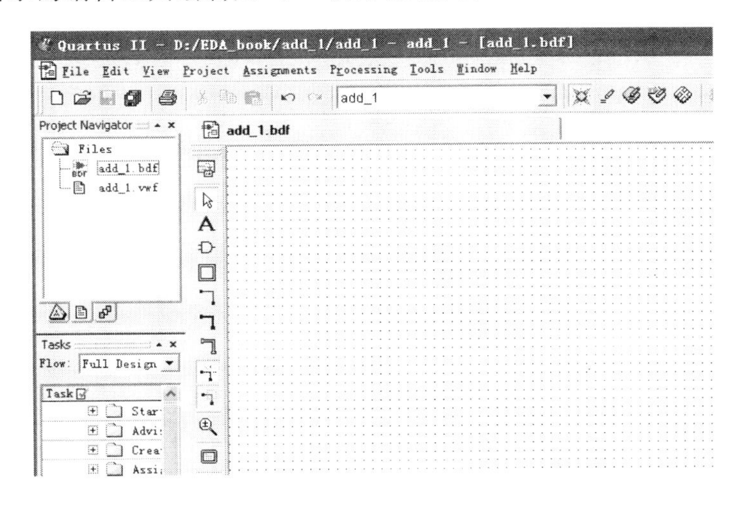

图 2.13　原理图编辑界面

在 QuartusⅡ中编辑原理图文件时，会用到图 2.13 中所示原理图编辑工具箱，各个工具的功能如图 2.14 所示。对于初学者在绘制原理图时，常用到下列工具：

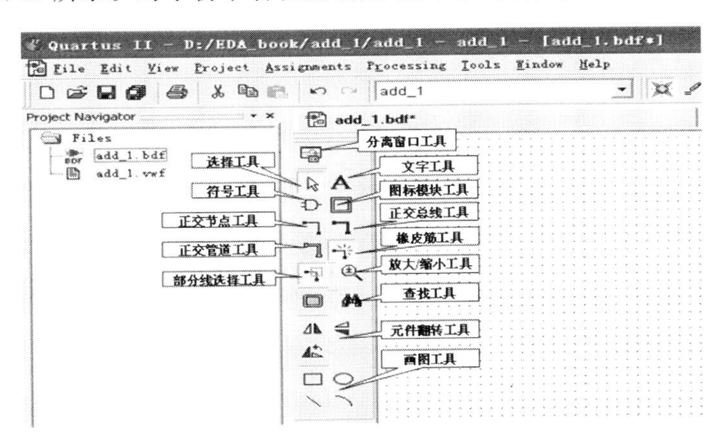

图 2.14　原理图编辑工具

- 连线工具。在管脚与元件符号、元件符号间画连接线时，常用正交节点工具和正交总线工具，前者用于连接一位数据的连接线，后者用于连接总线数据，在本设计中连线时使用正交节点工具，而正交总线工具在后面的设计中使用。
- 选择工具。用于切换编辑状态。
- 放大缩小工具。用于调整图形显示比例。
- 文字工具。用于在绘图区输入文字信息。

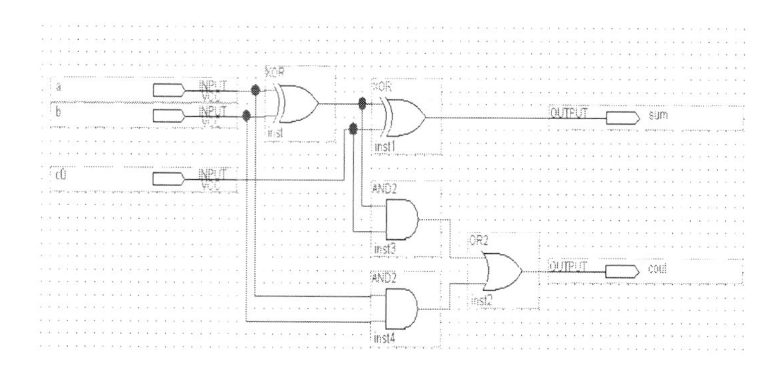

图 2.15　一位全加器的原理图

编辑原理图的具体步骤如下：

（1）选择和放置元件符号

可以用两种办法调出图 2.16 所示 Symbol 元件库菜单：①在原理图编辑区的任何一个位置双击，弹出“Symbol”对话框；②在原理图编辑窗右击，在弹出的选择对话框中选择“Insert→symbol”，也会弹出“Symbol”对话框。用单击的方法展开“Libraries”栏中的元件库，打开“primitives”下的“logic”子库，如图 2.16 所示，里面除了本设计所需的或门、与门、异或门之外，还含有同或门、非门、与非、或非等其他类型的逻辑门电路。

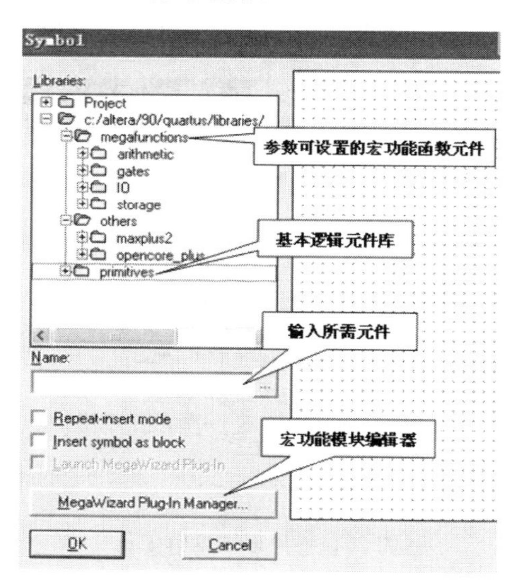

图 2.16　“Symbol”对话框

注意：不要选中图 2.16 所示“Symbol”对话框中的“Repeat-insert mode（重复-插入模式）”和“Insert symbol as block（作为流程图模块插入符号）”复选框，即采用默认的一次性插入作为原理图元件的符号。

在图 2.17 中，选中异或门元件“xor”，然后单击“OK”按钮，转到原理图编辑界面，在该界面上将该元件移到编辑区合适的位置单击，则异或门放置于如图 2.18 所示的编辑界面。

用同样的办法可将本设计中的其他逻辑门也放置在编辑界面中，如图 2.19 所示。当然对于本设计中重复出现的逻辑门元件符号，也可通过复制粘贴得到，即在要复制的元件上右击选择 Copy，将鼠标移到编辑区合适的位置单击鼠标右键，在弹出的菜单中单击“paste”命令，完成复制。

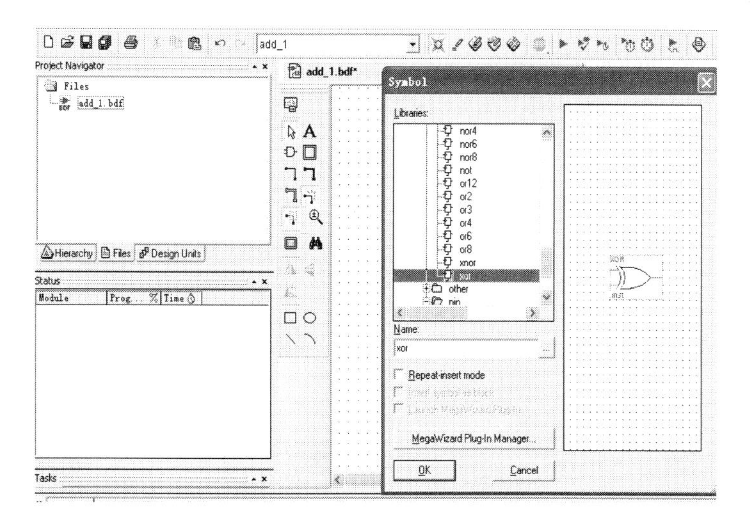

图 2.17　选择异或门“xor”元件

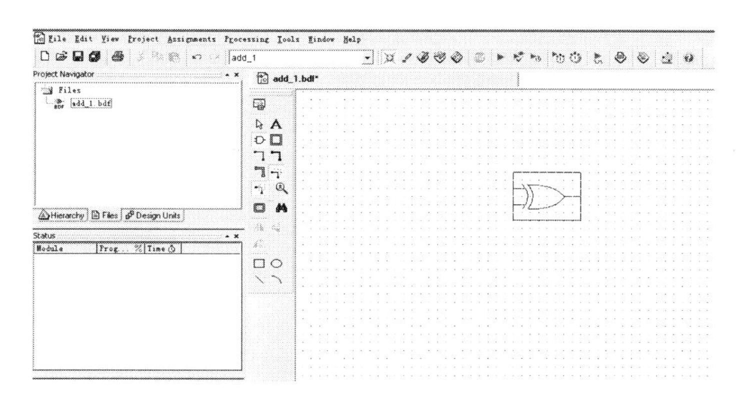

图 2.18　放置异或门“xor”

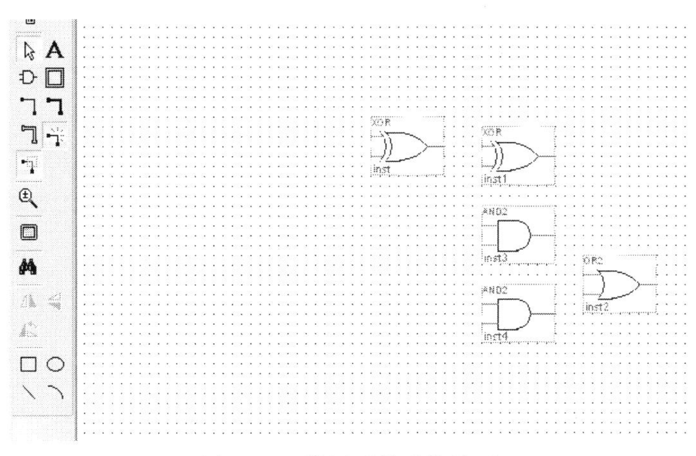

图 2.19　放置元件后的界面

(2) 添加输入、输出引脚

打开“primitives”基本元件库的“pin”子库，如图 2.20 所示。选择、放置三个“input”引脚和两个“output”引脚到编辑区内。

双击任意一个原理图编辑区的“input”元件，将弹出如图 2.21 所示的引脚属性编辑对话框。在“Pin_name”文本框中填入引脚名 a，用同样的方法为其他输入输出端设定引脚名，完成后的电路图如图 2.22 所示。

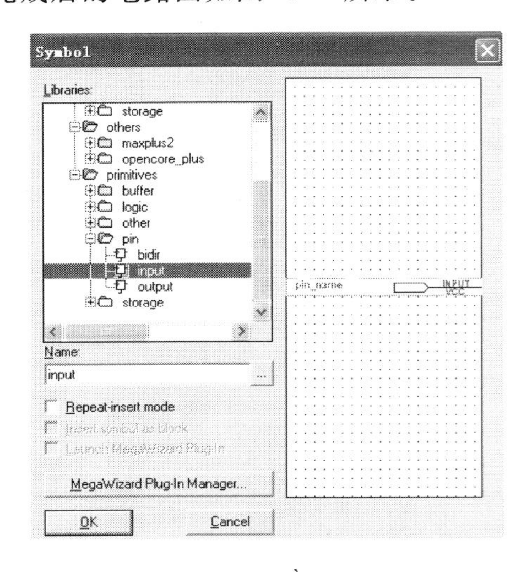

图 2.20 打开 pin 子库

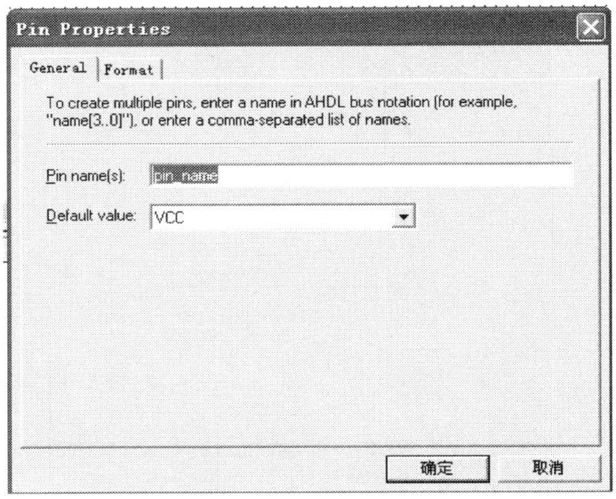

图 2.21 引脚名编辑对话框

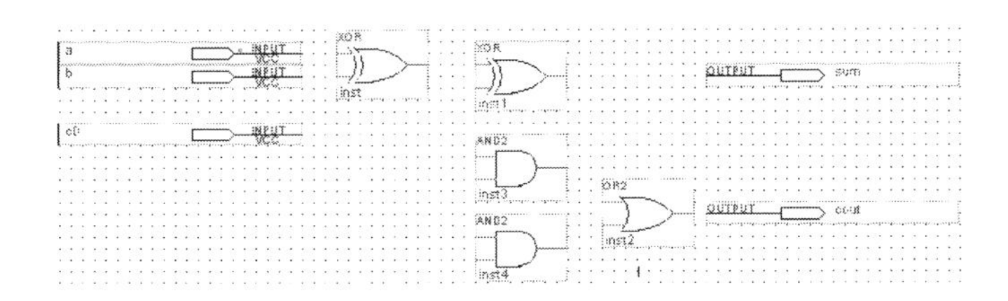

图 2.22 放置好逻辑元件的原理图

在图 2.22 中，把鼠标移到某一个“input”引脚端线处，当鼠标变成十字光标时，按住鼠标左键拖动至要与之相连的目标处，松开鼠标后连线的端点处显示两个蓝色的小方块，即为最后一次连线操作的位置，如图 2.23 所示。

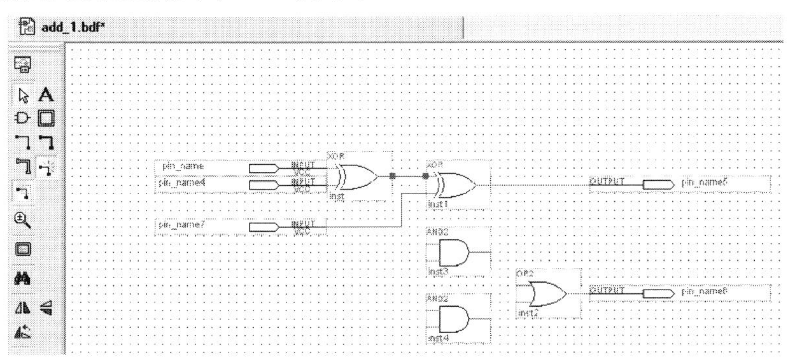

图 2.23 最后一次端子连线状态

(3) 连接各个元件符号

按同样的连线方式,为图中剩余元件、输入输出端子画连接线,连好线后的原理图如图 2.24 所示。

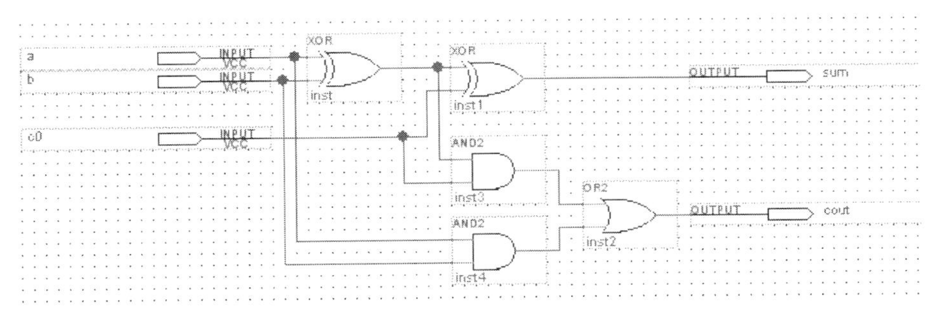

图 2.24 连好线的原理图

注意:

a. 在原理图输入法中,有三种元件之间的连线,节点(node)连线、总线(bus) 连线和管道连线。当将鼠标放到元件的可连接处,鼠标会自动捕捉出现一个十字形光标,这时按下鼠标左键,拖动到要与之连接的目标处或合适的地方,释放即可将线画至此处(有时两者之间的一条连线需要连多次),默认为节点连线。若要画总线,可用节点连线工具画,然后用鼠标按住连线右击,选择 BusLine,将其改为总线即可。

b. 节点连线或总线连线都可以通过单击选择后,输入代表一位数据或代表总线位数的名字进行命名。

三、编译设计文件

Quartus Ⅱ编译器是由一系列处理模块构成的,这些模块负责对设计项目的检错、逻辑综合、结构综合、输出结果的编译配置,以及时序分析等。在这一过程中,为了可以把设计项目适配到 FPGA 中,将同时产生多种用途的输出文件,如功能和时序信息文件、器件编程的目标文件等。编译开始后,编译器首先检查出工程设计文件中可能的错误信息,供设计者排错,然后产生一个结构化的网表文件表达的电路原理图文件。

完成原理图编辑输入后,保存设计图形文件,就可编译设计图形文件。执行“Processing”菜单下“Start Compilation”或直接在菜单栏单击编译快捷键按钮,如图 2.25 所示,进行全程编译。所谓全程编译,包括上面说的排错、数据网表的提取、逻辑综合、适配、装载文件(仿真文件与编程配置文件)生成,以及基于目标器件硬件性能的工程时序分析等。

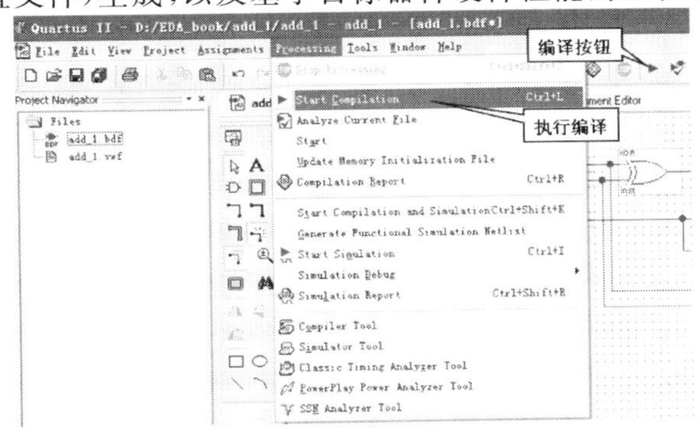

图 2.25 执行"Start Compilation"命令

编译过程中，在工程管理窗下方的“Processing”栏中会及时显示编译信息。如果工程中的文件有错误，会显示红色 Error 说明文字，并告知编译不成功，如图 2.26 所示。

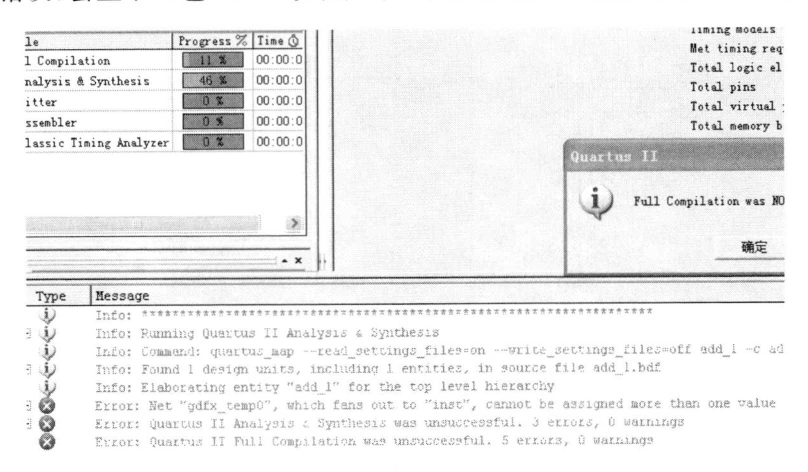

图 2.26　原理图有错，编译不成功界面

对于“Processing”栏中的出错信息要进行修改，即双击该信息，会弹出对应的顶层文件，并用蓝色标记指出错误所在，如图 2.27 所示。

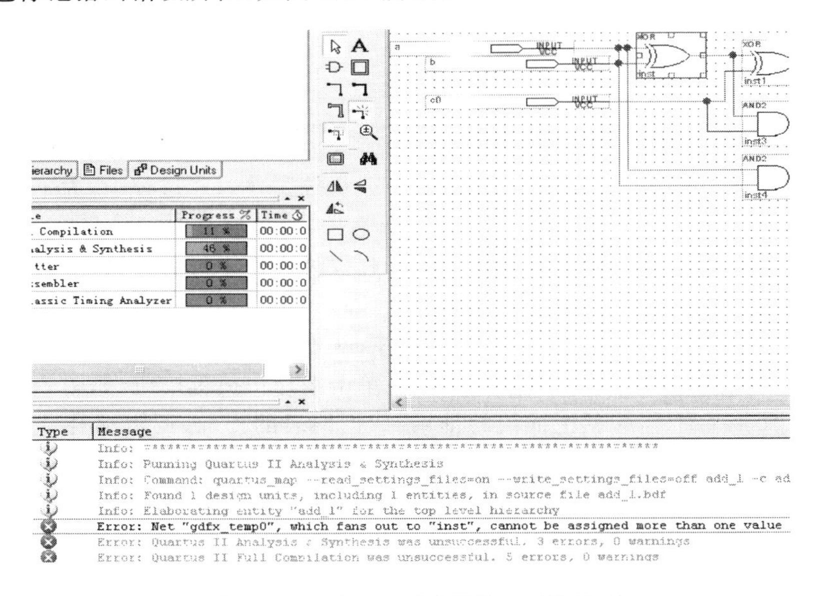

图 2.27　双击原理图出错信息后的界面

注意：如果出现多条报错信息，每次只要检查和纠正最先出现的报错，因为很多后续的错误都是由第一条错误导致的，所以有时显示 20 多个错误，并不是要纠正 20 多处，也许改一个或两个错误，保存后，重新编译，就通过了。

对于 Processing 栏中的警告信息是以蓝色 warning 文字显示，如图 2.28 所示。虽说警告信息不影响编译通过，但也要充分注意。如在定制 ROM 时，ROM 中未能成功装入初始化文件，编译器不会报错，只会出现警告信息，但却使硬件功能无法正常实现。

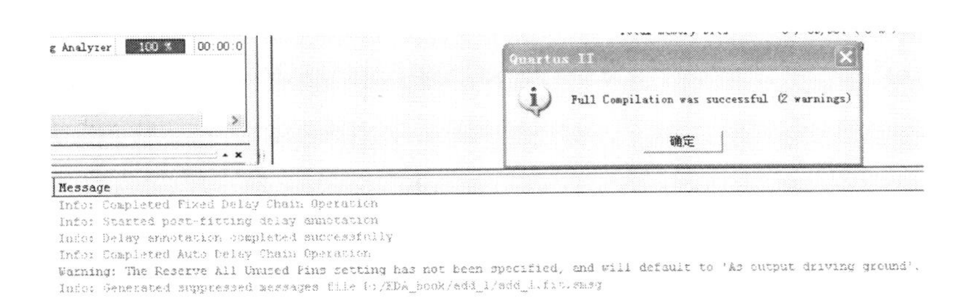

图 2.28　编译时警告信息界面

若编译成功，则会出现图 2.29 中所示的信息框。图 2.29 中左边中栏的状态栏(Status)表示编译处理流程的进度信息，如全程编译(Full Compilation)包括数据网表建立、逻辑综合(Analysis & Synthesis)、适配(Fitter)、配置文件装载(Assembler)和时序分析(Classic Timing Analyzer)，当上述各项进度显示都为 100%，表示编译成功。右栏是编译报告。其中各项处理流程代表的意思如下：

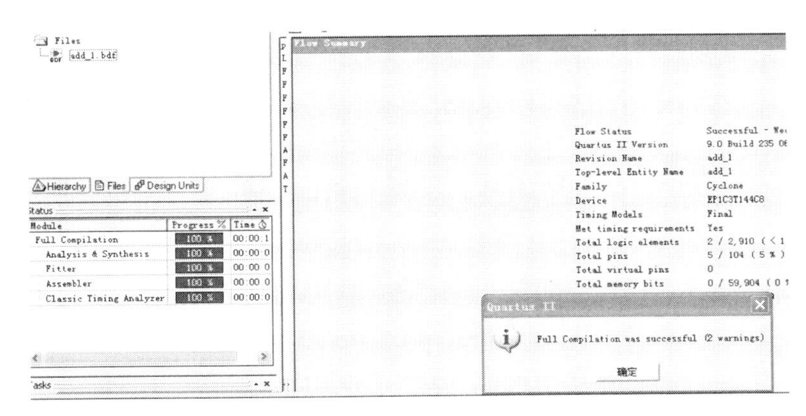

图 2.29　编译成功界面

- Analysis & Synthesis 为分析综合器，用于分析综合 Verilog HDL 和 VHDL 的输入设计、综合网络表优化设置。
- Fitter 为适配器，又称结构综合器或布线布局器，它将逻辑综合所得的网表文件，即底层逻辑元件的基本连接关系，在选定的目标器件中具体实现。
- Assembler 为装配器，能将适配器输出的文件，根据不同的目标器件、不同的配置 ROM，产生多种格式的编程/配置文件。
- Classic Timing Analyzer 为时序分析器，包含 TimeQuest 时序分析报告以及引脚延时等基本时序参数。

编译成功后，通过单击菜单"Processing→ Compilation Report"打开图 2.30 所示菜单查看编译报告，可以了解编译结果的如下内容：

(1) 了解硬件资源应用情况。单击图 2.30 左栏的"Flow Summary"项，可以查看硬件耗用统计报告，图 2.30 中显示当前工程耗用了 2 个逻辑单元，0 个内部 RAM 位等；单击图 2.30 左栏的"Fitter"项左侧的"＋"号，选择"Floorplan View"，可以查看此工程在 PLD 器件中逻辑单元的分布情况和使用情况。

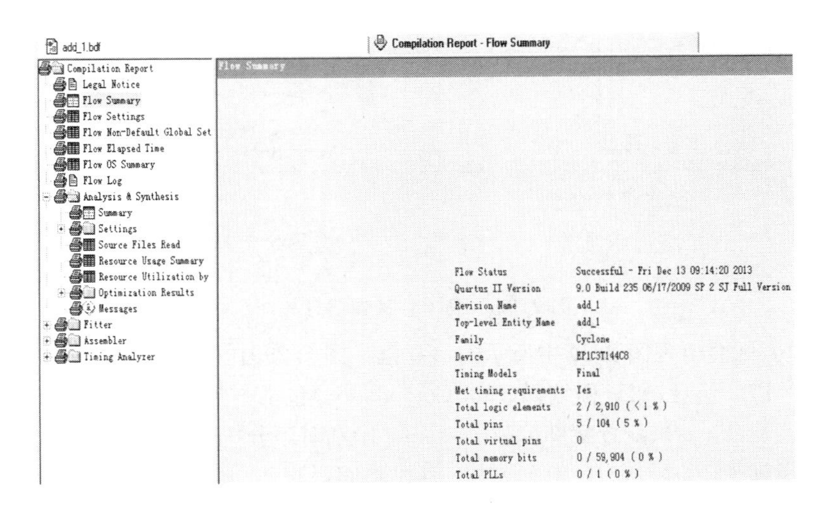

图 2.30　查看相关编译报告界面

(2) 了解工程的时序报告。单击“Compilation Report”(图 2.30)左栏中的“Timing Analyzer”项左侧的“+”号,可以了解相关时序信息,如单击“Timing Analyzer→tpd”,弹出如图 2.31 所示输出信号对输入信号的延迟时间报告,该图显示每个输出信号对输入信号的延迟时间。

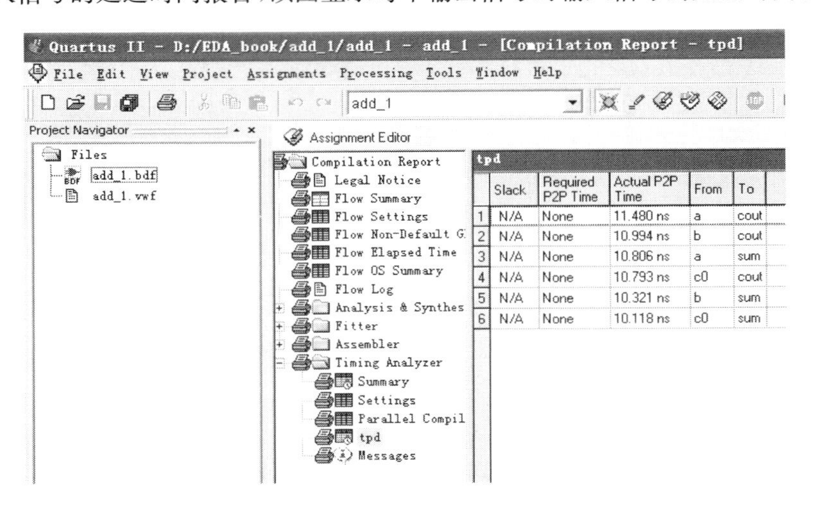

图 2.31　输出信号对输入信号的延迟时间报告

(3) 了解配置文件装载情况。单击“Assembler→Generated Files”,可得图 2.32,该图显示本工程用于编程下载的配置文件,即 add_1. sof 和 add_1. pof。

(4) 查看 RTL(Register Transfer Level,寄存器传输级)电路。Quartus Ⅱ可实现硬件描述语言或生成网表文件(VHDL、Verilog、BDF、TDF、EDIF、VQM)的 RTL 电路图。RTL 电路由基本的寄存器和门电路组成,是编译后的结果,反映了模块之间的连接关系。要打开 RTL 电路,选择菜单“Tools→ Netlist Viewers→ RTL Viewer”,即可看到综合后的由逻辑元件构成的 RTL 电路图,如图 2.33 所示。

以上是使用 QuartusⅡ编译器默认设置进行的编译方法,还可以先根据需要进行相关的编译设置,然后再编译,具体方法可参考 QuartusⅡ帮助文档。

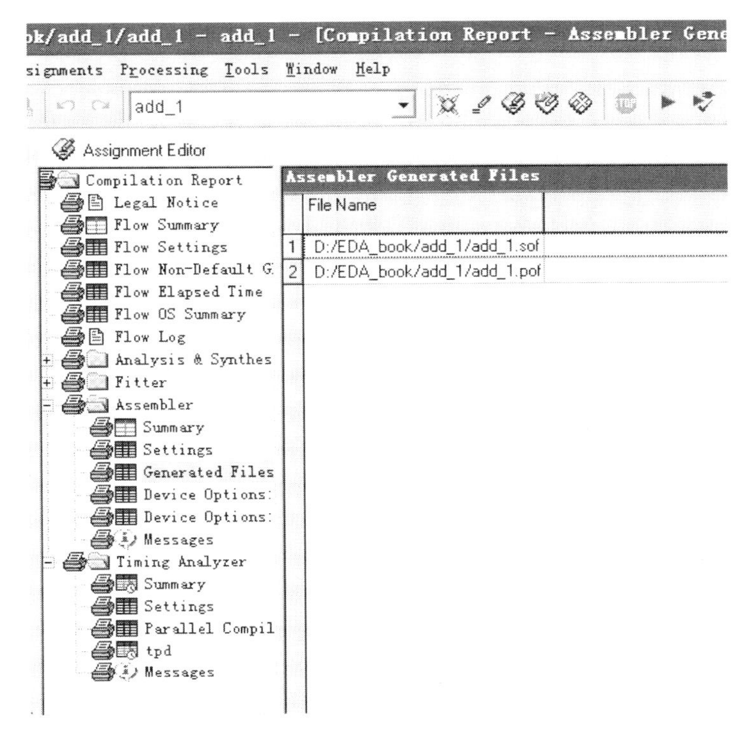

图 2.32　生成的配置文件

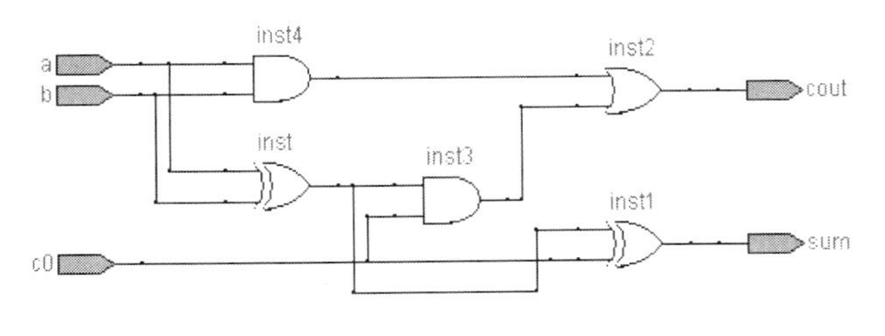

图 2.33　RTL 电路

四、仿真并生成元件

仿真就是对设计项目进行全面彻底的测试，以确保设计项目的功能和时序特性，以及最后的硬件器件功能与原设计相吻合。在编程下载前必须利用 Quartus Ⅱ工具对适配生成的结果进行模拟测试，即波形仿真，常用的波形仿真分为时序仿真和功能仿真。

- 时序仿真就是接近真实器件运行特性的仿真，它结合不同器件具体性能并考虑器件内部各功能之间的延时信息。这种仿真结果可以验证设计电路在时间上是否满足要求。时序仿真文件综合后所得的 EDIF 等网表文件通常作为 FPGA 适配器的输入文件，产生的仿真网表文件包括精确的硬件延时信息。
- 功能仿真不考虑任何具体器件的硬件特性，是直接对原理图描述、HDL 或其他描述形式的逻辑功能进行测试模拟，以了解其实现的功能是否满足设计要求的过程。功能仿真不经历适配阶段，在设计项目编辑编译（或综合）后即可进入门级仿真器进行模拟测试，其好处是设计耗时短，对硬件库、综合器没有任何要求。

在启动波形仿真器之前，需要编辑波形文件、设置仿真器参数等。实现波形仿真的详细步骤如下：

1. 打开波形编辑器

执行“File→New...”命令，如图 2.34 所示，Quartus Ⅱ 9.0 可建立和编辑的文件有器件设计文件 Design Files、存储器初始化文件 Memory Files、验证和调试文件 Verification/Debugging Files 和其他文件 Other Files 四类。器件设计文件 Design Files 已作介绍，用于仿真的波形文件 Vector Waveform File 在 Quartus Ⅱ 5.0/6.0 位于其他文件 Other Files 中，在 Quartus Ⅱ 9.0 中位于 Verification/Debugging Files 中，单击 Vector Waveform File(波形文件)，然后单击“OK”按钮确定，出现波形文件编辑器，如图 2.35 所示。

2. 输入信号端口

在图 2.35 所示空白处双击，出现“Insert Node or Bus”菜单，单击“Node Finder...”按钮，弹出“Node Finder(图 2.36)”窗口，在该窗口“Filter”项中选“Pins:all”，然后单击“List”按钮，于是在左下方的“Nodes Found”栏出现“add_1”工程的所有端口名，如图 2.36 所示。

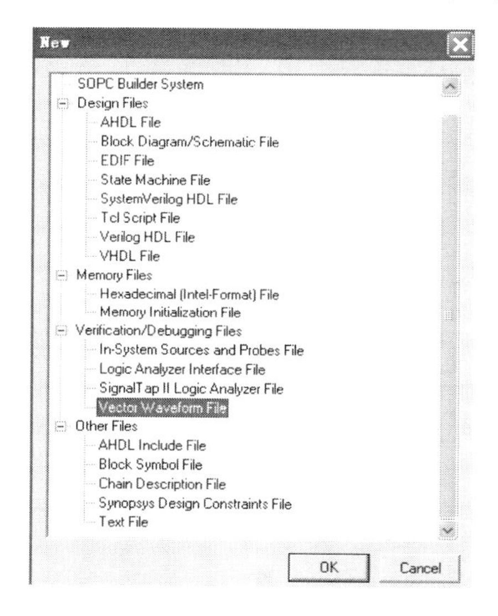

图 2.34 选择“Vector Waveform File”

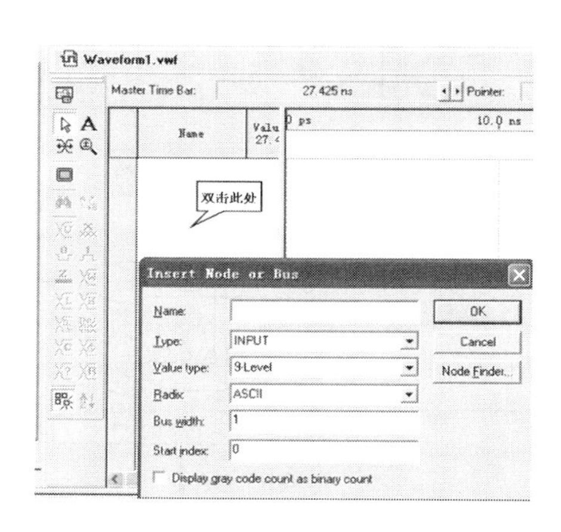

图 2.35 波形文件编辑器

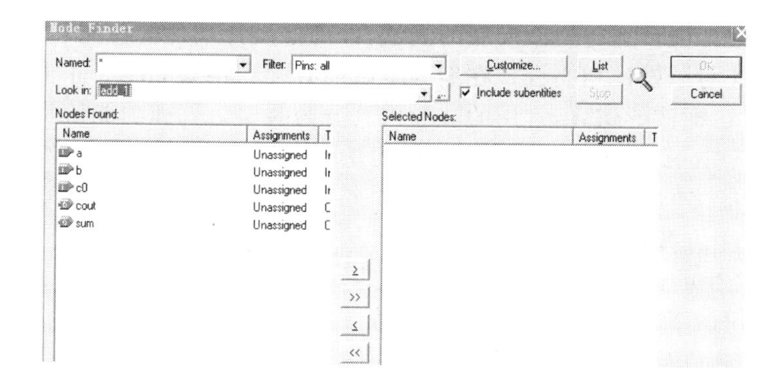

图 2.36 单击“List”按钮，显示端口信息界面

注意：还可用下面两种方法打开图 2.36，将工程设计文件输入输出端口调入波形编辑器，后续步骤同前。

a. 选菜单“Edit→Insert →Insert Node Or Bus...”，单击“Node Finder...”按钮。

b. 选菜单“View→Utility Windows→Nodes Finder”调入。

在图 2.36 所示“Nodes Found”列表中选中要添加到波形仿真文件的输入/输出引脚，然后单击按钮“≥”，可将选中引脚加入右边“Selected Nodes”列表框中；也可以按“>>”一次性将所有端口添加到右边“Selected Nodes”列表框中；要添加的端口选好后按“OK”，返回“Insert Node or Bus”菜单，再按“OK”按钮，出现如图 2.37 所示界面。

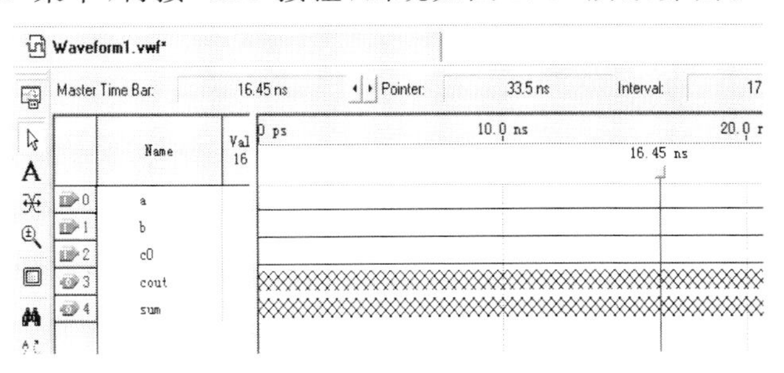

图 2.37 插入端口后的波形编辑界面

注意：

a. 图 2.36 中按钮“≤” 和“<<”是将“Selected Nodes”列表框中端口单个或全部删除。

b. 如果在图 2.36 中单击“List”按钮不显示“add_1”工程的端口名，需要选择“Processing→Start Compilation”选项重新编译后，再重复上面将端口名调入波形编辑器的过程。

c. “add_1”工程的端口名在“Nodes Finder”菜单下也可以用拖拽的方法加入到波形编辑器中。

3. 保存仿真波形文件

选择“File→Save As”菜单，波形文件名以默认名 add_1.vwf 存入 D:\EDA_book\add_1 文件夹中，如图 2.38 所示界面。

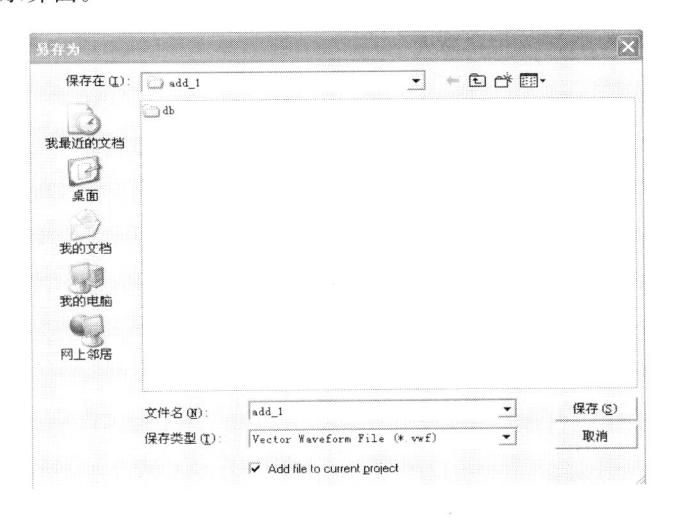

图 2.38 保存波形文件界面

4. 设置仿真时间区域

对于时序仿真来说，将仿真时间轴设置在一个合理的时间范围内至关重要。通常设置的时间范围在几十 μs 之间。

打开菜单“Edit”(图 2.39)，单击“End Time...”选项，弹出图 2.40 窗口设置仿真时间长度为 100 μs，单击“OK”按钮，则设置好仿真时间长度。

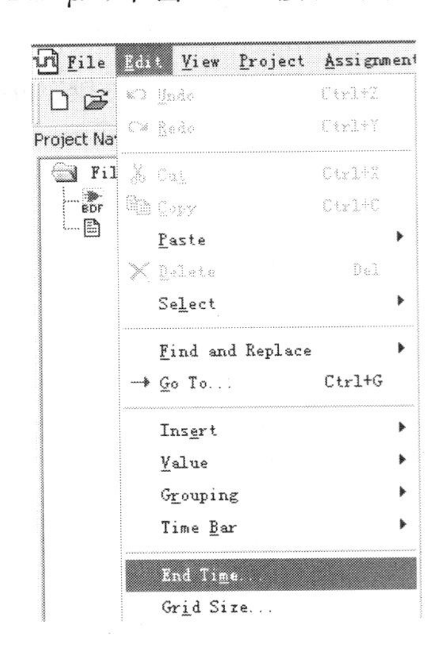

图 2.39 执行“Edit → End Time...”

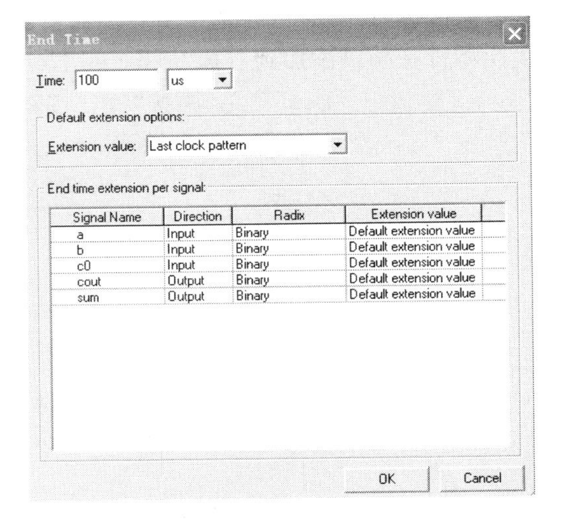

图 2.40 设置仿真时间长度

打开图 2.41 所示的“Edit”菜单，单击 “Grid Size...”选项，然后在弹出的图 2.42 窗口中设置仿真时间间隔为 100 ns，单击“OK”按钮，则完成了仿真时间间隔的设置。

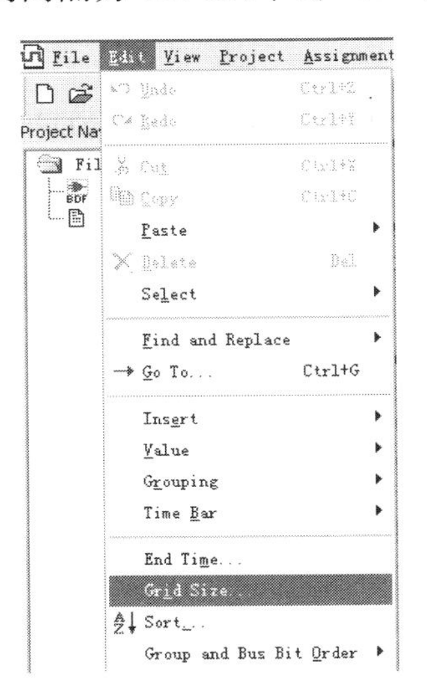

图 2.41 执行“Edit → Grid Size”

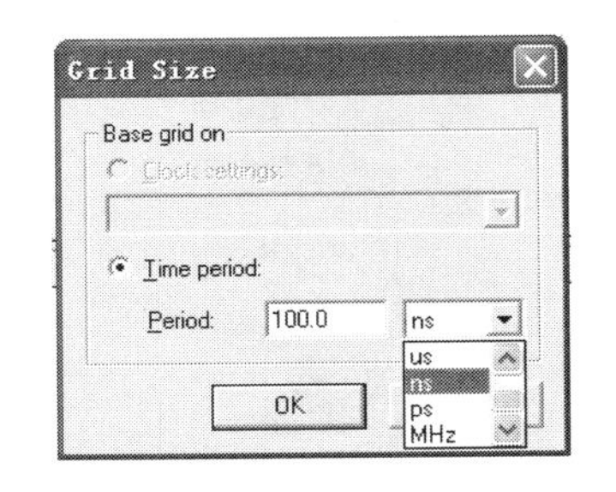

图 2.42 设置时间间隔

5. 编辑输入(激励)信号波形

在图 2.43 中，单击工具箱中缩放按钮，将鼠标移到编辑区内，若单击，则图形向右展开，即放大；若右击，则图形向左缩小，用这种方法，调整波形区横向比例，使仿真坐标处于适当位置。

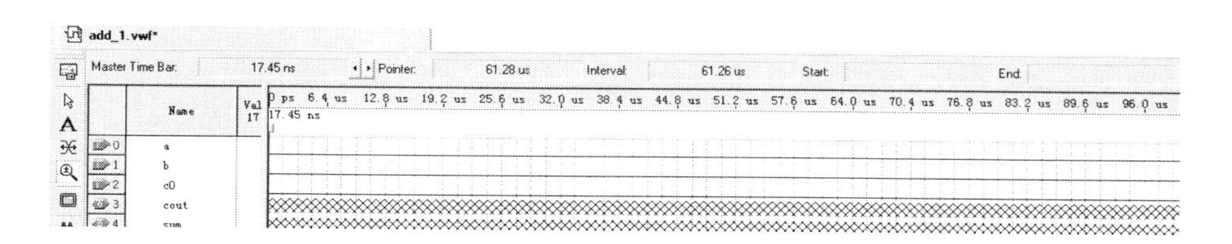

图 2.43　调整波形区横向比例

单击图 2.44 所示端口 a，使之变成蓝色条，再单击左侧的时钟(period)设置键(图 2.44)，打开"Clock"窗口，在该窗口中将 a 的时钟周期(period)设置为 1 μs，占空比(Duty cycle)为默认值 50(不用修改)，即占空比为 50%，同样的方法，用时钟工具设置输入端口 b 和 c 的值，只要修改时钟周期，保证 a、b、c 三个信号的所有取值都能出现，最后设置好的激励信号波形图如图 2.45 所示。

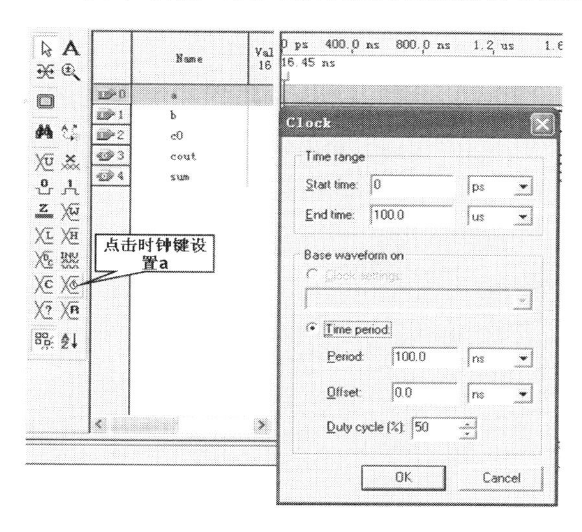

图 2.44　用时钟键设置激励信号 a

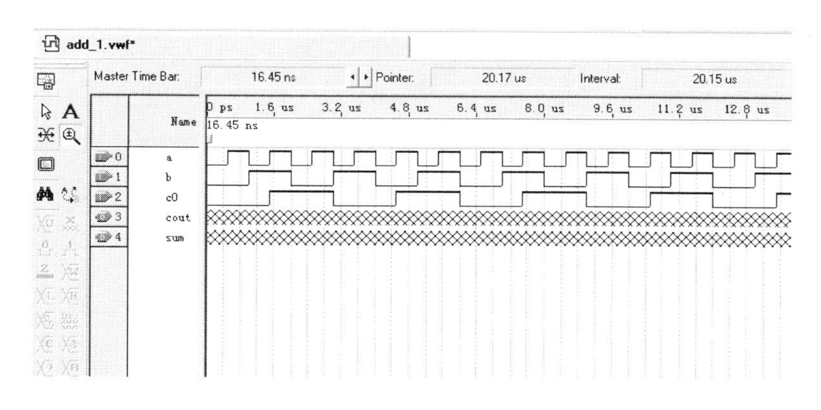

图 2.45　激励信号 a、b、c 设置好后的界面

注意：图 2.45 所示波形与一位全加器真值表输入端情况相对应，这样才能保证波形仿真包含激励信号 a、b、c 的所有取值。

6. 波形仿真

本设计工程将分别介绍时序仿真和功能仿真的具体过程。仿真操作前必须利用 Quartus Ⅱ波形编辑器建立一个矢量波形文件(＊.vwf)作为仿真激励。＊.vwf 文件将仿真输入矢量和仿真输出描述成波形图来实现仿真,但也可以将仿真激励矢量用文本表达,即文本方式的矢量文件(＊.vec)。Quartus Ⅱ允许对整个设计项目进行仿真测试,也可以对该设计中的任何子模块进行仿真测试。下面介绍 add_1.vwf 波形文件仿真流程,具体步骤如下:

(1) 时序仿真

在前述激励(输入)信号设置好的情况下,对波形仿真器进行设置,可分以下三步:

① 仿真器参数设置。首先,选择菜单"Assignment→Device...→simulator settings"(图 2.46),在右侧的"Simulation Mode"项下选择默认设置,即 Timing(时序仿真),仿真文件名默认为 add_1.vwf。点选全程仿真"Run simulation until all vector stimuli are used(一般为默认,不用改)",然后单击"OK"。

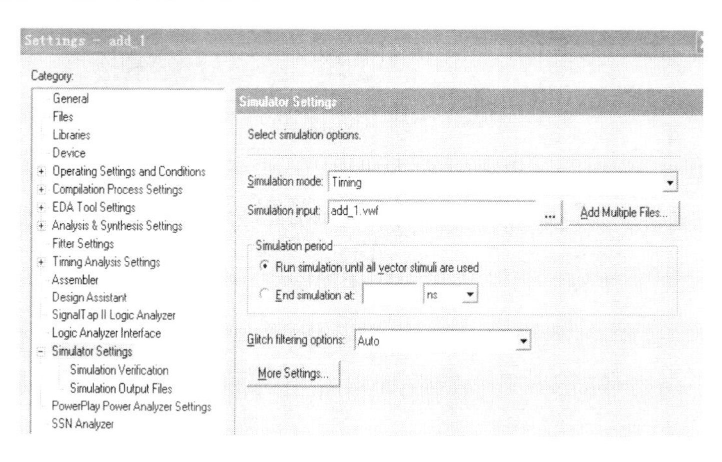

图 2.46　选择仿真方式

另外还要对时序仿真做控制设置,在图 2.46 中左边树形文档结构中选择"Simulator settings→Simulation Verification",即弹出图 2.47 所示对话框。设置毛刺检测"Glitch detection为"1ns,选中"Simulation coverage reporting",按"OK"按钮。

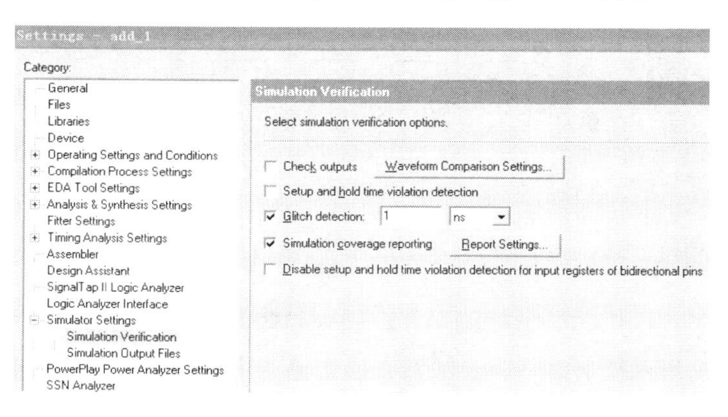

图 2.47　选择仿真控制方式

② 启动仿真器。在上述仿真设置完毕之后，选择菜单“Processing→Start Simulation”或直接单击波形仿真按钮(图 2.48)，启动波形仿真。

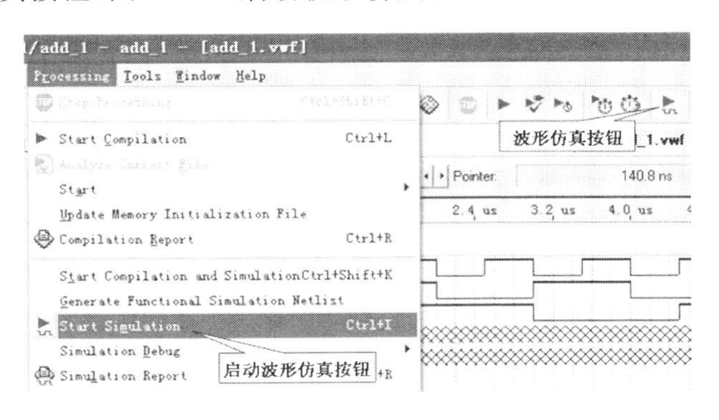

图 2.48 启动波形仿真

③ 波形仿真成功，观察波形。按图 2.48 启动仿真，直到弹出图 2.49 的“Simulation was successful”信息提示窗口，表示波形仿真成功，单击“确定”按钮。

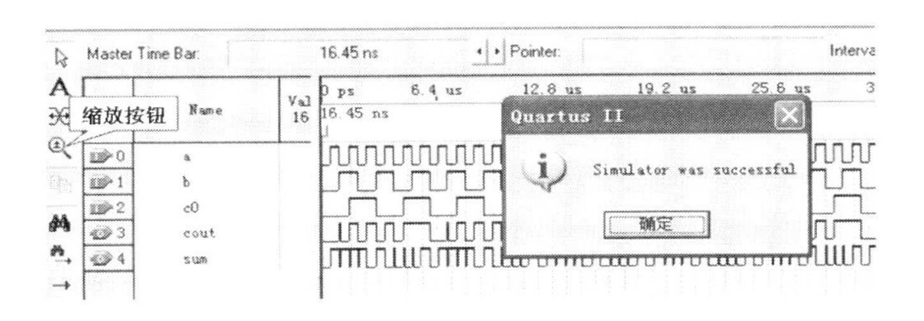

图 2.49 仿真波形结果

利用图 2.49 左栏的缩放按钮，查看输入输出信号是否与一位全加器真值表一致，以检查设计功能的正确性，经检查对比，逻辑功能正确。

注意：

a. 图 2.49 中输出端口 cout 和 sum 中的小竖线是由信号在器件中传送时的延迟造成，我们称之为“毛刺”，时序仿真都会出现这样的小毛刺。

b. Quartus Ⅱ中波形编辑文件(*.vwf)与波形仿真报告(simulation Report)是分开的，而在 Maxplus2 中二者是合二为一的。

c. 若在启动波形仿真器后，弹出报告仿真成功的小窗口，却没有出现仿真报告(仿真完成后的波形图)，而出现提示信息“Can't open Simulation Report Window”，则可选择“Processing→simulation Report”打开仿真波形报告，查看仿真结果。

d. 若无法展开波形显示轴上的所有波形，可以右击波形编辑区中任何位置，在弹出的窗口中选“Zoom→Fit in Window”。

(2) 功能仿真

波形仿真若采用功能仿真，则要经历下面三步：

① 仿真模式设置。设置方式与时序仿真大体相同，即在图 2.46 中 Simulator Settings 项的右侧 Simulation Mode 下拉选项框中选择“Functional(功能仿真)”，仿真文件名为默认的 add_1.vwf，单击“OK”按钮，如图 2.50 所示。

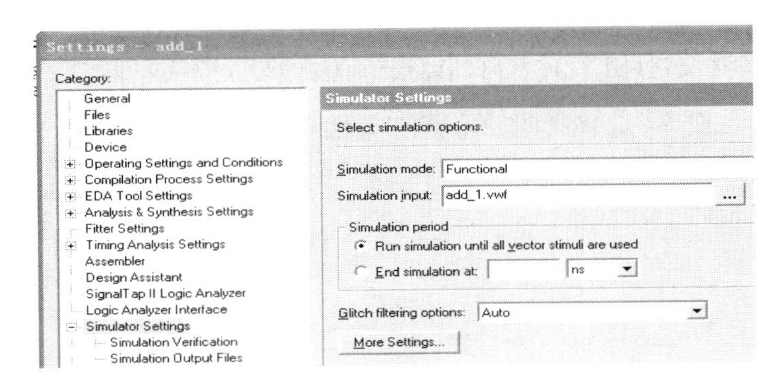

图 2.50　功能仿真设置

② 启动仿真器。选择菜单“Processing→Start Simulation”，进行波形仿真，可能会出现如图 2.51 所示仿真不成功的提示。

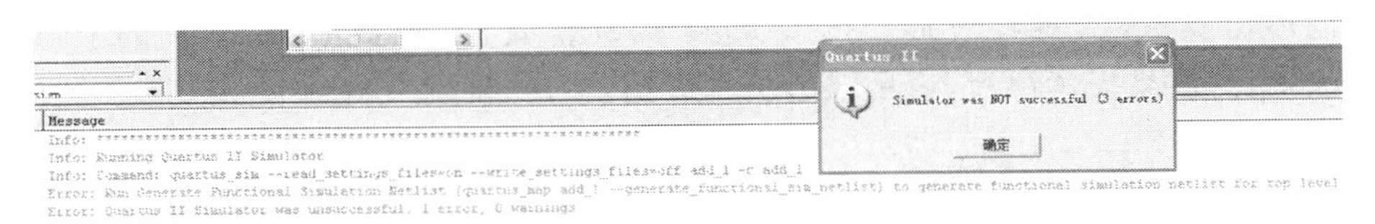

图 2.51　仿真不成功

③ 分析错误原因，重新设置仿真器参数。查看图 2.51 中的错误信息，不成功的原因是进行功能仿真前，工程中必须先生成网表文件，因为缺少网表文件，所以会出错。因此进行如图 2.52 所示的仿真设置，先生成功能仿真网表文件，再进行功能仿真。

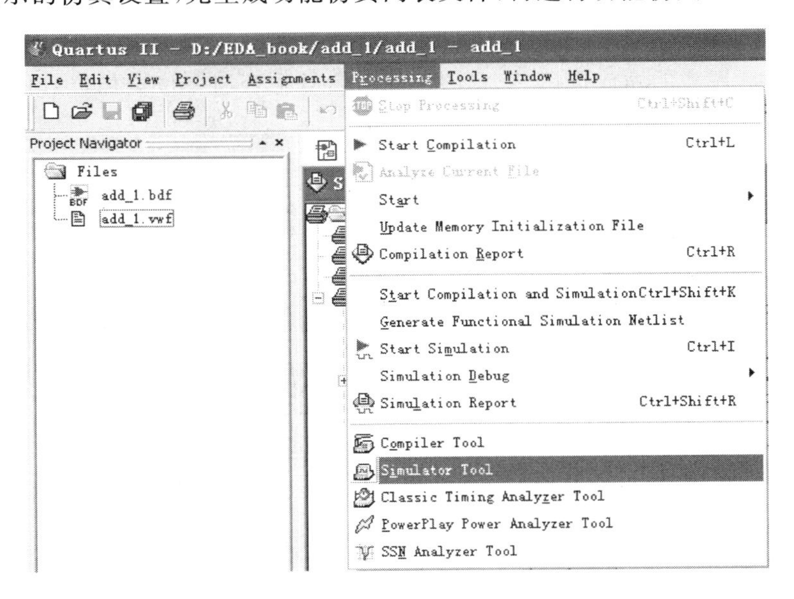

图 2.52　打开仿真设置界面

按照图 2.52 单击相应菜单后，打开如图 2.53 所示功能仿真网表文件生成界面，单击该图右上方按钮“Generate Functional Simulation Netlist”，直到出现如图 2.53 所示消息提示框中的信息“功能仿真网表文件生成成功”，单击提示信息框中“确定”按钮，然后单击图 2.53 左下角启动波形仿真器图标“Start”，等到仿真结束，出现如图 2.54 所示界面。

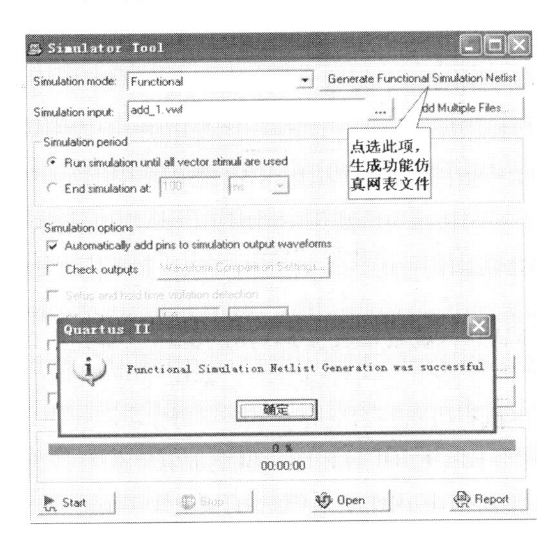

图 2.53　功能仿真网表文件生成

在图 2.54 中，仿真进度蓝色条显示 100%，用时 4 秒，同时弹出信息窗口，提示仿真成功，这时只需单击该图右下端“Report”按钮，即可调出图 2.55 所示的波形仿真报告（Simulation Report）。认真核对输入/输出波形，对照一位全加器的真值表，检查设计项目功能，发现该图包含输入端口的 8 种组合状态，且各自的逻辑输出值正确无误，输出波形规整，无毛刺。

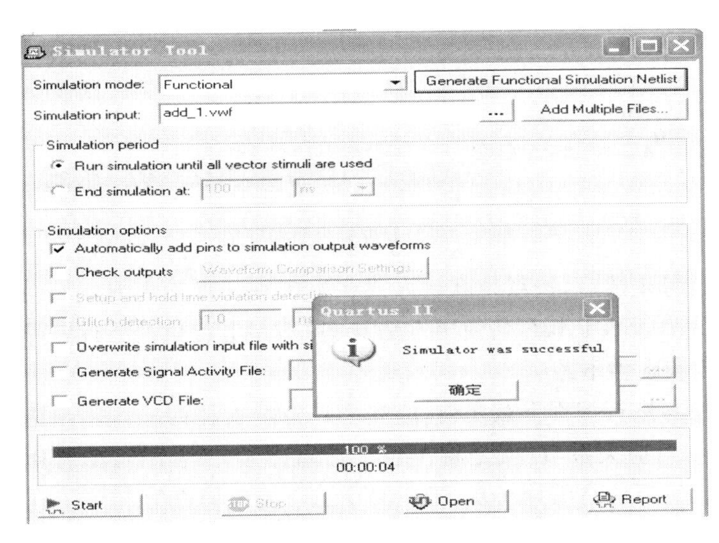

图 2.54　执行“Start”命令后

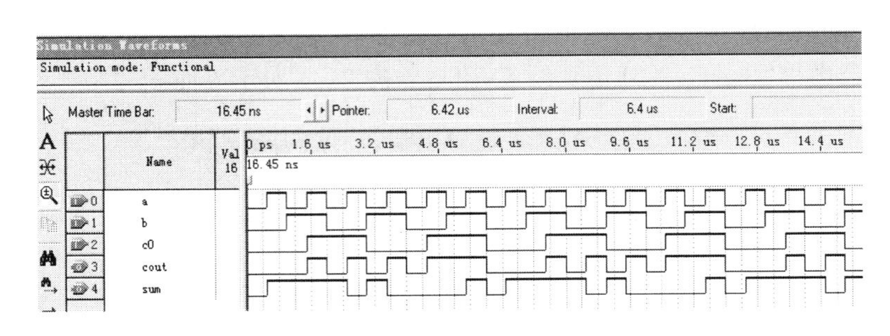

图 2.55　单击“Report”查看仿真报告

7. 生成元件

一位全加器波形仿真成功后，观察仿真波形，其逻辑功能得到实现，因此可将一位全加器设计文件进行包装，生成元件符号，存入 Project 库中，以备后续开发和使用。打包方法为：打开原理图文件 add_1. bdf，在菜单栏执行“File→Greate/Update→Greate Symbol Files for Current File”命令(图 2.56)，即将本设计电路 add_1. bdf 封装成一位全加器元件符号 add_1. bsf，如图 2.57 所示，在提示框中显示元件打包成功，并且说明了元件符号 add_1. bsf 所在路径。

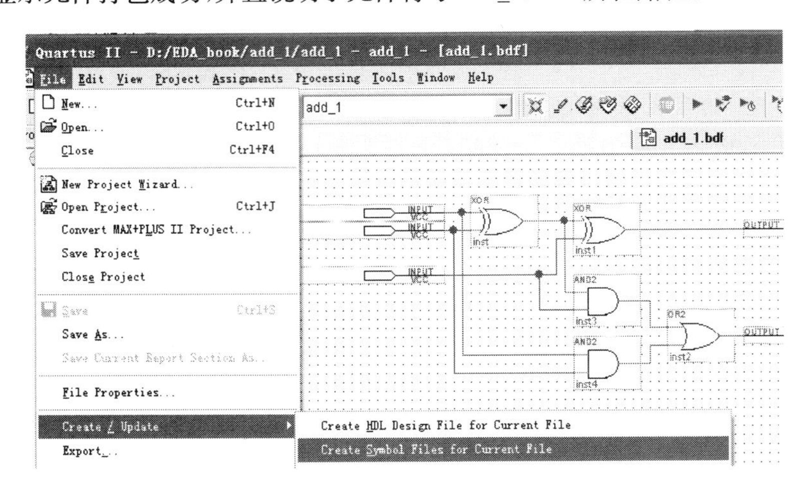

图 2.56　生成元件符号选项

一位全加器符号生成后，按系统默认方式在本工程元件库中 Project 目录下可找到(图 2.57)，文件名默认为 add_1. bsf，其使用方法与 QuartusⅡ提供的元件符号调用方法相似。

五、管脚绑定和硬件下载

在对一位全加器进行编程下载之前，应先将一位全加器的输入输出信号与硬件电路中的 FPGA 芯片建立对应关系，也就是将一位全加器的端口与 FPGA 芯片的引脚进行绑定(锁定)。将引脚锁定后应再编译一次，把引脚信息一同编译进配置文件中，最后就可以把配置文件下载进目标器件中，进行硬件测试。

1. 管脚绑定

本设计硬件测试时，使用 GW48 EDA 实验箱，根据一位全加器输入输出端口与试验箱中的硬件资源情况，选择系统的电路模式为 No. 5，引脚绑定信息为：一位全加器 3 个输入端口 a、b、c 分别与试验箱中的按键 1(PIO0 对应管脚 pin_1)、按键 2(PIO1 对应管脚 pin_2)和按键 3(PIO2 对

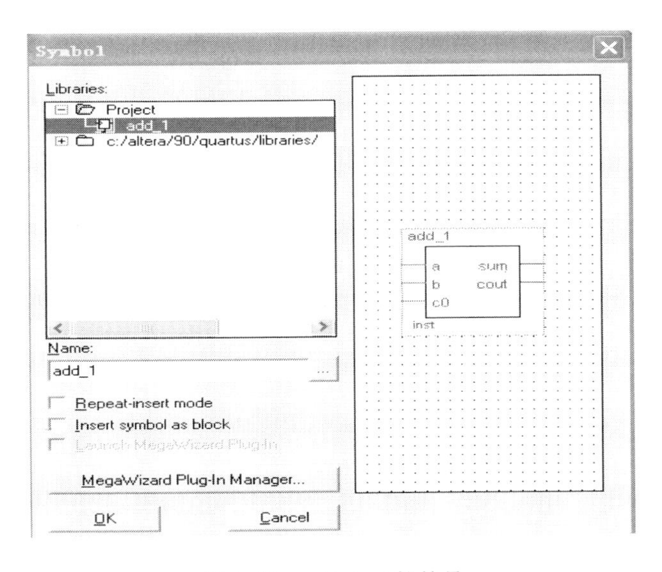

图 2.57 add_1 元件符号

应管脚 pin_3)绑定；而一位全加器的 2 个输出端口 sum 和 cout 分别与实验箱中的发光二极管 VD_1(PIO8 对应管脚 pin_11)和 VD_2(PIO9 对应管脚 pin_32)绑定，也就是说管脚绑定好后，按键 1 的按下/弹起状态即对应输入端口 a 的逻辑值 1 和 0，由此可见，绑定了管脚的工程设计文件的硬件测试，就是用试验箱中的各种器件，如发光二极管、蜂鸣器、数码管等，直观地表达工程设计文件的逻辑功能。当然用于硬件测试的系统不一样时，只需根据实际的 FPGA 芯片管脚信息进行引脚绑定即可，下面就 GW48 EDA 实验箱进行管脚绑定，过程如下：

(1) 打开管脚绑定编辑器

首先，选择菜单"Assignments→Assignment Editor"(图 2.58)可以弹出管脚绑定编辑器窗口，如图 2.59 所示。

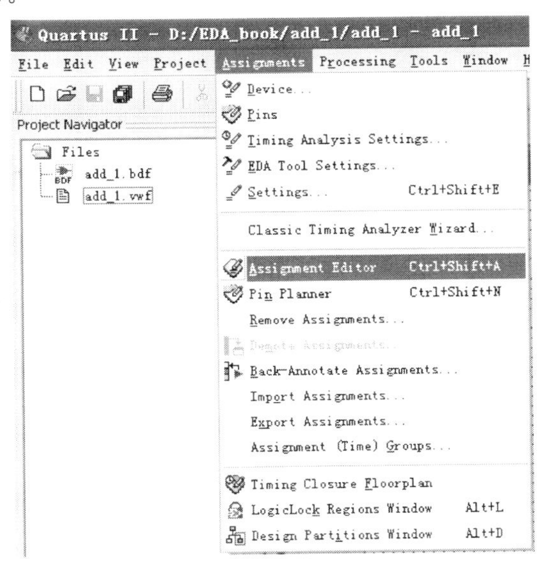

图 2.58 选择管脚绑定编辑器

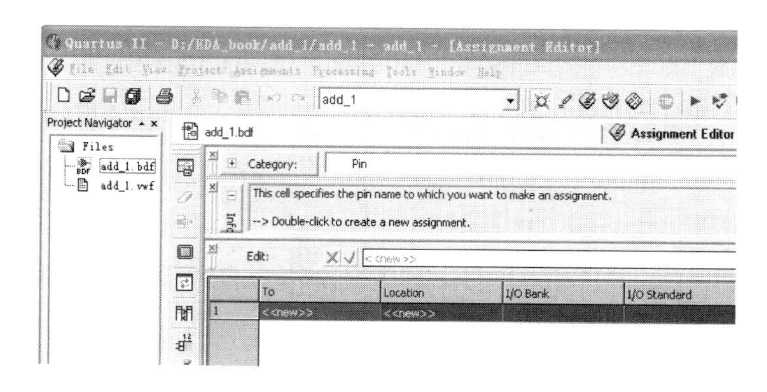

图 2.59　设置管脚绑定编辑器

(2) 设置管脚绑定编辑器中的“Category”栏

如图 2.59 所示，在“Category”栏选中“Pin”项，这样原理图设计文件 add_1.bdf 的输入输出管脚才能在图 2.59 下面的“Edit”栏中的“To”列中正常调入。

(3) 填写管脚绑定信息

图 2.59 中，双击 Edit 栏 To 列下方蓝色“＜＜New＞＞”对应的行，将显示本工程中所有的输入输出端口，选择要绑定的端口即可，在 Location 对应的行中双击，将显示芯片所有的引脚，选择要使用的引脚(如图 2.60 所示)，实现端口与引脚一一对应。以同样的方法可将其他端口锁定在对应的引脚上。所有端口进行引脚锁定后(如图 2.61 所示)，保存引脚锁定信息，必须再编译一次(执行“Processing→Start Compilation”)，将引脚信息编译进下载文件中，这样生成的.sof 或.pof 文件就带有设计文件与硬件资源的对应关系，就可以将此.sof或.pof 文件下载到 FPGA 器件或者 EPCS 器件中。

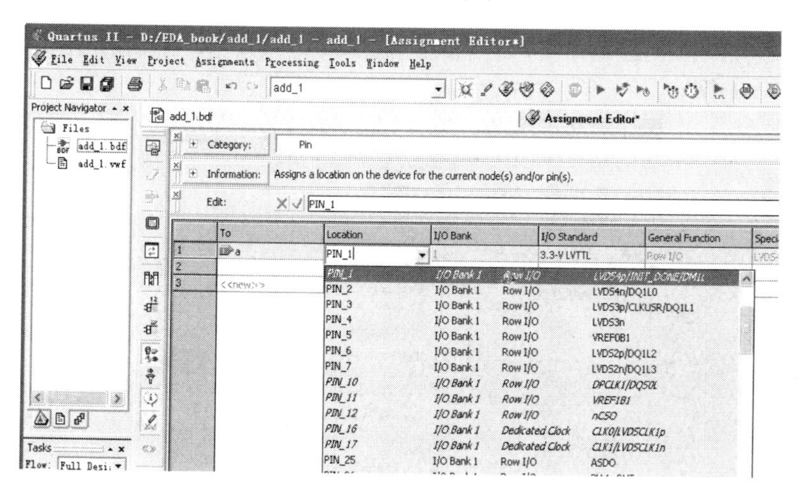

图 2.60　选择器件引脚

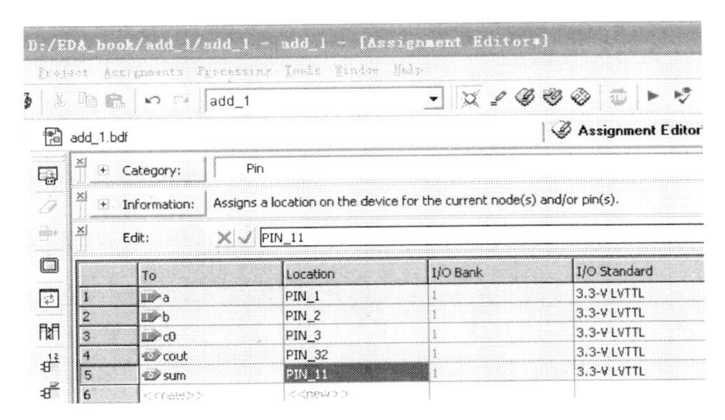

图 2.61 完成引脚绑定

2. 硬件下载

保存管脚绑定信息，使用 QuartusⅡ成功编译工程之后，就可对 Altera 器件进行编程或配置，从而进行硬件测试。QuartusⅡ中的 Compiler 的 Assembler 模块生成.pof 和.sof 编程文件，前者是编程目标文件，用于对配置器件编程；后者是静态 SRAM 目标器件，用于对 FPGA 直接编程，在系统直接测试中使用。在此将编译好的.sof 格式配置文件通过 JTAG 口直接装载到 FPGA 中，进行硬件测试，步骤如下：

(1) 打开编程窗口、选择编程模式和配置文件

首先进行硬件连接，用 ByteBlasterMV 或 ByteBlasterⅡ下载电缆把实验箱与计算机并口通信线连接好，打开电源。选择菜单“Tools”的“Programmer”命令(如图 2.62 所示)或直接按编程快捷键命令，弹出图 2.63 所示窗口，单击“Mode”项下拉列表框，有 JTAG、Passive Serial(被动串行编程模式，简称 PS 模式)、Active Serial Programming (主动串行编程模式，简称 AS 模式)和 In-Socket Programming (插座内编程模式)4 种编程模式可供选择，在此选 JTAG(默认)，并选中下载文件 Program/Configure 下面的复选框。

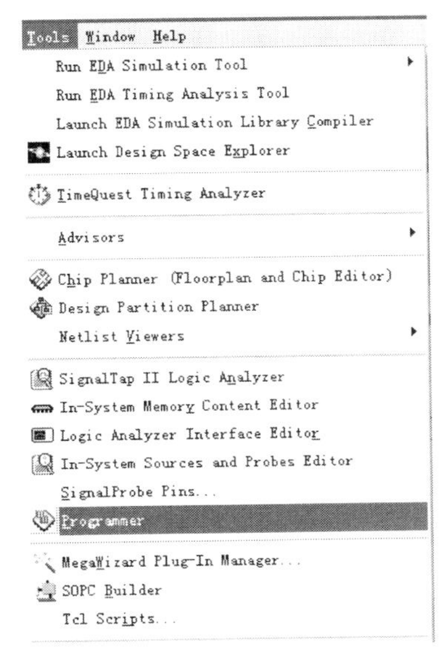

图 2.62 选择编程器方法

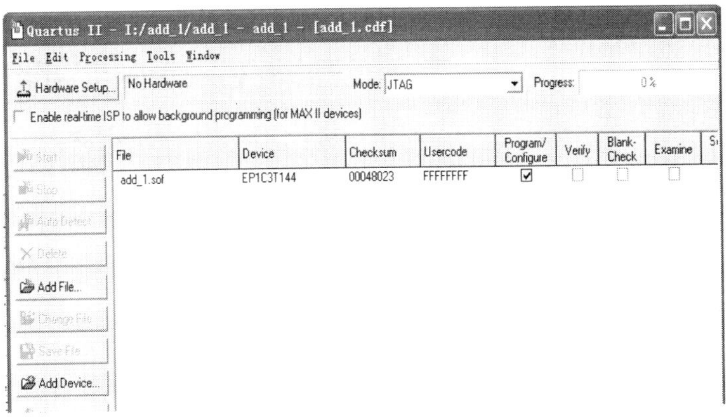

图 2.63 打开编程器

注意:要仔细核对下载文件路径与文件名。如果下载文件没有出现,可单击图 2.63 中左边栏的“Add File”按钮,手动选择配置文件 add_1. sof;若下载文件出现了但不是我们要下载的,则选中此文件,按“Delete”按钮删除,再按“Add File”按钮进行添加。

(2) 设置编程器

图 2.63 中,“Hardware Setup”项后的框中显示“No Hardware”,则必须选择下载电缆,即单击图 2.63 中“Hardware Setup”按钮,在弹出的“Hardware Settings”选项卡(如图 2.64 所示)中进行选择。若图中“Available hardware items”下面的白色区域为空白,单击图 2.64 中“Add Hardware”按钮,弹出图 2.65,在此图中选择“ByteBlasterMV or Byteblaster Ⅱ”,单击“OK”按钮,出现图 2.66,在此图中双击选项卡中的选项“ByteBlasterMV”,当图 2.64 中“Currently selected hardware”后面框内出现刚选中的下载电缆(如图 2.66 所示),单击“Close”按钮。这时在编程窗口“Hardware Setup”后面框内出现刚选好的下载电缆“ByteBlasterMV”,如图 2.67 所示。

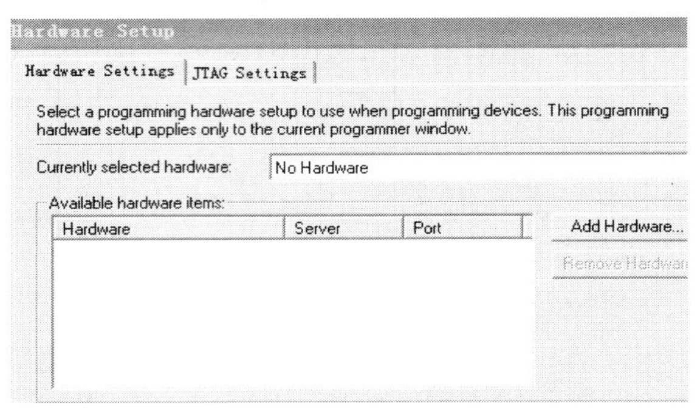

图 2.64 选择下载电缆类型

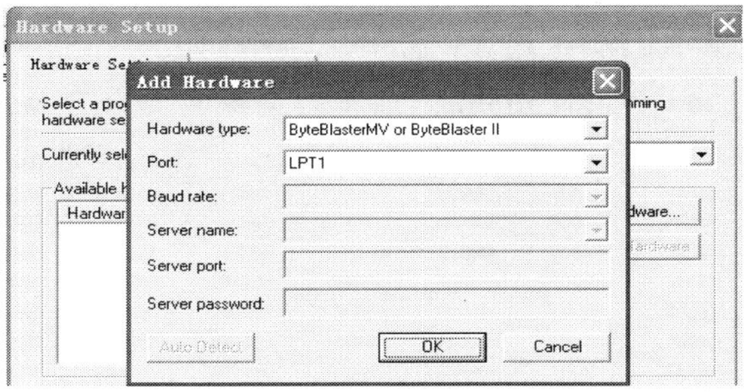

图 2.65 添加下载电缆

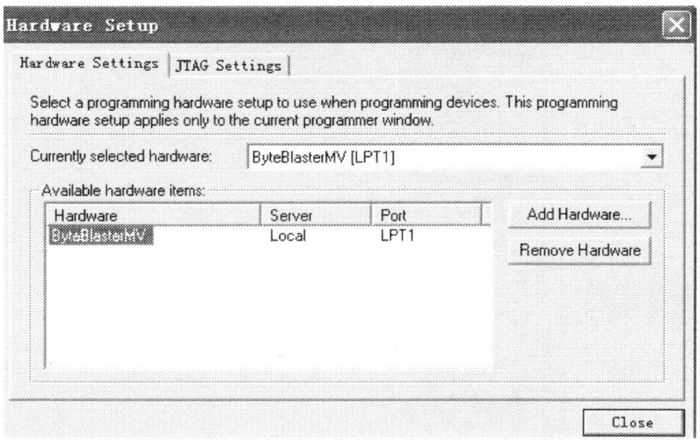

图 2.66 选择下载电缆

注意：Altera 编程硬件时，常用的下载电缆为 MasterBlaster、ByteBlasterMV；用 USB 下载器时，需选择 USB-Blaster 下载电缆。设置时，根据具体开发板和实验箱进行选择。

（3）下载

编程器设置好后，单击图 2.67 左栏的“Start”按钮，即进入对目标器件 FPGA 的配置下载操作，当图中 Process 显示 100%（如图 2.68 所示），表示编程下载成功。

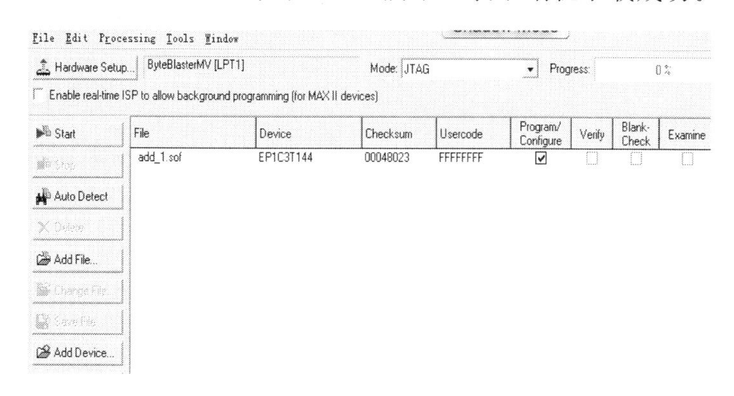

图 2.67　设置好下载电缆的界面

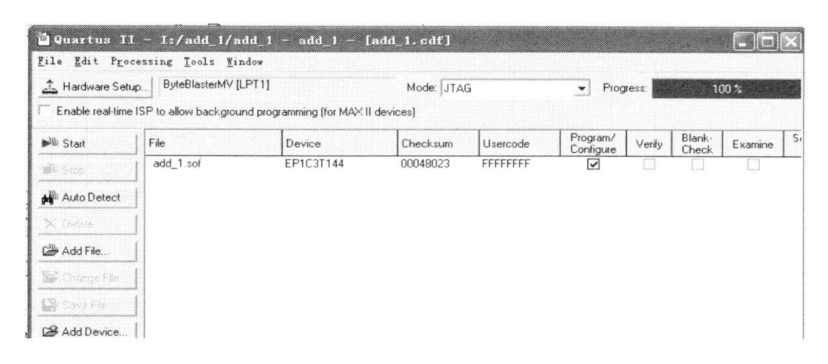

图 2.68　编程下载成功

（4）硬件测试

成功下载 add_1.sof 后，在实验箱上选择电路模式 5。根据管脚绑定信息，实验箱上的按键 1、按键 2、按键 3 分别代表一位全加器的被加数 a、加数 b、低位来的进位 c_0 三个输入端，实验箱上的发光二极管 VD_1 和 VD_2 分别代表一位全加器的和值 sum 和进位 cout，因此通过按动按键给一位全加器的三个输入端送不同的值，检查发光二极管的亮（代表输出逻辑值为 1）、灭（代表输出逻辑值为 0），就能判断一位全加器的逻辑功能是否实现。

3. AS 模式直接编程配置器件

为了使 FPGA 在编程成功以后，再次上电启动时，仍然保持原有的配置文件，可将配置文件烧写到专用的配置芯片 EPCS1 或 EPCS4 中。AS 模式能使用 ByteBlaster Ⅱ 下载电缆和.pof 文件对单个 EPCS1 或 EPCS4 串行配置器件进行编程。编程流程如下：

（1）选择配置器件工作方式

使用此方式对 EPCS 器件编程下载时，在以上器件设置和引脚锁定的步骤中应进行如下设置：

单击“Assignments→Device”，选择该窗口下的“Device and Pin Options...”，弹出如图 2.69 所示对话框，在“General”对话框的“Options”选中第一个复选框，可使 FPGA 的配置失败后自动重新配置，并加入 JTAG 用户编码。

选中图 2.69 的“Configuration”栏，根据实验箱专用配置器件类型(如 Cyclone EP1C6 为 EPCS1 或 EPCS4 器件)若选 EPCS1，要将图 2.70 中“Generate compressed bit streams”前复选框打勾。由于 EPCS1 的容量小，无法直接将 PDF 文件烧写到 EPCS1 中，因此须将文件压缩后烧写。进行如图 2.70 所示的设置。

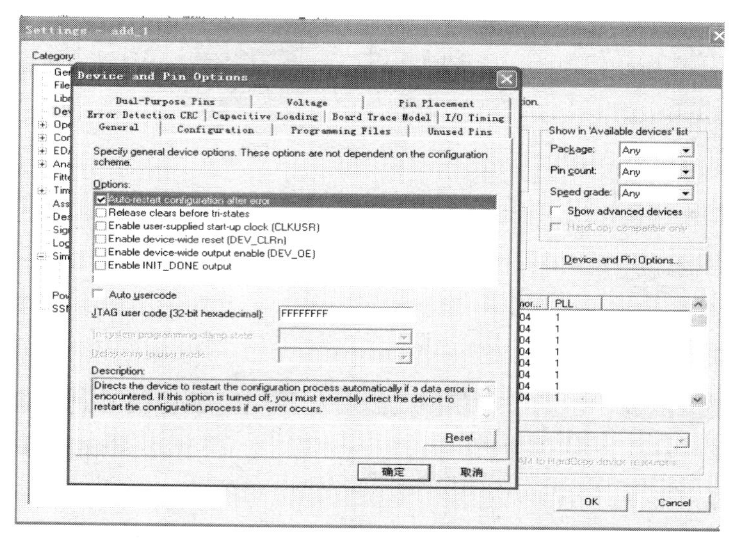

图 2.69 选择配置器件的工作方式

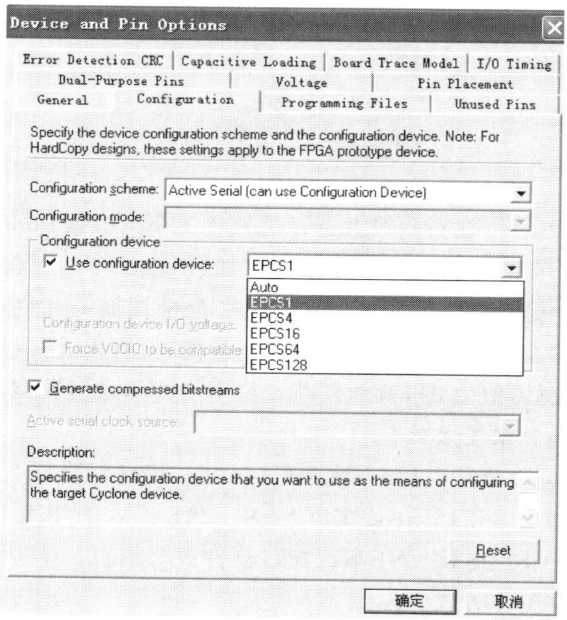

图 2.70 选择配置器件和编程方式

(2) 选择编程模式和.pof配置文件

完成上述设置后，在图2.71所示窗口的“Mode”栏，选择“Active Serial Programming”编程模式和编程目标文件add_1.pof，并选中图中所示的3个编程操作复选框。

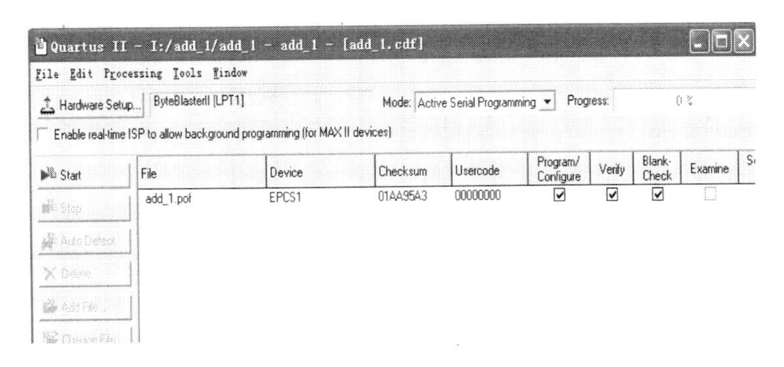

图2.71　选择“Active Serial Programming”编程模式和add_1.pof文件

(3) 选择插接模式

对GW48 EDA实验箱进行如下设置：

① 将主系统的JP5跳线接至ByBt Ⅱ(即选择ByteBlasterⅡ编程方式，JP6接3.3 V)。

② 用10芯线连接主系统的ByteBlaster Ⅱ接插口和适配板上的10芯AS模式编程口。

(4) 下载

单击图2.71中“Start”按钮，图2.72为编程下载过程中的界面情况，进度条Process显示68%，还没有完成下载。

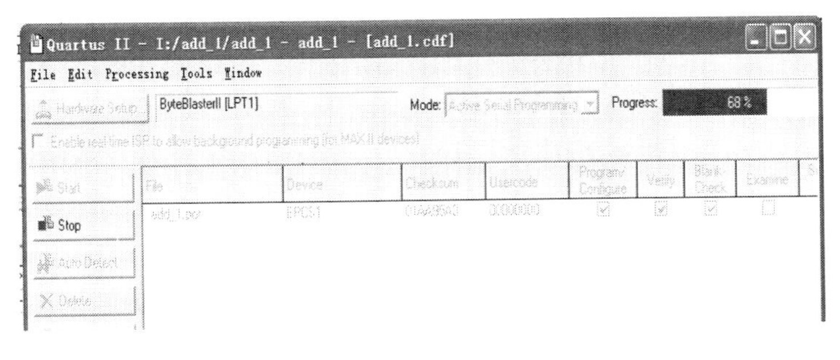

图2.72　单击“Start”按钮，用AS方式下载过程中的界面

编程下载成功后，图2.73中编程进度条Process显示100%，同时在编译窗口下方“Message”框出现下载成功的信息提示。

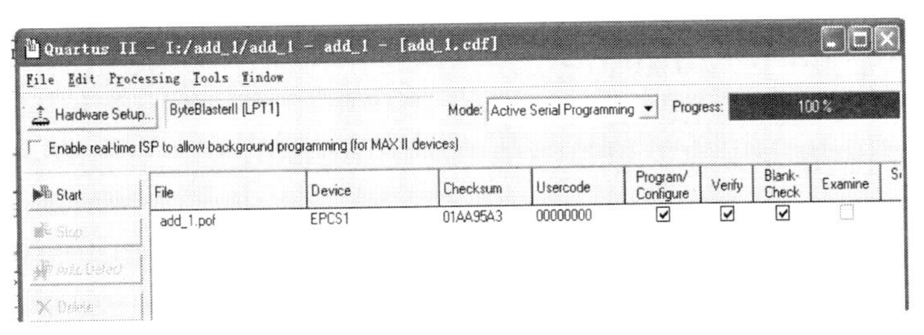

图2.73　单击“Start”按钮，用AS方式下载成功界面

使用AS编程方式，下载成功后，系统每次上电，FPGA都能被EPCS1自动配置，进入正常状态。

单元模块二　Maxplus2老式宏函数的应用

本模块在单元模块一的基础上，对QuartusⅡ的原理图输入法作进一步的讨论。在QuartusⅡ原理图输入法中，可供使用的元件库除了基本逻辑元件库以外，还有Maxplus2库和LPM函数元件库。本单元模块主要讨论原理图输入法中的Maxplus2老式宏函数的应用。

Maxplus2库主要由74系列数字集成电路组成，包括时序电路宏模块和运算电路宏模块两大类，其中时序电路宏模块包括触发器、锁存器、计数器、分频器、多路复用器和移位寄存器等；运算电路宏模块包括逻辑预算模块、加法器、减法器、乘法器、绝对值运算器、数值比较器、编译码器和奇偶校验器，用户可自由地调用。QuartusⅡ编译器会自动将不用的门和触发器删除，并且所有输入端口都有默认值，不用的输入端允许不进行任何连接。综合使用基本逻辑元件库和Maxplus2库的元件，可设计出大多数传统的数字电路。

任务一、用74151设计一位全加器

任务要求：用Maxplus2老式宏函数74151设计一位全加器电路，并与使用基本逻辑元件库中的元件设计一位全加器的方法进行比较，体会两种设计方式的特点和使用方法。

分析设计要求：本任务，要求用Maxplus2老式宏函数74151设计一位全加器电路，因此首先要了解老式宏函数74151的工作原理，对照一位全加器的真值表进行电路设计，完成设计任务。

一、74151工作原理

74151(也称为74LS151)为一个八选一数据选择器，图2.74为其引脚图。数据选择器又称为多路开关，它是一种多路输入、单路输出的标准化逻辑构件，由控制端子决定哪一路输入送到输出端。74151的8路输入数据(D_0～D_7)中的哪一路被送到输出端(Y)，取决于三个数据选择端子(A、B、C)，其逻辑功能如表2.3所示，表中X为任意信号，1为高电平，0为低电平，端子STROBE(文中用S表示)为片选端(低电平有效)，W也为输出端，其输出值为Y的反相输出。

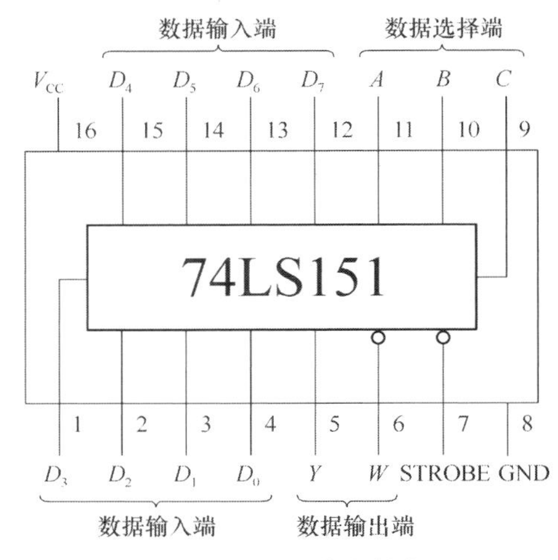

图2.74　74151管脚结构图

由表2.3可得，数据选择端子A、B、C分别可以扮演一位全加器被加数a、加数b、低位来的进位c_0三路输入信号的角色；一位全加器有两个输出端，显然用一个74151的

单路输出端 Y 没法表示，因此需要两个 74151，巧妙地利用 74151 各自的输出端分别表示一位全加器的和值和进位两路输出，据此进行一位全加器的设计。

表 2.3　74151 功能表

控制端			片选	输出
A	B	C	S	Y
X	X	X	1	X
0	0	0	0	D_0
0	0	1	0	D_1
0	1	0	0	D_2
0	1	1	0	D_3
1	0	0	0	D_4
1	0	1	0	D_5
1	1	0	0	D_6
1	1	1	0	D_7

二、系统设计

用两个 74151 设计一位全加器的步骤如下：

1. 建立工程，打开 Maxplus2 库

首先，建立名为 add1_max_p 的工程，其方法与单元模块一中一样，这里不再赘述。然后单击菜单“File→New”，选择新建原理图文件 Block Diagram/Schematic File 图标，打开原理图编辑界面，双击编辑区域的任意位置，即打开如图 2.75 所示的“Symbol”窗口，单击 Maxplus2 库(如图 2.76 所示)，在其中找到函数模块 74151，如图 2.77 所示，将 74151 添加到编辑界面。

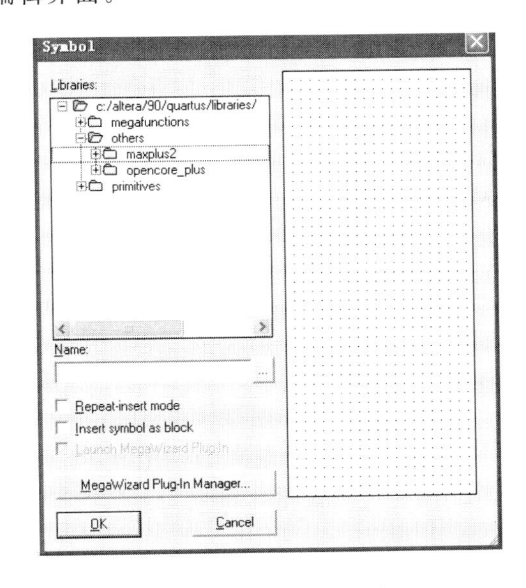

图 2.75　打开“Symbol”窗口

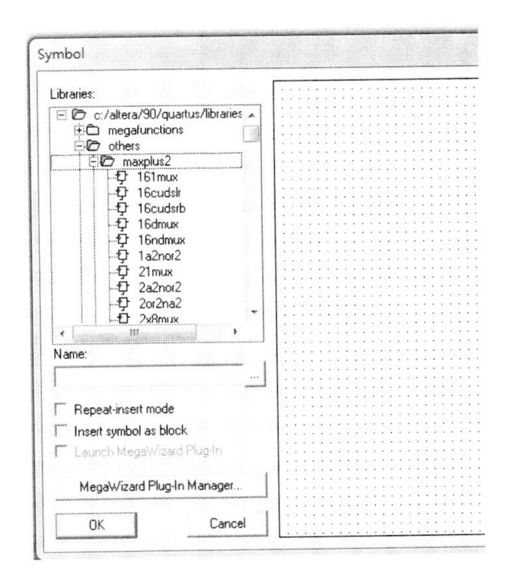

图 2.76　选中 Maxplus2 库

在元件 74151 上右击(如图 2.78 所示),单击“Open Design File”,可以打开如图 2.79 所示的 74151 的文本设计文件,可查看其逻辑功能。

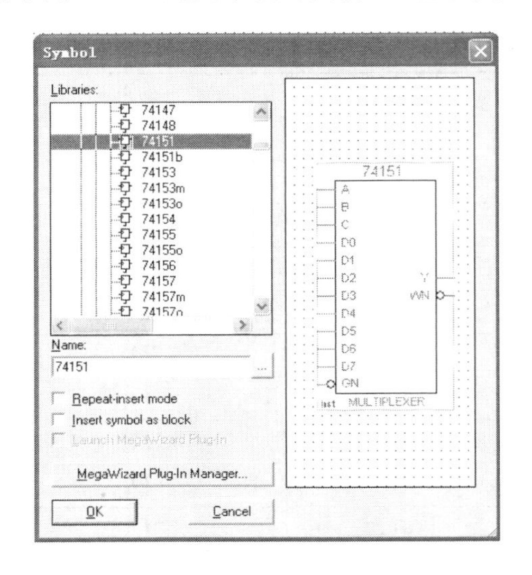

图 2.77　Maxplus2 库中选择 74151

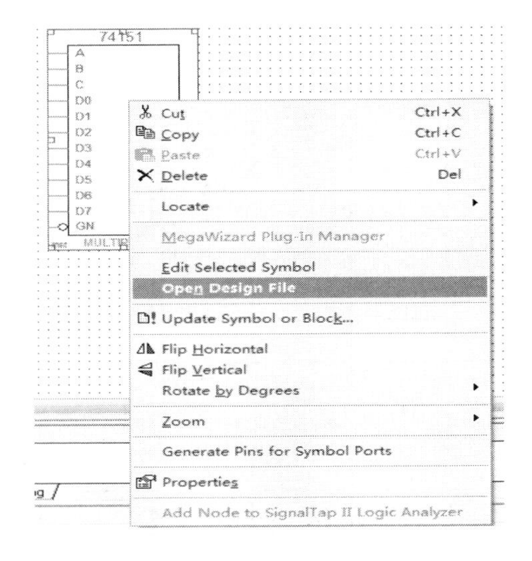

图 2.78　查看 74151 逻辑功能

```
Block1.bdf*    c:/altera/90/quartus/libraries/others/.../74151.tdf (Read-Only)
1   TITLE "Top-level file for the 74151 macrofunction.  Chooses a device-family optimized implementation.";
2   FUNCTION p74151 (c, b, a, d[7..0], gn) RETURNS (y, wn);
3   FUNCTION f74151 (c, b, a, d[7..0], gn) RETURNS (y, wn);
4
5   PARAMETERS
6   (
7       DEVICE_FAMILY
8   );
9   INCLUDE "aglobal.inc";
10
11  SUBDESIGN 74151
12  (
13      c                   : INPUT = GND;
14      b                   : INPUT = GND;
15      a                   : INPUT = GND;
16      d[7..0]             : INPUT = GND;
17      gn                  : INPUT = GND;
18      y                   : OUTPUT;
19      wn                  : OUTPUT;
20  )
21
22  VARIABLE
23      IF (FAMILY_FLEX() == 1) GENERATE
24          sub  : f74151;
25      ELSE GENERATE
26          sub  : p74151;
27      END GENERATE;
28
29  BEGIN
```

图 2.79　打开库中的 74151 文本设计文件

2. 用 74151 编辑一位全加器

根据一位全加器的真值表,先将一片 74151 的数据输出端 Y 按一位全加器输出端 sum 的输出值进行设置。当 74151 的数据选择端为 ABC=000、ABC=011、ABC=101、ABC=110 时,分别选中数据 D_0、D_3、D_5、D_6,而一位全加器的输入端若为这些值时,其输出端 sum 都为 0,因此 74151 的 D_0、D_3、D_5、D_6 都置为低电平,而将剩余数据端置为高电平,此时该 74151 可用来实现一位全加器输出端 sum 的功能。低电平在绘制原理图时用地(gnd)代替,gnd 在图 2.80 所示的“Primitives→Other”库中,同样代替高电平的电源(V_{CC})也在此库中,如图 2.81 所示。

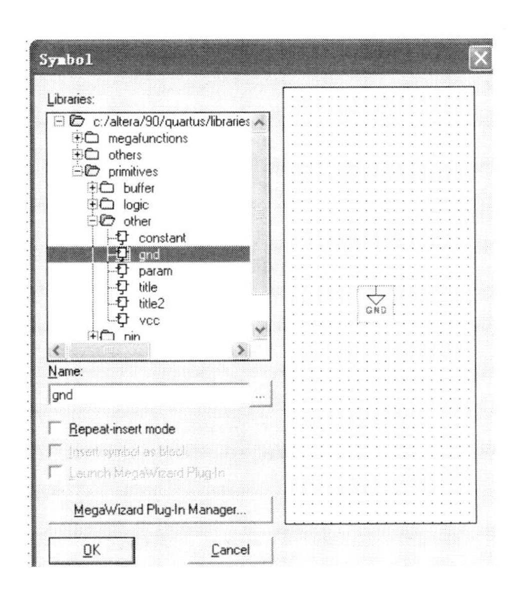

图 2.80 调用地 gnd

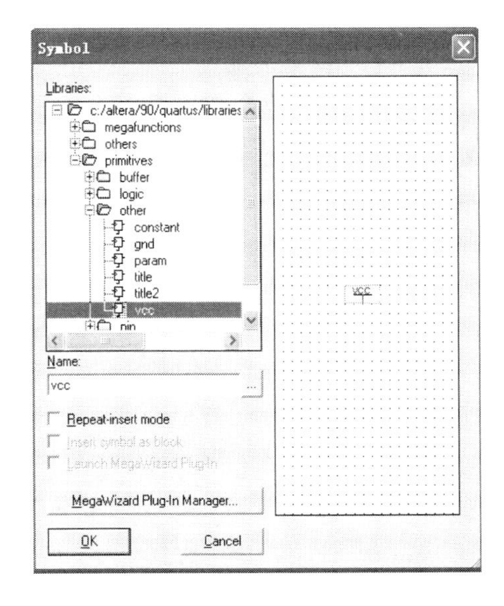

图 2.81 调用电源 V_{CC}

为了便于绘图，将调出的电源 V_{CC} 旋转 180°，如图 2.82 所示；在 Quartus Ⅱ 9.0 软件平台有为设计元件自动添加输入输出端口的选项，在 74151 上右击，选择如图 2.83 所示菜单项，可得图 2.84，即为图中的 74151 添加了输入输出端子，由于本设计不用输出端 WN，故将其删除，即选中 WN，按“Delete”键，而将输出端 Y 的名字修改为 sum，则一位全加器的一个输出端 sum 便用 74151 设计好了。接下来用同样的方法设计一位全加器的另一输出端 cout。便捷的方法是可以复制重复使用的元件，即单击要复制的元件，将其选中，然后右击，弹出如图 2.85 所示菜单，选择“Copy”，然后“Paste”即可。

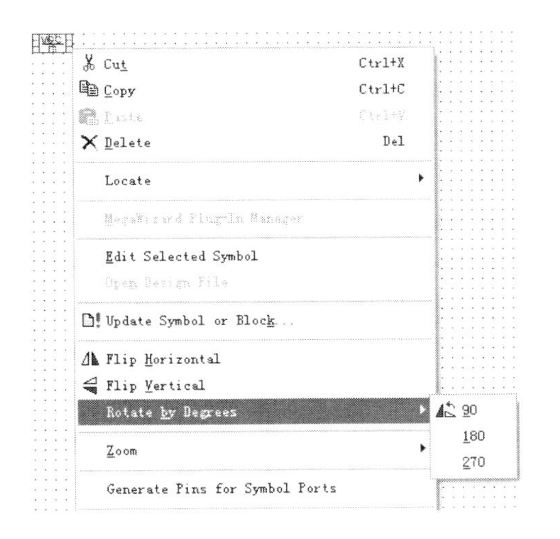

图 2.82 旋转电源 V_{CC}

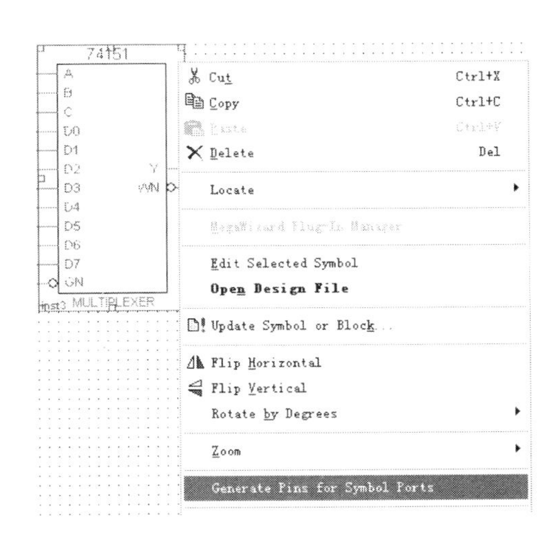

图 2.83 自动添加输入输出端选项

将复制的元件连好线后，可得如图 2.86 所示的一位全加器原理图。

3. 编译一位全加器

将编辑好的一位全加器保存为 add1，然后按编译快捷键，直到出现如图 2.87 所示的编译成功的消息窗，说明编译通过。

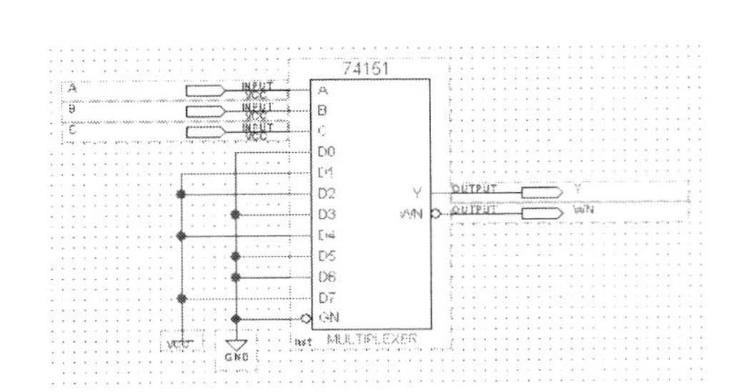

图 2.84　为 74151 自动添加管脚

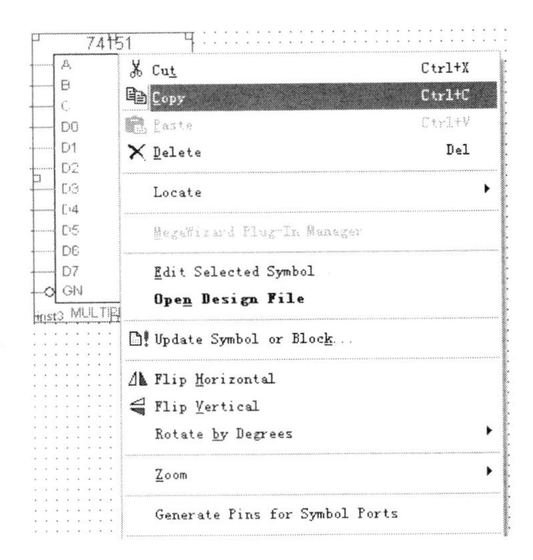

图 2.85　复制 74151

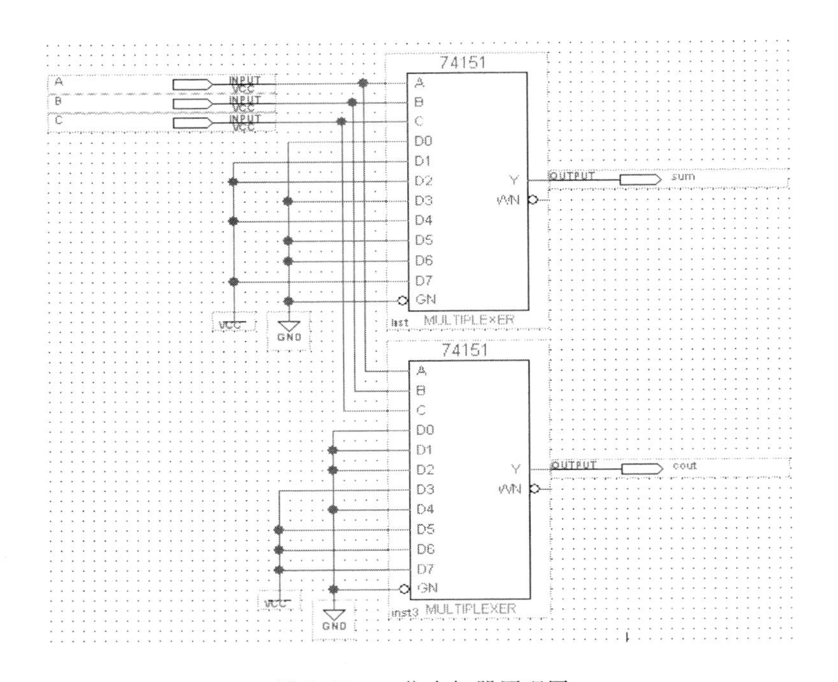

图 2.86　一位全加器原理图

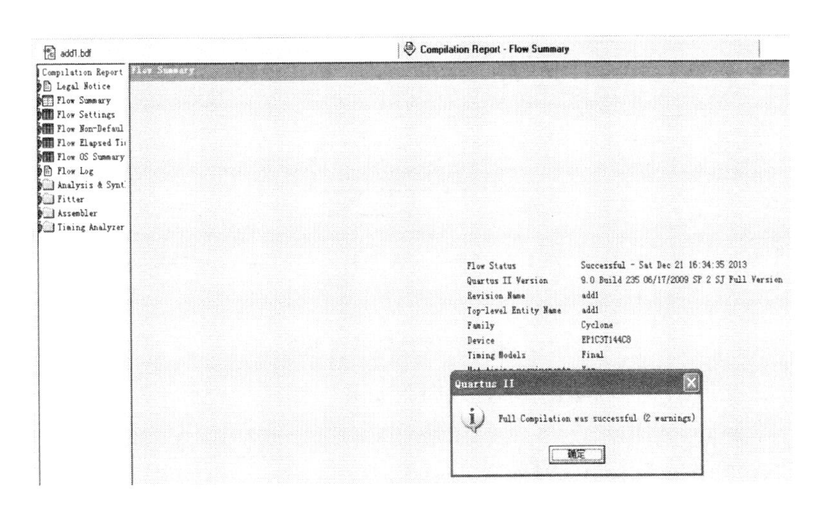

图 2.87　编译成功

三、仿真测试

为了验证设计文件的正确性，要建立波形仿真文件，调入设计文件输入输出端子，为输入端赋值，并保存为 add. vwf(默认的名字)后，编译波形文件，测试本设计与一位全加器的逻辑功能是否相符，可得图 2.88 所示的波形仿真图。对比一位全加器电路的真值表与图 2.88 的仿真波形，证实此设计功能正确。

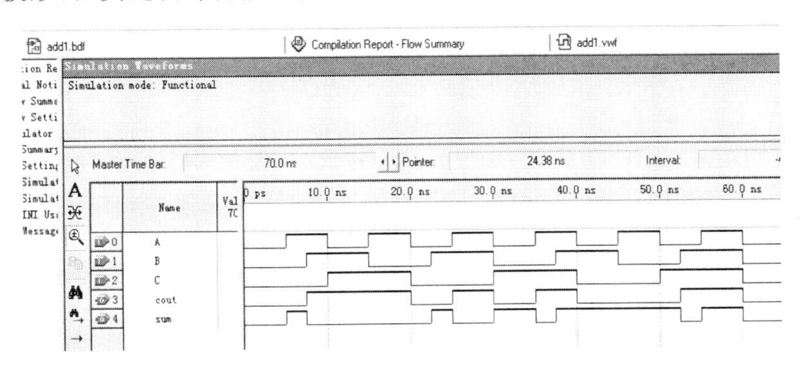

图 2.88　一位全加器仿真波形

任务二、用 74161 设计模值可控的整数分频器

分频器是 FPGA 设计中使用频率非常高的基本设计之一，通常用它来对某个给定频率进行分频，以得到所需的频率。整数分频器一般采用标准的计数器实现。

任务要求：试用 Maxplus2 库中的老式宏函数 74161 进行级联完成模制为 3 000(可以修改)、占空比为 50%的整数分频器。

分析设计要求：本设计要求用原理图输入方法，用 74161 搭建任意模制的分频器电路。分频器是对较高频率的信号进行分频，得到较低频率的信号，而计数器是实现分频原理的基础，设计分频器的关键在于找准输出电平翻转的时机。分频器种类较多，这里用 74161 实现最简单的整数可变的分频器电路，即采用模制为 N 的计数器，对输入的时钟脉冲从 0 进行计数，等计数结果到 $N-1$ 时就是对输入信号的 N 分频，其原理可用图 2.89 表示。

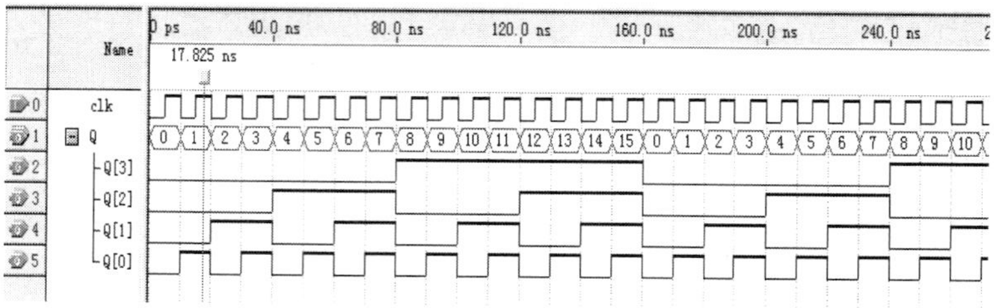

图 2.89　整数分频器分频原理

由图 2.89 的波形图可知，$Q[0]$对输入时钟 clk 从 0 开始计数，计至 1，即对时钟 clk 计两个脉冲，又开始下一轮计数，由此可见 $Q[0]$为模 2 的计数器，其对 clk 二分频，同理 $Q[1]$对 clk 四分频、$Q[2]$对 clk 八分频、$Q[3]$对 clk 十六分频，据此可以完成模制为 3 000 的分频器设计。

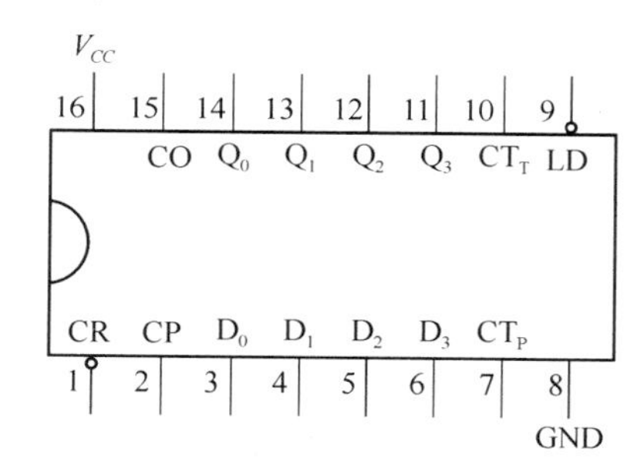

图 2.90　74161 引脚排列

一、74161 工作原理

74161 是异步清零，同步置数的四位二进制计数器，图 2.90 为其引脚排列图，表 2.4 为 74161 的真值表，从表中可以看出：

① 清零端$\overline{CR}$低电平有效，只要$\overline{CR}=0$，不管别的控制端为何值，74161 输出 0。

② $\overline{LD}$为置数端，也是低电平有效，当时钟上沿来时，$\overline{CR}=1$（无效），数据输入端 $D_3D_2D_1D_0$ 在时钟 CP 上沿来时将值送给输出端。

③ 计数使能端 CT_P、CT_T 都为高电平，$\overline{LD}$和$\overline{CR}$都无效时，在时钟 CP 上升沿来时，74161 进行 4 位二进制加计数，当计满 1111，在下一个 CP 上沿来时，自动变为 0000，开始新一轮计数，此时 74161 为一个十六进制加计数器。

表 2.4　74161 的真值表

输入									触发器状态			
CP	$\overline{CR}$	$\overline{LD}$	CT_P	CT_T	D_3	D_2	D_1	D_0	Q_3^{n+1}	Q_2^{n+1}	Q_1^{n+1}	Q^{n+1}
X	0	X	X	X	X	X	X	X	0	0	0	0
↑	1	0	X	X	A_3	A_2	A_1	A_0	A_3	A_2	A_1	A_0
↑	1	1	1	1	X	X	X	X	4 位二进制加计数			
↑	1	1	0	X	X	X	X	X	保持			
X	1	1	X	0	X	X	X	X	不变			

二、系统设计

在本设计中，要求用 Maxplus2 中的 74161 构成一个模制 3 000 的计数器。若将三片 74161 通过低位片的进位端 CO 作为高位片的计数使能信号，进行串行级联构成 $16\times16\times16=4\,096$ 模制的计数器，显然该值比 3 000 要大 1 096〔$1\,096=(448)_H$〕，因此将十六进制数 448 作为 74161 的置数值，即初始值，并以此开始计数，当计满 3 000 个脉冲，计数器的值刚好达到 $4\,095=(FFF)_H$，同时进位端 CO=1,此进位信号使计数器置数端有效,计数器从置数值$(448)_H$ 开始新一轮的计数循环,如此完成了模 3 000 分频器的功能。设计步骤如下:

1. 建立工程,打开 Maxplus2 库

首先,在名为 DIV_N 的工程文件夹,新建名为 div_3000 的工程,其顶层实体的名字也为 div_3000。然后单击菜单"File→New",选择新建原理图文件"Block Diagram/Schematic File"图标,打开原理图编辑界面,单击编辑区域的任意位置,即打开"Symbol"窗口,在其中单击"Maxplus2"库,找到函数模块 74161,将 74161 添加到编辑界面。

2. 用 74161 编辑分频器

根据前述分析,要构成模制为 3 000 的分频器,只要将 3 片 74161 级联,利用其同步置数功能,实现模制为 3 000 的计数器,即能完成对输入时钟信号 3 000 分频的任务,由此画出图 2.91 所示的原理图。图 2.91 中,3 片 74161 自左向右由低位到高位通过进位端 RCO 级联,按图中的连接方法,可实现 3 000 分频器的功能,由于它满足以下 2 个条件:

(1) 计数功能。最左端的 74161 作为模 3 000 计数器的低位,在外加时钟 clk 下完成 0~15 的循环计数,同时计满 16 个时钟脉冲,其进位端 RCO 产生进位信号,该进位信号作为中间 74161 的时钟信号,于是中间的 74161 开始以低位(左端 74161)来的进位信号 RCO 为时钟进行计数,当计满 16 个进位脉冲时,最右边的 74161(模 3 000 计数器的高位)以中间 74161 的 RCO 信号为时钟信号,开始计数,这样循环多次,当右边的 74161 计满 16 个脉冲,此时 3 片 74161 已经计满 4 096 脉冲数,则右边 74161 产生进位信号,此信号使 3 片 74161 的置数端 LDN=0(有效)。

(2) 置数功能。从图 2.91 中看到 3 片 74161 的数据输入端用接地端和电源端实现置数,最左边 74161 的数据输入端DCBA$=(1000)_2=(8)_H$,中间和最右边 74161 的 DCBA$=(0100)_2=(4)_H$,当 LDN 有效时,3 片 74161(从右到左)的输出端在下一个时钟有效边沿将数据输入端DCBA的值$(448)_H=(1096)_{10}$送至输出,也就是说,图 2.91 所示电路的计数范围从$(448)_H$至$(FFF)_H$共 3 000个脉冲,以后每一次都是从$(448)_H$开始计数,实现了 3 000 分频。

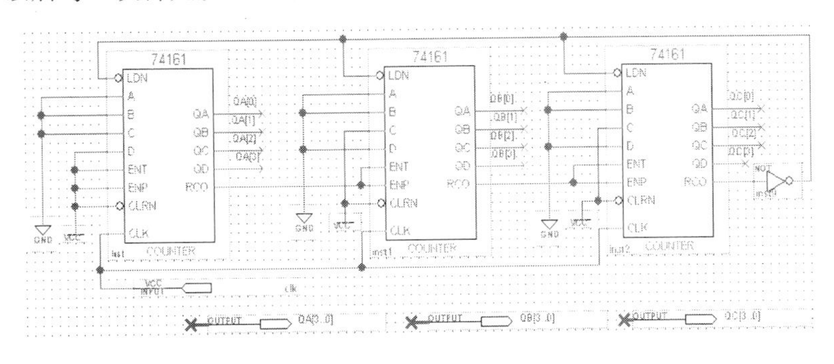

图 2.91 3 000 分频原理图

在图 2.91 中,3 片 74161 的数据输出端 $Q_DQ_CQ_BQ_A$ 都没有直接与输出管脚相连,而是为输出端线命名来表示连接关系,如最左边的 74161 的 4 位二进制输出端 Q_A Q_B Q_C Q_D与表示总线的管脚 Q_A[3..0]没法直接连,因为元件和管脚、元件之间连线时,要保证两者间的数据位数一致才能连线。于是将 Q_A[3..0]一位一位分开,分成 Q_A[0]、Q_A[1]、Q_A[2]、Q_A[3]四位数据,其分别与 Q_A Q_B Q_C Q_D相连,那怎样画线呢?回答是,不用画线,只需表示两者之间的连线关系就行。可用下面 3 步完成两者的连接关系:

步骤 1. 先对表示总线的管脚命名(图 2.92)。管脚代表几位数据要在名字中体现,图 2.92 中,如 Q_A[3..0]管脚代表 4 位数据,即 Q_A[3]、Q_A[2]、Q_A[1]、Q_A[0]。代表总线的管

脚命名完成后，可在管脚连线处画线，由于代表总线，所以线条比较粗，如图 2.91 管脚 Q_A[3..0]连接线所示。画总线与画节点连线方法一样，将鼠标放到管脚 Q_A[3..0]连线处，等出现一个十字形光标时，拖动鼠标左键画线，释放后，画出粗线条，即为总线。

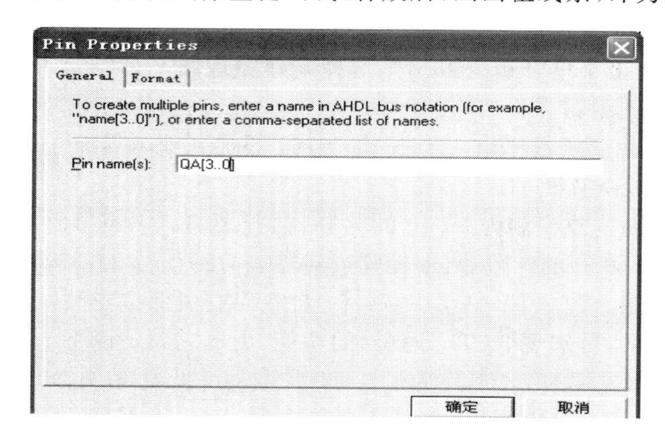

图 2.92　代表总线的管脚命名方法

步骤 2. 代表总线的管脚与元件的输出端子建立连接关系。先将鼠标依次放在 74161 的输出端 Q_D Q_C Q_B Q_A 连线处，等鼠标变十字光标后，分别画出一段连线，然后单击选中(端线上出现两个蓝点)连线，如图 2.93 所示，74161 的输出端 Q_C 处于被选中状态，处于选中状态的端子可以命名，即在竖线光标处输入 Q_C[3]，若 Q_C[3]显紫色，表示 74161 输出端 Q_C 与 Q_C[3..0]中的数据 Q_C[3]相连，否则 Q_C[3]显绿色。74161 的输出端 Q_D Q_C Q_B 命名后的状态，如图 2.94 所示，同理，为其他 74161 输出端建立与总线管脚间的连接关系，如图 2.91 所示。

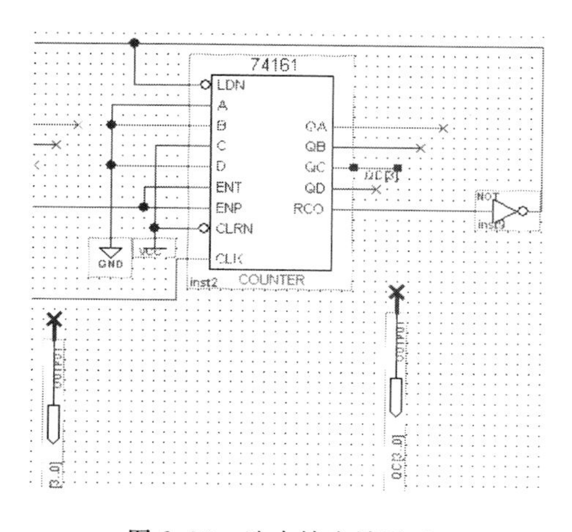

图 2.93　选中输出端子 Q_C

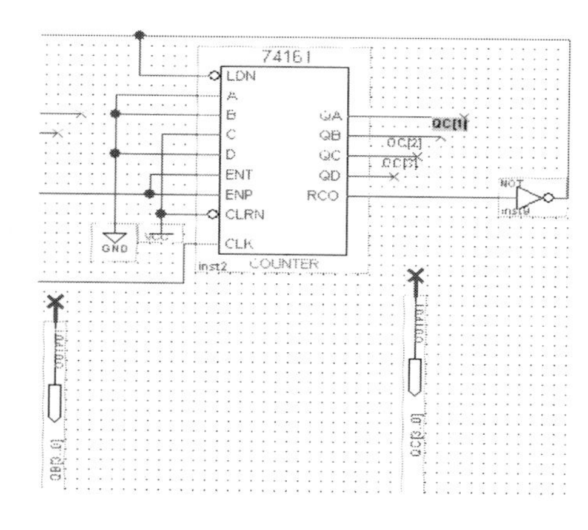

图 2.94　输出与管脚建立连接关系

三、编译和仿真测试

将编辑好的模 3 000 分频器保存为 div_3000，然后按“Processing-Start Compilation”或编译快捷键，直到出现图 2.95 所示的编译成功的消息窗。编译成功后，新建波形仿真文件，为设计文件输入端赋值，并保存为 div_3000. vwf(默认名)，在进行波形仿真前，设置仿真类型为功能仿真，如图 2.96 所示，先单击“Generate Functional Simulation Netlist”生成功能仿真网表文件，然后单击

“Start”进行波形仿真，出现如图 2.96 所示的仿真成功提示信息。波形仿真成功后，打开波形仿真报告，可观察输出波形，为了更直观地查看 3 片 74161 的输出值，将这些值设为十六进制形式，设置过程如下：先单击波形仿真报告中输出端信号名，如图 2.97 所示，选中“Value→CountValue”，即打开如图 2.98 所示对话框，选中要设置的端子(显淡蓝色，如图 2.97 中 Q_A 下面的信号处于被选中状态)，然后右击，选中 Hexadecimal(十六进制)，如图 2.98 所示，输出值 Q_C、Q_B、Q_A 分别进行上述设置，使它们都以十六进制方式显示，然后单击图中左边栏中的“放大缩小”工具，调整输出值显示，可得图 2.99 所示波形，由于分频值过大，无法在一幅图中显示所有计数值，只给出计数边界值。查看图 2.99 中的输出值，可以看到，输出值 $Q_C\,Q_B\,Q_A$=FFF 时，等下一个 clk 有效脉冲到来，$Q_C\,Q_B\,Q_A$=448，显然这两个值为模 3 000 分频器的计数边界值，前者为结束值，后者为起始值，设计功能正确，符合任务要求。

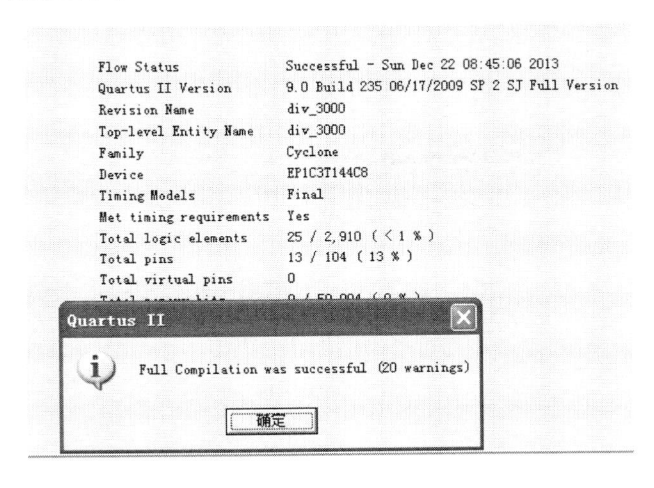

图 2.95 编译成功

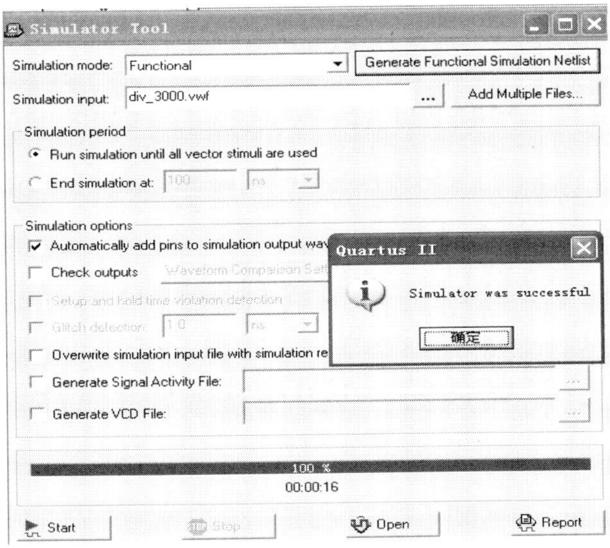

图 2.96 波形仿真成功

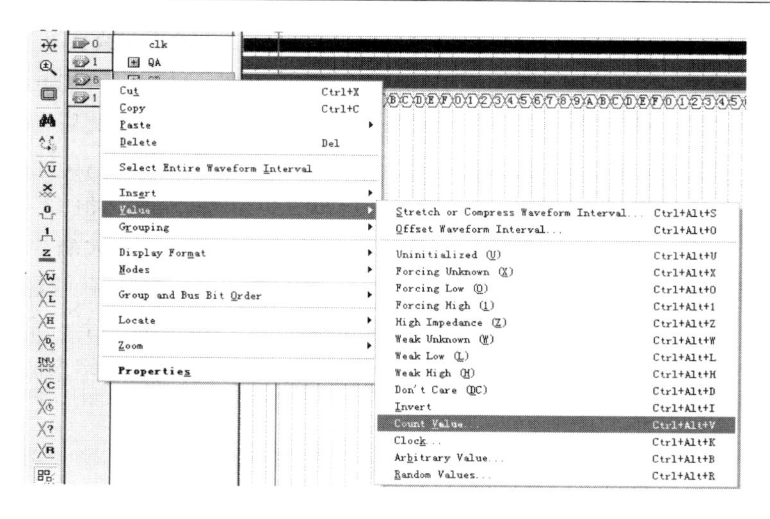

图 2.97　设置输出数据的类型

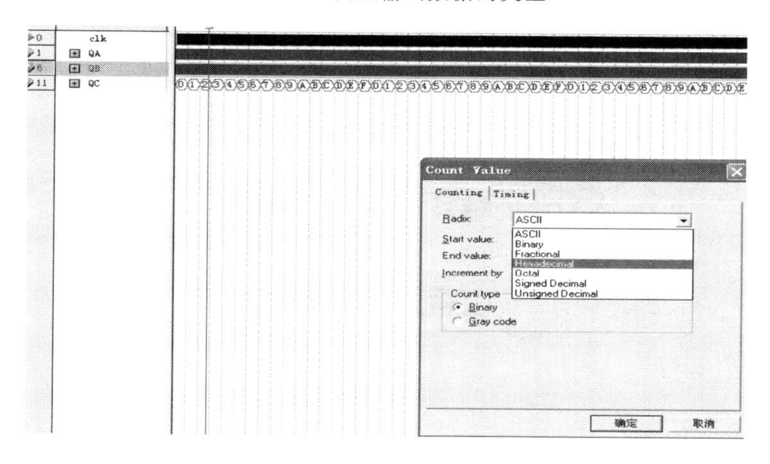

图 2.98　设置为十六进制

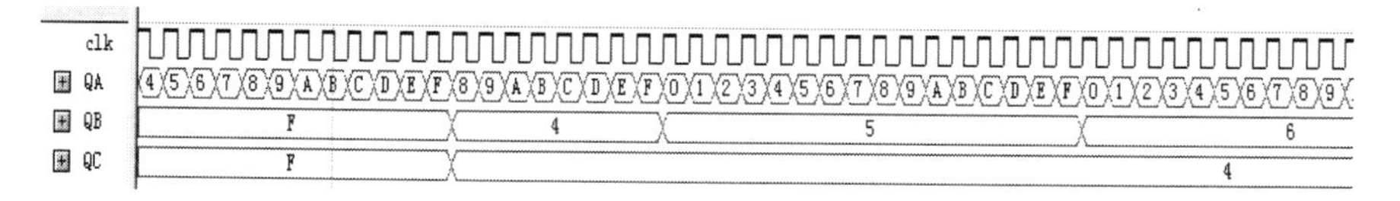

图 2.99　仿真波形

单元模块三　宏功能模块的应用

随着设计的数字系统越来越复杂，系统中每个模块都要从头开始设计是非常困难的，这样不仅会延长设计周期，还会增加设计系统的不稳定性。知识产权(Intellectual Property, IP)的出现使得设计过程简化，IP 是指将一些在数字电路中常用但比较复杂的功能块，设计成参数可修改的模块，这些模块都经过严格测试和优化，用户在自己的 FPGA 设计中可以直接调用，从而减少设计和调试时间，降低开发成本，提高开发效率。IP 包括基本宏功能（Megafunction/PLM）和 MegaCore两种，Megafunction 库是 Altera 提供的参数化模块库。由于 Megafunction 是基于 Altera 底层硬件结构最合理的成熟应用模块的表现，所以在代码中尽量使用 Megafunction，不但能将设计者从烦琐的代码编写中解脱出来，更重要的是在大多数情况下，Megafunction 的综合和实现结果比用户编写的代码更优。用户可对基本宏功能（Megafunction/PLM）模块的参数和端口进行设置后使用，而之前讲过的 Maxplus2 库中器件的参数不能设置。而 MegaCore 可以从 Altera 公司的网站或在 MegaWizard Plug-In Manager 的 IP 专卖店获得，本模块不涉及。

在 Altera 的开发工具 Quartus Ⅱ 中提供的基本宏功能（Megafunction/PLM）模块，从功能上分为：算术运算模块（Arithmetic）、逻辑门模块（Gates）、存储器模块（Storage）和 IO 模块（I/O）4 类。

- 算术运算模块包括：代码纠正、浮点加/减/乘法器、计数器、平方根等数学运算功能模块，参数化的加/减法器（lpm_add_sub）、参数化比较器（lpm_compare）、参数化计数器（lpm_counter）、参数化乘法器（lpm_mult）、参数化绝对值运算（lpm_abs）等。
- 逻辑门模块包括：与/或/非门、常数发生器、反相器模块等参数化逻辑门，如参数化常数产生器（lpm_constant）、参数化译码器（lpm_decode）、参数化或门（lpm_or）、参数化反向器（lpm_inv）、参数化三态缓冲器（lpm_bustri）、参数化组合逻辑移位器（lpm_clshift）、参数化多路选择器（lpm_mux）等。
- 存储器模块包括：各种 ROM、RAM、FIFO 模块、参数化锁存器、移位寄存器模块等，如参数化 *D* 触发器（lpm_ff）、参数化锁存器（lpm_latch）、参数化 ROM（lpm_rom）、参数化 FIFO（ lpm_fifo）、参数化双口 RAM（csdpram）、输入输出复用的参数化 RAM（lpm_ram_io）、输入输出分开的参数化 RAM（lpm_ram_dq）等。
- IO 模块包括：数据收发器、锁相环、I/O 缓冲模块等，如参数化锁相环电路（Altpll）、参数化数据收发器（Altcdr_rx、Altcdr_tx）等。

各个基本宏功能模块的详细资料请参看 Quartus Ⅱ 的帮助文件。

任务一、基本宏功能函数的应用

Quartus Ⅱ 中含有大量的功能强大的 Megafunction/LPM 模块，如图 2.100 所示。下面介绍几个有代表性的 LPM 模块的功能及其参数设置方法。

一、arithmetic 子库函数之一：计数器宏函数 lpm_counter

下面利用 lpm_counter 定制实现一个异步清零、模 30 的加计数器。步骤如下：

1. 新建工程，建立原理图编辑文件

按前述方法建立工程后，选择新建原理图文件“Block Diagram/Schematic File”图标，打开原理图编辑界面，双击图形编辑区域的任意位置，在打开的图 2.100 窗口中，单击选择“megafunctions→arithmetic”（如图 2.101 所示），选择“lpm_counter”宏函数，取消“Libraries”框下面的三个复选框的勾选，如图 2.102 所示，单击“OK”按钮。

将 lpm_counter 符号放到图形编辑区中合适的地方。如图 2.103 所示该图形符号分为两个部分：基本电路图形和参数化框。这两部分中各参数代表的意义如表 2.5 所示。

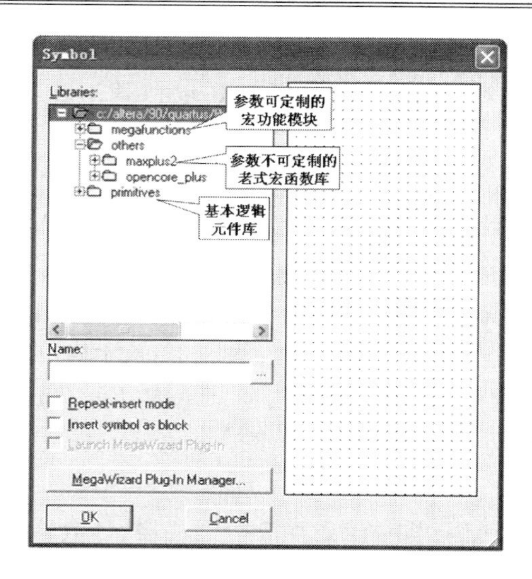

图 2.100　基本宏功能模块库

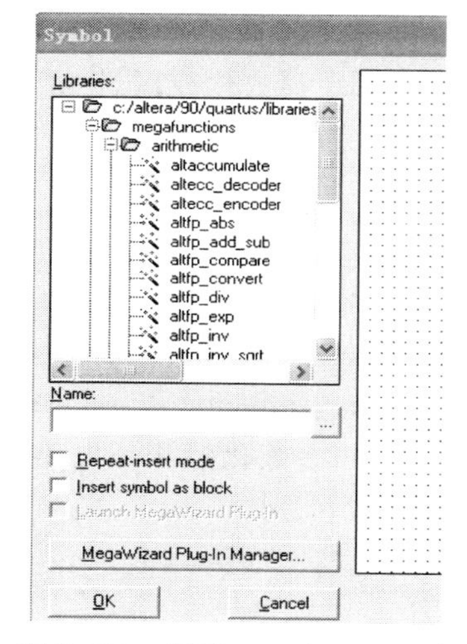

图 2.101　打开 megafunctions 库中的 arithmetic 子库

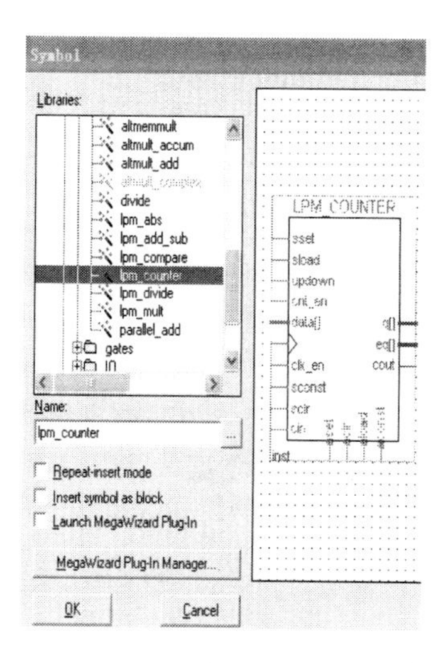

图 2.102　选中 lpm_counter 宏函数

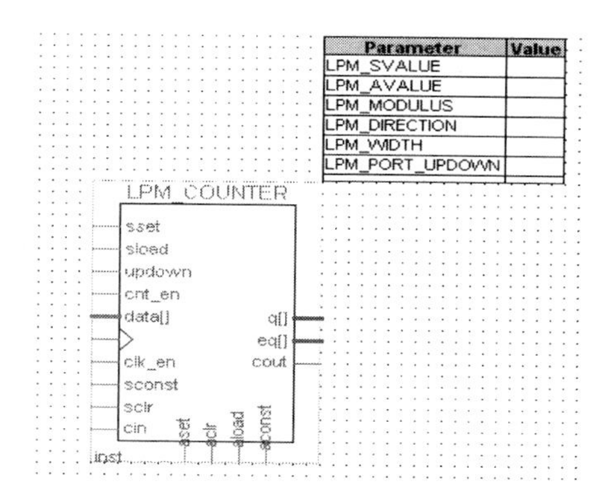

图 2.103　lpm_counter 符号

表 2.5　lpm_counter 参数意义

LPM_SVALUE	当 sset 或 sconst 为高电平时，计数器在 clock 的上升沿输出此值，若此参数未被使用，则计数器输出全 1，可选项，但在使用 sconst 引脚时，必须使用
LPM_AVALUE	当 aset 为高电平时，计数器输出此值，若此参数未被使用，则计数器输出全 1，其值最大 32 位，可选项
LPM_MODULUS	计数器的模，可选项
LPM_DIRECTION	计数器的计数方向，用来指定是加法还是减法计数器，可选项
LPM_WIDTH	用来规定 data[]和 q[]的位宽
LPM_HINT	允许指定 Altera 特有参数，可选项(图中未显示)
LPM_TYPE	在 VHDL 设计文件中的实体名称，可选项(图中未显示)
CARRY_cNT_EN	是 Altera 特有参数，可选项(图中未显示)
LABWIDE_SCLR	是 Altera 特有参数，可选项(图中未显示)

2. 定制 lpm_counter 参数

双击参数化框，在弹出的如图 2.104 所示界面中设定参数，在该图单击计数器的计数方向“LPM_PORT_UPDOWN”项，设定其“Setting”，可以设定 UPDOWN 端的使用情况(如图 2.104 所示)，本设计可不选；然后单击计数器模值(必选项)“LPM_MODULUS”，据设计要求在”Setting”中设定为 30(如图 2.105 所示)，在“Type”中设定其数据类型；根据计数器模值设定计数器输出数据 q[]位宽“LPM_WIDTH”，由于 $2^5=32$，所以在其“Setting”中填 5(图 2.106)，在“Type”中设定其数据类型。

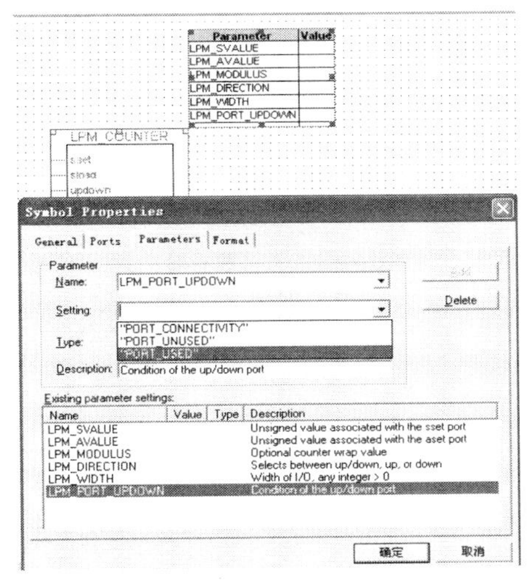

图 2.104　设定端子使用情况

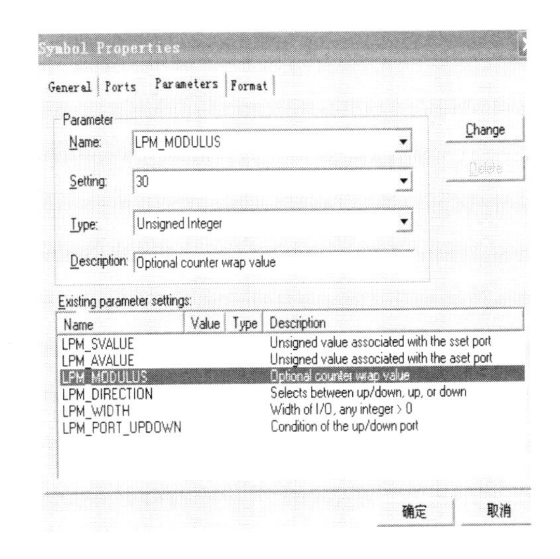

图 2.105　设定计数器模值

3. 定制 lpm_counter 管脚

lpm_counter 的参数设定好后，根据设计任务对其进行设置，先了解一下如表 2.6 所示 lpm_counter 的管脚情况。

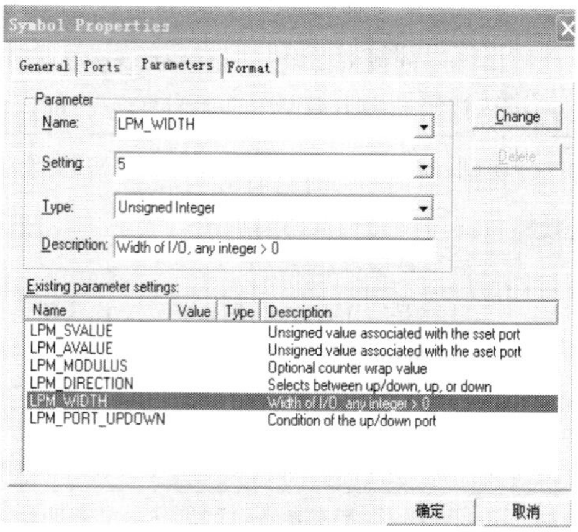

图 2.106　设定计数器输出宽度

表 2.6　lpm_counter 元件引脚情况

sset	同步置位输入，可选项
aset	异步置位输入，可选项
sload	同步置数输入，在下一有效时钟边沿将 data 加载到计数器，可选项
aload	异步置数输入，立即将 data 加载到计数器，与时钟边沿无关，可选项
updown	用来指定是加法还是减法计数器，高电平为加法计数器，可选项
cnt_en	计数使能，可选项
data[]	计数器的并行数据输入端，可选项
clock	计数器的时钟输入，必选项
clk_en	时钟使能，可选项
sconst	与 sset 相似，当其高电平时，在下一个有效时钟边沿将设置计数器输出 q[]=LPM_SVALUE，可选项
sclr	同步清零端，可选项
q[]	计数器的输出，可选项
aclr	异步清零端，可选项
eq[15..0]	计数器译码输出，当计到某个小于 16 的数值时，eq[15..0]的对应位为高电平，其他位为低电平

下面对 lpm_counter 的管脚进行定制。在图 2.104，选择“Ports”选项卡，打开如图 2.107 所示窗口，可在该图“Existing ports”下方的框内，单击管脚，根据需要设定“Status(是否使用)”和“Inversion(取反)”项内容。将 aclr 端的“Status”设为“used”(如图 2.107 所示)，由于设计任务要求异步清零，所以这个端子为必选，另外 aclr 的“Inversion”项取默认值(None)，表示异步清零信号端 aclr 高电平有效。剩下的管脚也根据需要分别进行设置，最后设置好参数和管脚

的 lpm_counter，如图 2.108 所示。

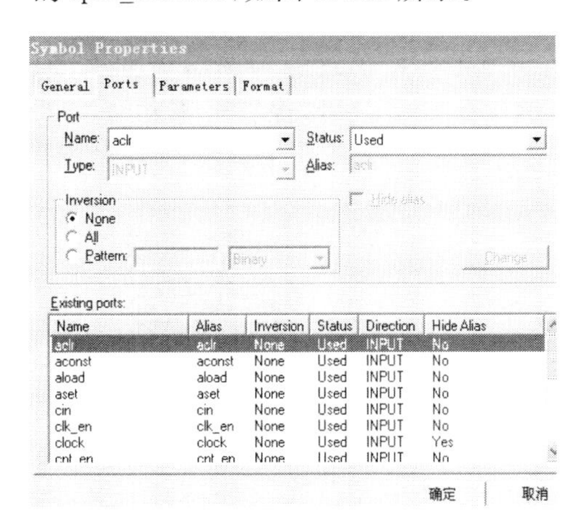

图 2.107　引脚设定

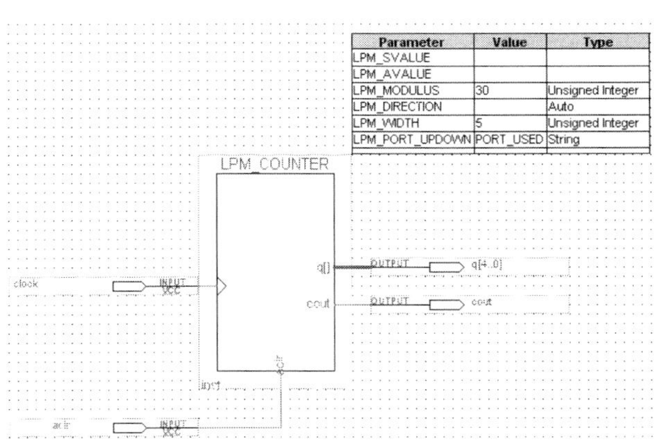

图 2.108　参数和管脚设置好的 lpm_counter

Ports 选择卡中各项内容的意义如表 2.7 所示。

注意：

a. 图 2.104，通过“Parameters”选项卡，查看“Existing parameter settings（已存在的参数设定）”框内每个参数的情况（参数的名字 Name、参数值 Value；参数功能描述 Description），根据需要设定“Setting”的内容。

b. 图 2.107，在“Ports”选项卡中，可以在“Existing ports”框内查看每个引脚的情况，根据需要设定“Status”及“Inversion”的内容。

c. 若图 2.103 中没有显示参数化框，则在菜单栏单击选择“View→Show Parameter Assignments”进行设置。

表 2.7　Ports 选项卡中各项内容的意义

Existing ports 框内：	
Name	所选择引脚的名字
Alias	引脚别名
Inversion	引脚的有效电平是否选默认电平的反转
Status	是否使用
Direction	引脚方向（input/output）
Hide Alias	隐藏的别名
Port 框内：	
Name	所选择引脚的名字
Status	指是否使用
Type	引脚数据类型
Alias	引脚别名
Inversion 框：	
选 None	不反转
选 All	所有引脚都反转
选 Pattern	要指定式样

4. 编译和波形仿真

保存定制好的 lpm_counter 宏函数(采用默认值 cnt. bdf),按前述原理图编译方法,编译 cnt. bdf 设计文件,直到成功,建立波形仿真文件,编辑输入端信号,保存波形仿真文件 cnt. vwf,通过仿真,可得仿真波形如图 2.109 所示。

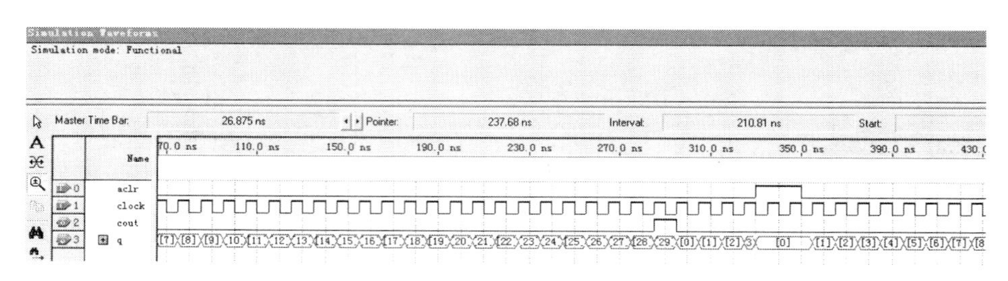

图 2.109 仿真波形

从图 2.109 可以看出,定制后的 lpm_counter 宏函数可以在时钟信号 clock 的上沿触发下完成从 0 至 29(模 30)的加计数功能,计满 30 个脉冲,进位信号 cout 输出高电平 1;另外在计数过程中,只要异步清零信号 aclr 有效(高电平),lpm_counter 立即清零输出 0,完成了设计任务。

二、Arithmetic 子库函数之一:比较器宏函数 LPM_COMPARE

下面利用 lpm_compare 定制实现一个 4 位数据比较电路,该电路输出六种比较关系,即大于(>)、小于(<)、等于(=)、大于等于(>=)、小于等于(<=)、不等(<>)。步骤如下:

1. 新建工程

工程文件的建立,与前述方法类似,在此,放置新建工程的文件夹名称、工程名和顶层实体名都为 lmp_cmp,选择目标器件为 EP1C3T144C8。

2. 用 MegaWizard Plug-in Manager 定制 LPM 宏模块

(1) 打开宏功能模块定制管理器

在 Quartus Ⅱ 主窗口中选择"Tools→MegaWizard Plug-in Manager",或者在图形编辑窗口中的空白处双击,在弹出的对话框中选择"MegaWizard Plug-in Manager",弹出如图 2.110所示的对话框。

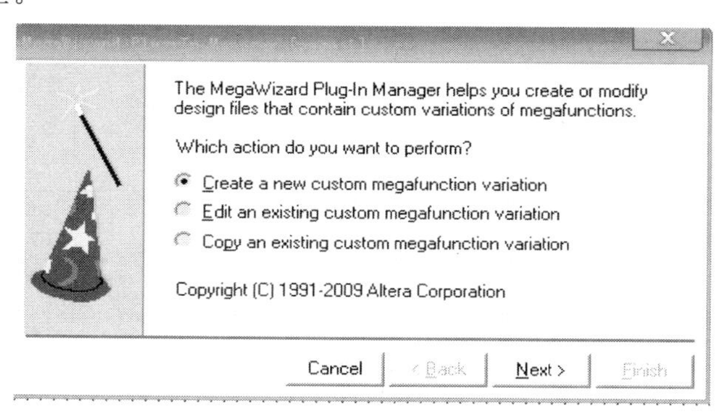

图 2.110 "MegaWizard Plug-in Manager"对话框

(2) 定制一个新的宏功能模块

在图 2.110 的对话框中选择“Create a new custom megafunction variation”，定制一个新的宏功能模块，按“Next”按钮，进入图 2.111 所示的宏功能选择窗口。

图 2.111 中，左侧列出了可选择的 LPM 宏功能模块的类型，含有 Altera SOPC Builder、算数运算类、通信类、DSP 类、基本门级类、I/O 类、接口类、JTAG 扩展类、存储编译器类、存储类等。本设计选择“Arithmetic→LPM_COMPARE”。右上方的目标器件选择框中显示在建立工程文件时已选择好的目标器件 Cyclone。右侧中间部分为选择编程硬件语言的类型和生成的输出文件名 lmp_cmp1. vhd(默认工程目录下)，其他取默认值，单击“Next”按钮，进入如图 2.112 所示 LPM_COMPARE 端口参数设置对话框。

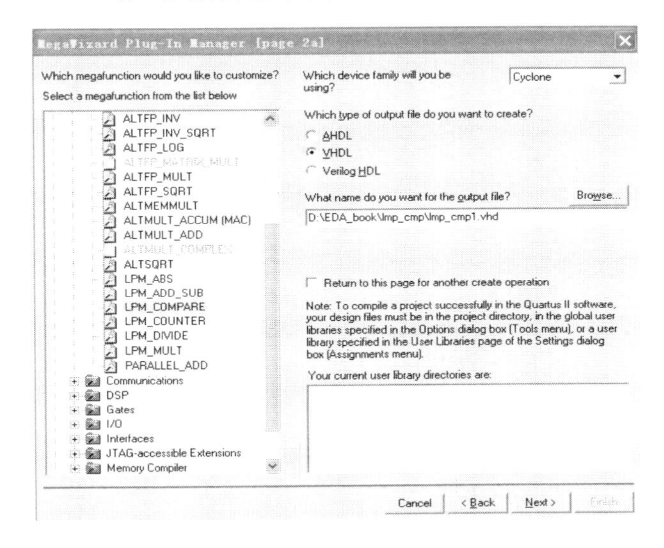

图 2.111　宏功能模块选择窗口

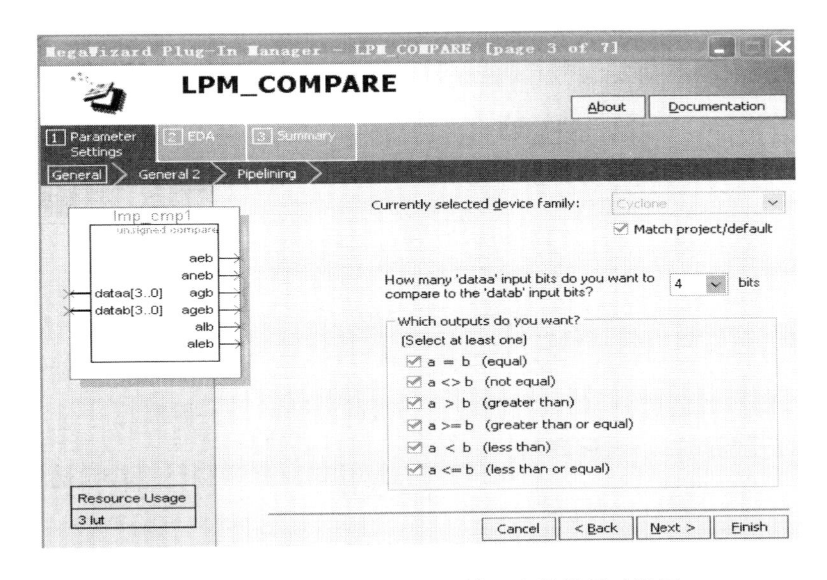

图 2.112　LPM_COMPARE 端口参数设置对话框

在图 2.112 中，将数据宽度设为 4 位，选择设计要求的六种情况＞、＜、＝、＞＝、＜＝、＜＞作为输出端口，剩下的设置取默认值，一路按“Next”按钮，完成参数设置。在图 2.113 中，单击“Finish”按钮，完成 lmp_cmp1 的定制。

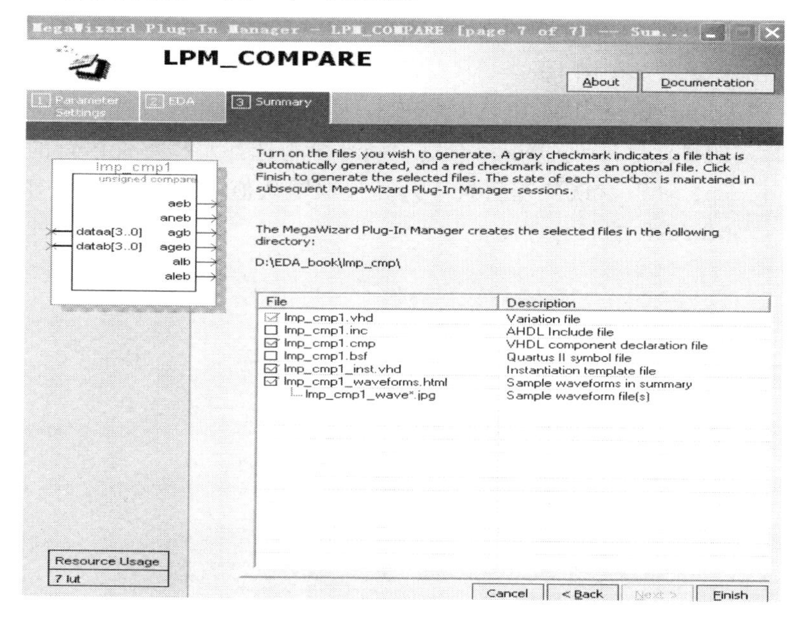

图 2.113 LPM_COMPARE 设置向导结束对话框

3. 生成元件

将刚才定制好的宏模块生成元件，即在图 2.114 左边 Project Navigator 的 Files 中，双击 lmp_cmp1.vhd，即打开该文件(用于定制宏模块)，然后如图 2.114 所示单击“File→New→Create/Update→Create Symbol Files for Current File”，等到转换完成后，在该图下方会出现生成元件成功的消息(如图 2.115 所示)。

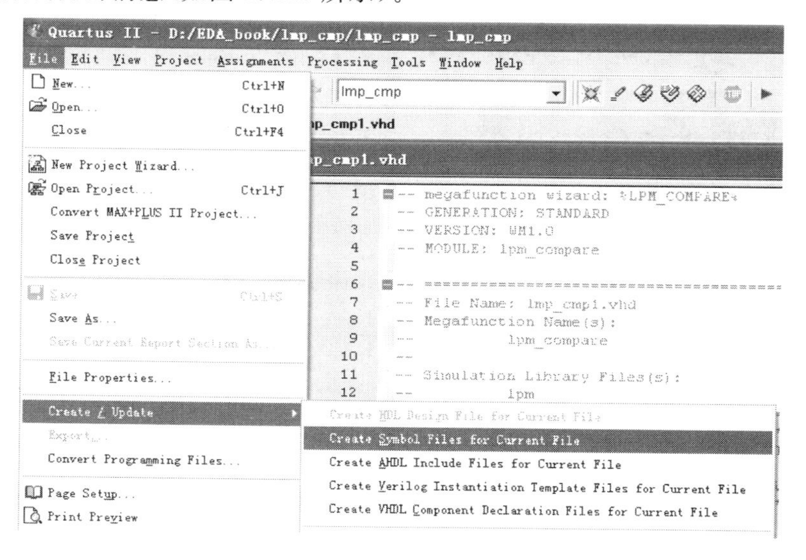

图 2.114 生成元件选项

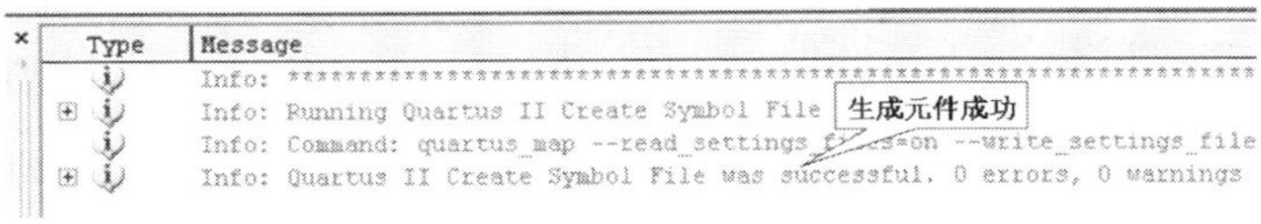

Type　Message
Info: **
Info: Running Quartus II Create Symbol File　生成元件成功
Info: Command: quartus_map --read_settings_files=on --write_settings_file
Info: Quartus II Create Symbol File was successful. 0 errors, 0 warnings

图 2.115　元件生成消息

4. 原理图输入

(1) 建立原理图文件

在图 2.114,选择“File→New”,或者单击菜单栏中的 按钮,在弹出的新建文件类型对话框中选择“Block Diagram/Schematic File”,然后按“OK”按钮,进入图形编辑窗口。

(2) 调用定制的 LPM 模块的图形符号

与之前讲述的原理图输入法中,将元件调入编辑区的方法一样,打包元件 lmp_cmp1 保存在“Symbol”对话框的 Libraries 栏中的 Project 文件夹内(如图 2.116 所示),找到 LPM 模块元件 lmp_cmp1,单击“OK”按钮,将其移动到原理图编辑器合适位置单击,定制的 LPM 模块 lmp_cmp1 元件符号放置完成,如图 2.117 所示。

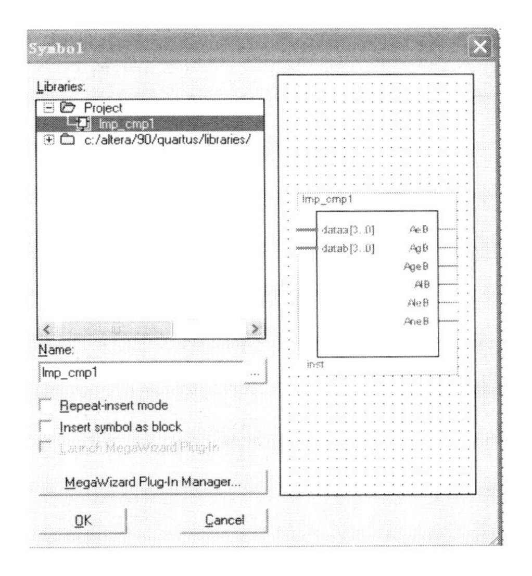

图 2.116　选择 LPM 模块元件符号

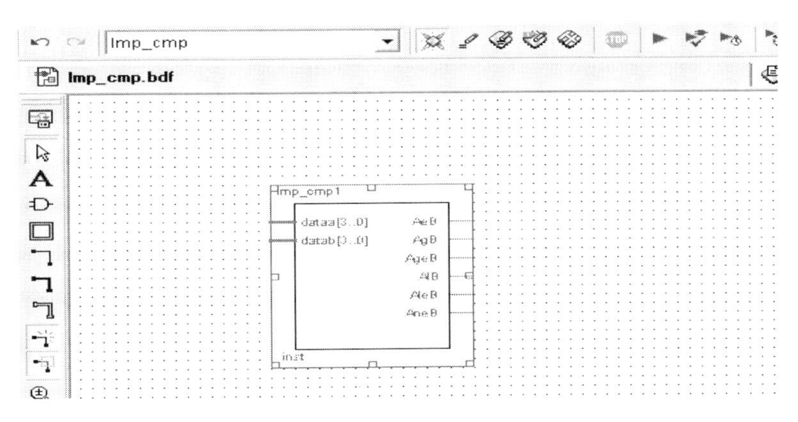

图 2.117　放置 LPM 模块元件 lmp_cmp1

(3) 添加输入输出引脚

在图 2.117 中,选中 lmp_cmp1,使其呈蓝色,然后在 lmp_cmp1 上右击,在弹出的菜单栏中选择“Generate Pins for Symbol Ports”并单击,此时 lmp_cmp1 的输入输出端都添加了对应端口名,如图 2.118 所示。

(4) 保存文件

单击 Quartus Ⅱ主界面的工具栏中的 按钮,在弹出的“另存为”对话框的文件名的文本框中输入要保存的文件名 lmp_cmp,后缀名为.bdf,然后按“保存”按钮,完成文件的保存。

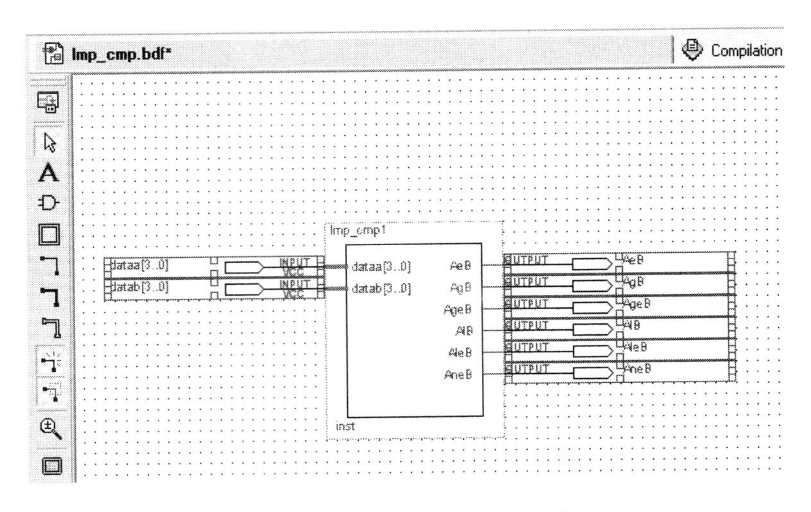

图 2.118　添加完引脚后的 LPM 模块元件 lpm_cmp1

5. 波形仿真

执行菜单“Processing-Start Compilation”命令或在菜单栏按编译快捷键，编译 lmp_cmp. bdf 文件，直到编译通过，进行仿真，其仿真波形如图 2.119 所示。

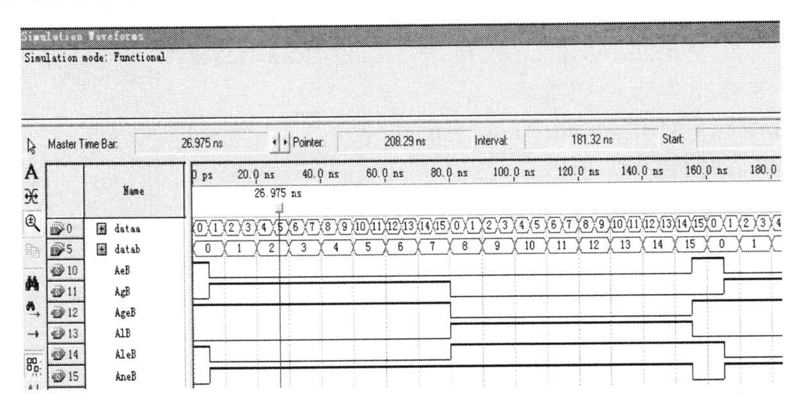

图 2.119　仿真波形图

由图 2.119 可以看出，当 dataa=1，datab=0 时，多个输出有效，如输出 AgB=1（表示 dataa>datab）、AgeB=1（表示 dataa>=datab）和 AneB=1（表示 dataa 不等于 datab，即 dataa<>datab），依次查看，输出符合比较器的逻辑功能。

三、I/O 宏功能模块

参数化锁相环宏模块 altpll 是 I/O 宏功能模块中常用模块之一，它以输入时钟信号作为参考信号实现锁相，从而输出若干个同步倍频或者分频的片内时钟信号，并提供任意相移和占空比。与直接来自片外的时钟相比，片内时钟可以减少时钟延迟，减小片外干扰，还可以改善时钟的建立时间和保持时间，是系统稳定工作的保证。不同系列的芯片对锁相环的支持程度不同，但是基本的参数设置大致相同。下面通过调用 altpll 模块，设置其参数，对一个固定的输入时钟信号（20 MHz）实现倍频，得到三路不同频率（40 MHz、50 MHz、75 MHz）的输出时钟信号，来学习使用 FPGA 内部的锁相环。步骤如下：

1. 新建工程

打开 Quartus Ⅱ，利用 New Project Wizard 新建工程，创建名为 PLL 的工程文件夹，工程名和顶层实体名都为 altpll_3。

2. 建立 PLL 模块

(1) 在 Quartus Ⅱ的"Tools"菜单中选择"MegaWizard Plug-In Manager"，对弹出的界面选择"Create a new custom..."项，定制一个新的模块。在弹出的图 2.120 所示的对话框左栏选择"I/O"项下的"ALTPLL"，再选"Cyclone"器件和"VHDL"语言方式，最后输入设计文件名 pll_3(路径为工程所在目录，取默认，只填入文件名 pll_3，单击"Next"按钮后，弹出如图 2.121 所示的窗口。

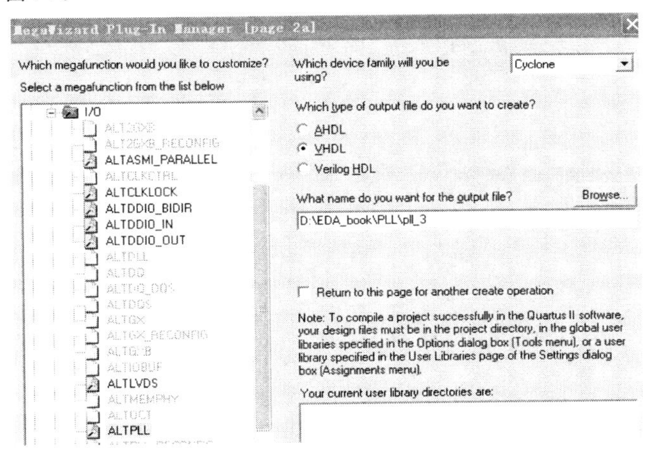

图 2.120　PLL 宏功能设定

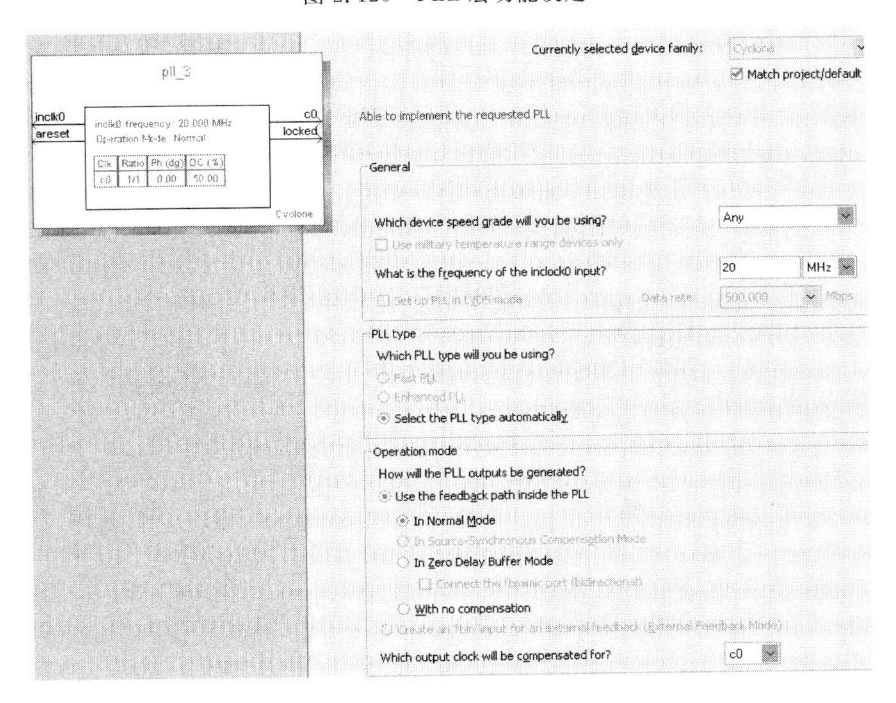

图 2.121　设定参考时钟和锁相环工作模式

(2) 在如图 2.121 所示窗口中，首先设置参考时钟频率 $inclk_0$ 为 20 MHz，然后在所示窗口中选择锁相环类型(选自动选择类型)和工作模式(选择内部反馈通道的通用模式)。单击"Next"按钮后即进入如图 2.122 所示窗口。

注意：$inclk_0$ 时钟频率不能低于 20 MHz。

(3) 在图 2.122 中，可以选择 PLL 的控制信号，如 PLL 的使能控制 pllena；异步复位 areset；锁相输出 locked 等。在此只创建 areset、locked 两个控制信号。按"Next"按钮进入图 2.123 窗口。

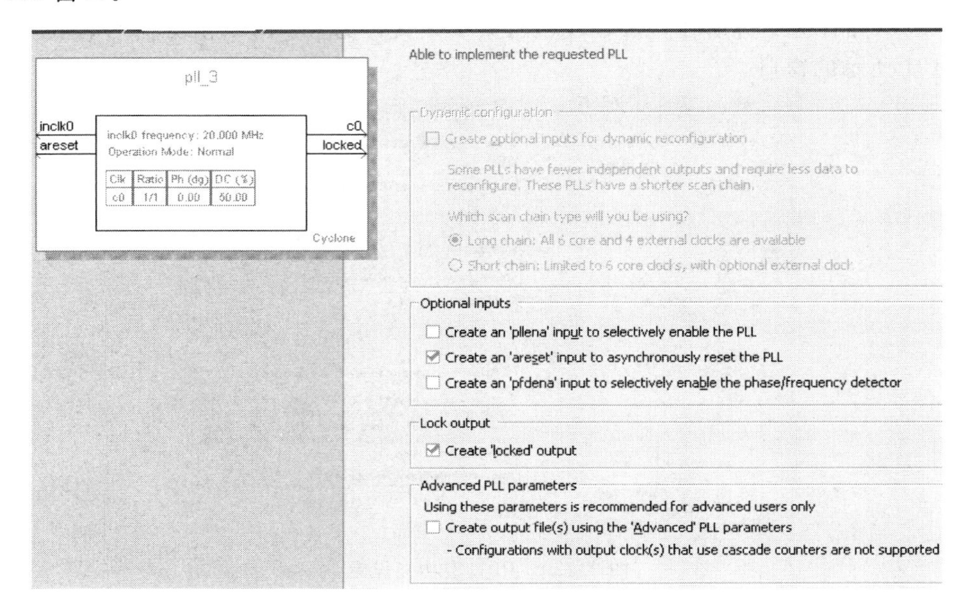

图 2.122　选择控制信号

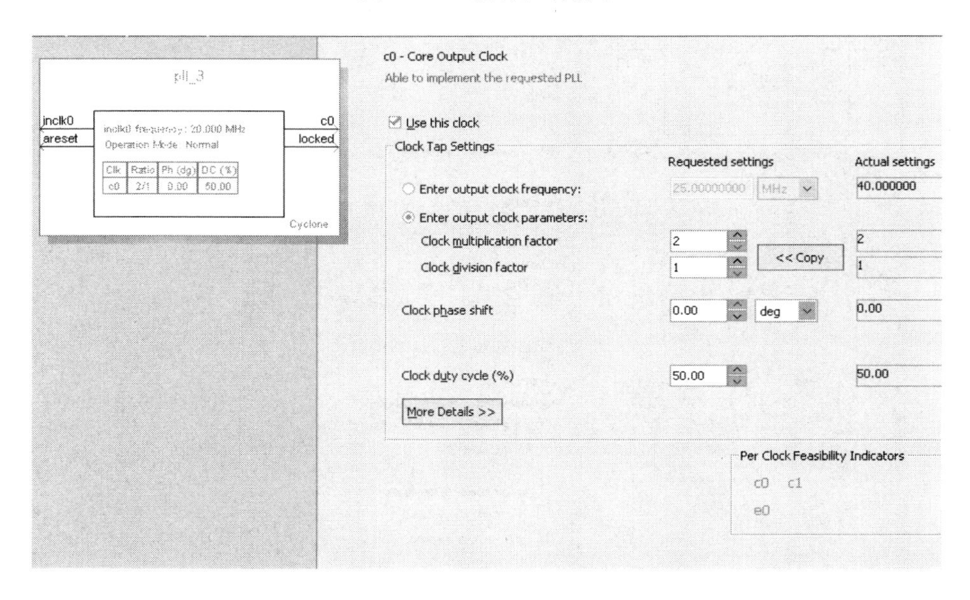

图 2.123　设定时钟参数 c_0

在图 2.123 中，选中 Use this clock 前的复选框（表示使用时钟信号 c_0），选 c_0 相对于 $inclk_0$ 的倍频因子为 2、初相为 0（clock phase shift）、占空比 50%（clock duty cycle）（取默认，都不变），然后按“Next”按钮，进入图 2.124。

注意：在设置输出时钟参数时，要关注编辑窗蓝色提示信息：“Able to implement the requested PLL”，表示所设参数合适，如出现“Can't…”表示所设参数不合适，必须修改输出频率值。

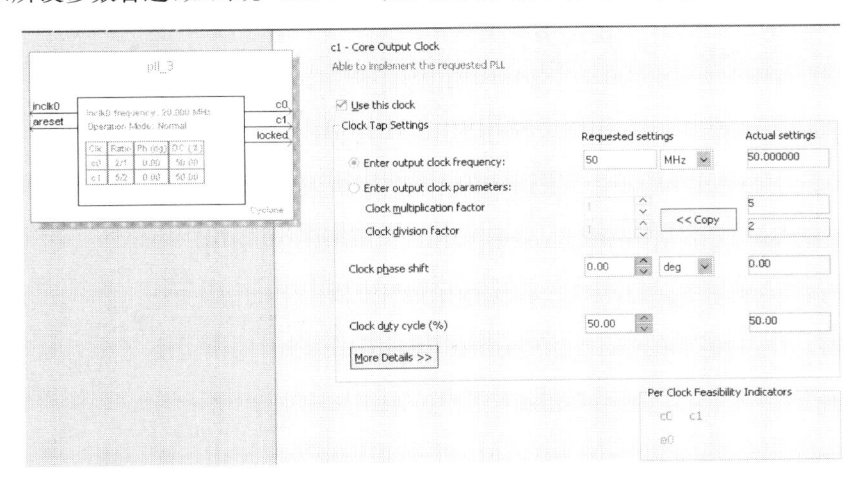

图 2.124　设定时钟参数 c_1

在图 2.124 中，选中“Use this clock”前的复选框，即选择另一输出时钟端 c_1，在“Clock Tab Settings”中选择 c_1 频率为 50 MHz，时钟相移和时钟占空比不变，保持原来默认的数据。然后按“Next”按钮，进入图 2.125。

在图 2.125 中，选中“Use this clock”前的复选框，即选择输出时钟端 e_0，在“Clock Tab Settings”中选择 e_0 频率为 75 MHz，时钟相移和时钟占空比不变，保持原来默认的数据。

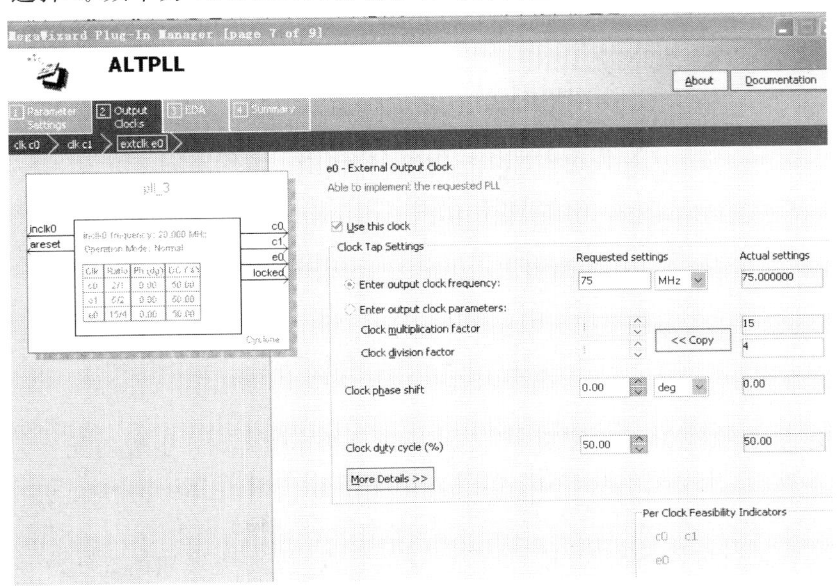

图 2.125　设定时钟参数 e_0

如图 2.125 左上角模块所示，三路输出时钟都已按要求设置好，且在模块上显示了输入时钟频率和倍频系数可供查看，然后一路按“Next”按钮，直到进入图 2.126，图中有定制模块时产生的各种输出文件，单击图中“Finish”按钮，结束 ALTPLL 定制。

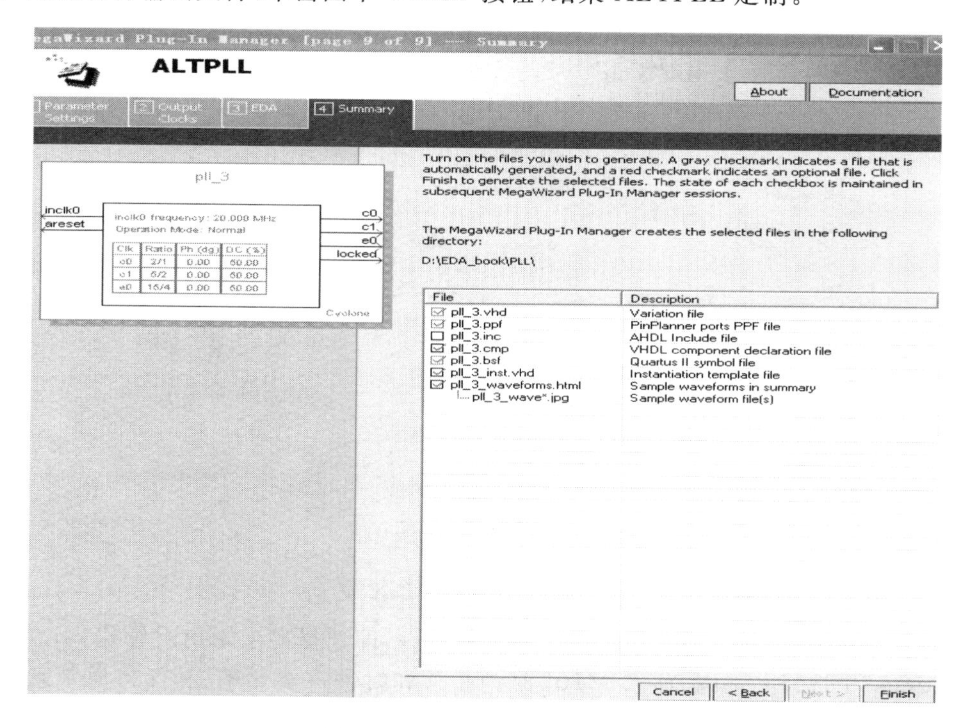

图 2.126　完成 ALTPLL 定制

若要修改设置的输出频率，只需单击菜单“Tools→MegaWizard Plug-in Manager”，打开如图 2.127 所示窗口，选择第二项，会打开前述界面，按提示进行修改即可。

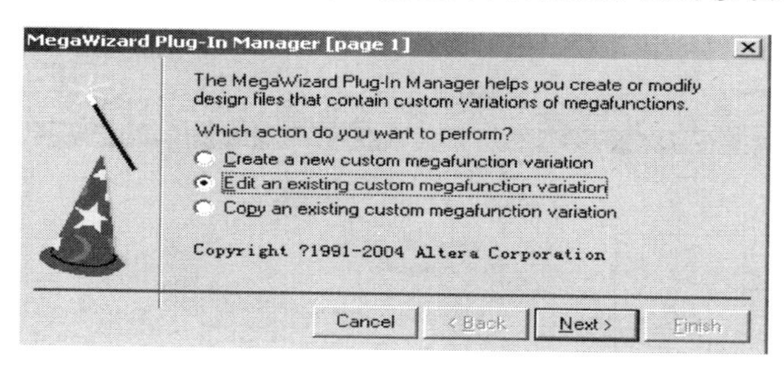

图 2.127　修改输出频率选择

3. 测试和仿真 PLL 模块

按照前述方法，将定制好的模块 pll_3 的输出文件 pll_3.vhd 生成新元件，并加入新建原理图编辑区域，选中 pll_3 并右击，在弹出的菜单栏中选择“Generate Pins for Symbol Ports”并单击，为 pll_3 添加如图 2.128 所示的输入输出引脚。

对图 2.128 进行编译，若没有错，可进行波形仿真，仿真结果如图 2.129 所示，由图可知，图中时钟关系为 e_0 的频率最高，输入时钟 $inclk_0$ 的频率最低，另外输出频率信号需要一个锁相捕捉时间，因此都在一段时间后才有输出，所以 $inclk_0$ 的时间域不能设置得太短，要不可能看不到输出信号。

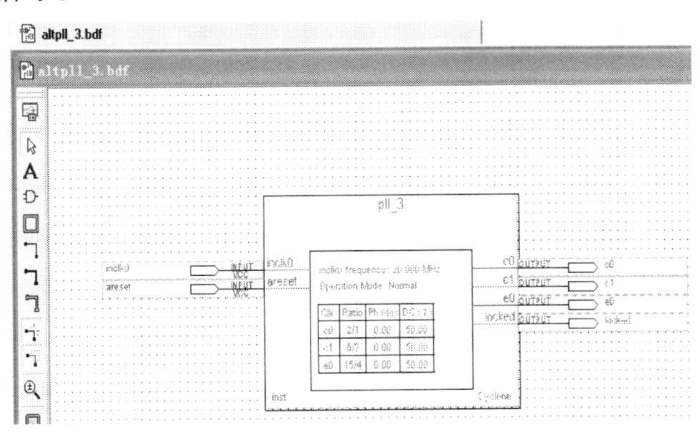

图 2.128　pll_3 模块

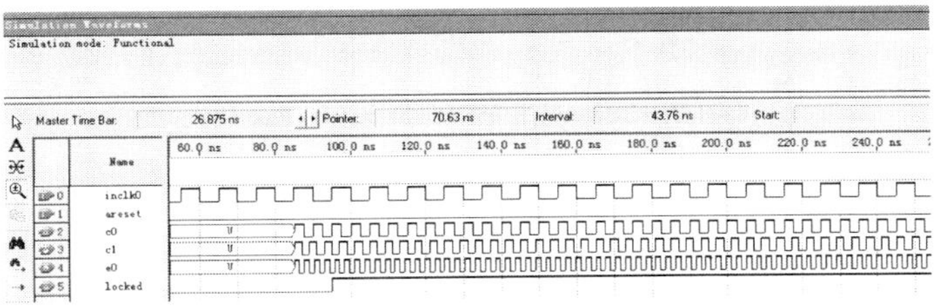

图 2.129　波形仿真图

四、Gates 宏功能模块之一：LPM_DECODE

译码器 LPM_DECODE 属于逻辑门 Gates 宏功能模块，下面就用它定制 3 线-8 线译码器，来讲述 Gates 宏功能模块的使用方法。

1. 定制 3 线-8 线译码器

与之前讲述的宏函数定制一样，在“Tools”菜单中选择“MegaWizard Plug-In Manager”工具建立新的自定义宏模块，打开如图 2.130 所示窗口，在“Gates”模块中选择译码器“LPM_DECODE”，然后选“Cyclone”器件和“VHDL”语言方式，最后输入设计文件名 decode. vhd（路径为工程所在目录，取默认），单击“Next”按钮后弹出如图 2.131 所示的窗口。

在图 2.131 中，设置输入端口位数为 3 位，单击“Next”按钮，弹出如图 2.132 所示窗口，设置模块输出端线为 8，输出数据类型为十进制（Decimal），然后一路按“Next”按钮（其他取默认值），直到出现如图 2.133 所示窗口，单击“Finish”按钮，完成定制。

2. 测试和仿真

与前述生成打包文件方法一样，在工程中打开定制模块生成的输出文件 decode. vhd，将其生成元件 Decode 并调入新建的原理图编辑界面，为 Decode 添加管脚（如图 2.134 所示），保存为 Decode. bsf 后，进行编译。

Decode. bsf 编译通过后，建立波形仿真文件 Decode. vwf，编辑其输入信号，波形仿真成功后，打开仿真报告，出现如图 2.135 所示的结果。

由图 2.135 可知，每一个 data（0～7，为 3 位二进制数）输入数据，在 8 路输出数据中只有 1 路为高电平（输出有效），即只有 1 路数据进行译码，符合 3 线-8 线译码器逻辑功能。

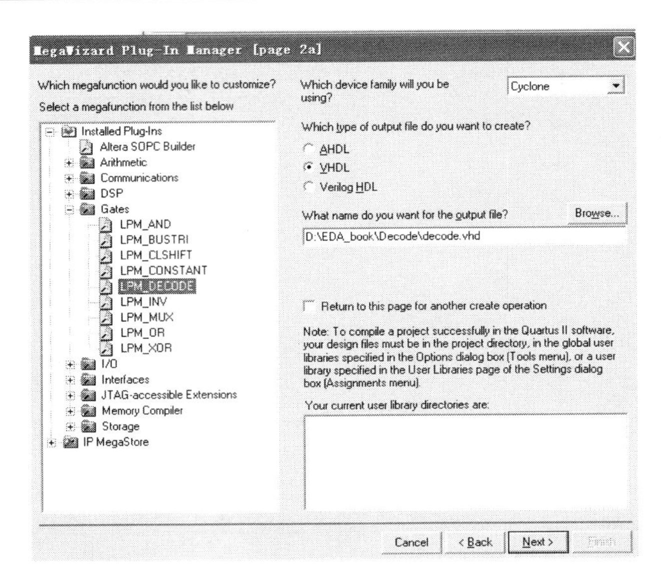

图 2.130　调出 LPM_DECODE 模块

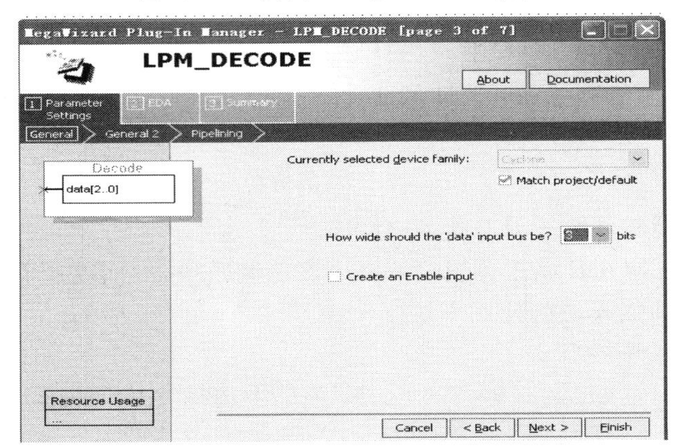

图 2.131　设置输入端口位数

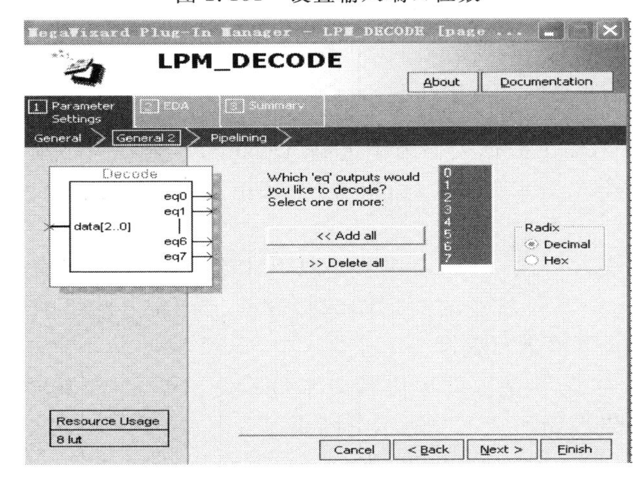

图 2.132　设置输出位数和数据类型

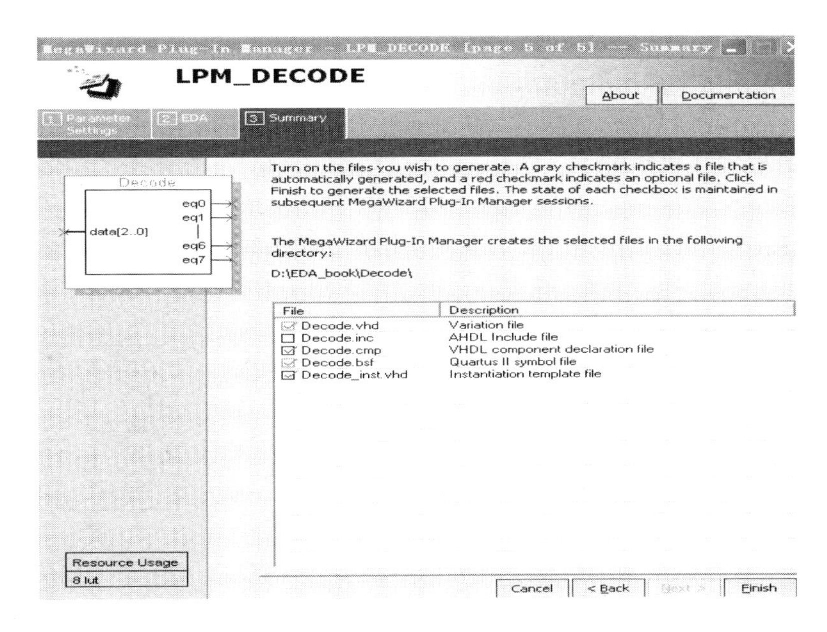

图 2.133　LPM_DECODE 定制完成

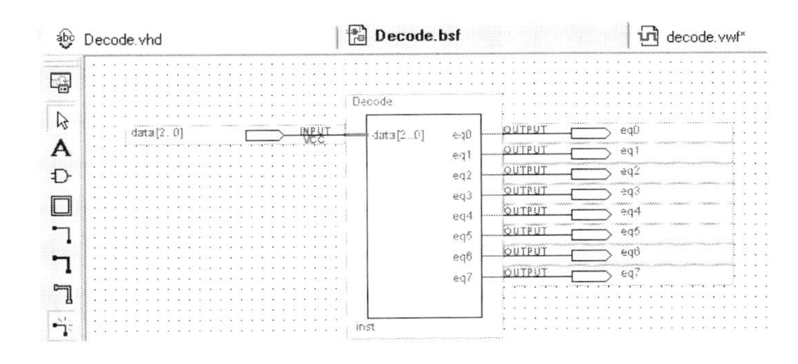

图 2.134　Decode 测试模块

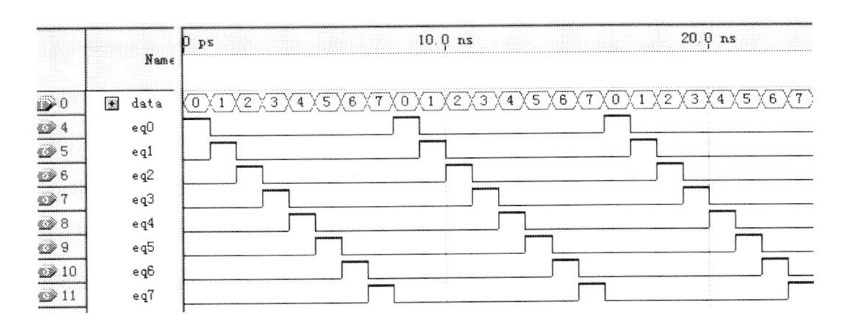

图 2.135　Decode 模块仿真波形图

任务二、十进制计数器译码显示

任务要求：译码驱动电路在电子设计中经常会遇到，因此试用前面讲述的宏函数库中的函数，以原理图方式设计完成一个可控的十进制计数器译码驱动电路。

分析设计要求：由任务要求可知，本设计包括两部分电路，可以用前面讲过的 LPM_counter 宏函数完成十进制计数器，用 Maxplus Ⅱ库中的数码管译码模块 74248 完成译码驱动功能，下面据此进行设计。

一、数码管译码驱动原理

LED 数码管的八段由八个发光二极管组成，分别为 *a*、*b*、*c*、*d*、*e*、*f*、*g*、*h* 八段，本设计中不使用小数点 *h*，因此通过 7 个 LED 灯亮灭的不同组合显示信息。

按照连接方式的不同，数码管分为共阴极和共阳极两种，共阴极数码管是将 7 个发光二极管的阴极接在一起作为公共端（扫描端），工作时，公共端接低电平，阳极接数码管的输入信号，当发光二极管对应的阳极为高电平时，发光二极管点亮，共阳极数码管的应用则与之相反。共阴极 LED 数码管的电路结构如图 2.136 所示。只要按规律控制各发光段的亮、灭，就可以显示各种字形和符号。例如，若给共阴极数码管的“*gfedcba*”7 个引脚依次接“1011011”，表示数码管的 *a*、*b*、*d*、*e*、*g* 段亮，*c*、*f* 段灭，则数码管显示数字“2”，因此也称“1011011”为“2”的段码。共阴极数码管的段码如表 2.8 所示。

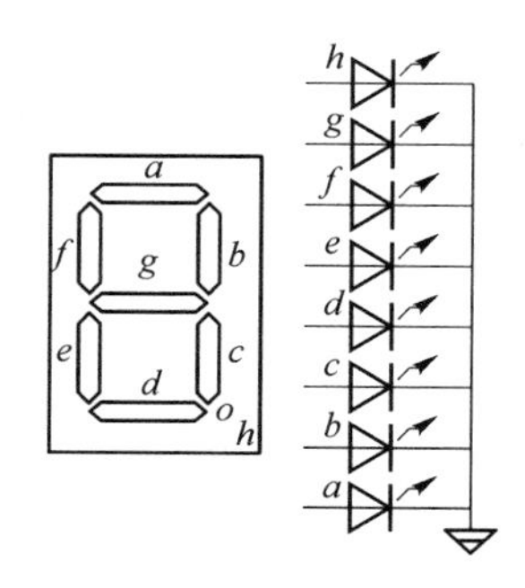

图 2.136　LED 数码管

译码模块 74248 为二-十进制 7 段共阴极译码器，即可将输入的 4 位二进制数（0～9）按照表 2.8 的对应关系将转换为对应的段码。

表 2.8　共阴极 LED 显示码表

字符	*g f e d c b a*	共阴段码（十六进制）	字符	*g f e d c b a*	共阴段码（十六进制）
0	0 1 1 1 1 1 1	3F	8	1 1 1 1 1 1 1	7F
1	0 0 0 0 1 1 0	06	9	1 1 0 1 1 1 1	6F
2	1 0 1 1 0 1 1	5B	A	1 1 1 0 1 1 1	77
3	1 0 0 1 1 1 1	4F	B	1 1 1 1 1 0 0	7C
4	1 1 0 0 1 1 0	66	C	0 1 1 1 0 0 1	39
5	1 1 0 1 1 0 1	6D	D	1 0 1 1 1 1 0	5E
6	1 1 1 1 1 0 1	7D	E	1 1 1 1 0 0 1	79
7	0 0 0 0 1 1 1	07	F	1 1 1 0 0 0 1	71

二、系统设计

按上述分析，在 Quartus Ⅱ原理图输入界面，将定制好的十进制计数器 LPM_counter 宏函数与译码器 74248 直接相连，即可完成设计任务，步骤如下：

1. 建立工程，新建原理图文件

打开 Quartus Ⅱ，利用“New Project Wizard”新建工程，创建名为 cnt_led 的工程文件夹，工程名和顶层实体名都为 cnt_led，然后单击菜单“File→New”，选择新建原理图文件“Block Diagram/Schematic File”图标，打开原理图编辑界面，并保存为 cnt_led. bdf。

2. 定制 LPM_counter 设计十进制计数器

单击原理图编辑区域的任意位置，即打开“Symbol”窗口，单击“Megafunctions 库→

arithmetic 子库”，选择“lpm_counter”宏函数，单击“OK”按钮，将 lpm_counter 添加到编辑界面，根据设计要求对 lpm_counter 宏函数定制参数、管脚，并添加输入输出管脚，如图 2.137 所示。

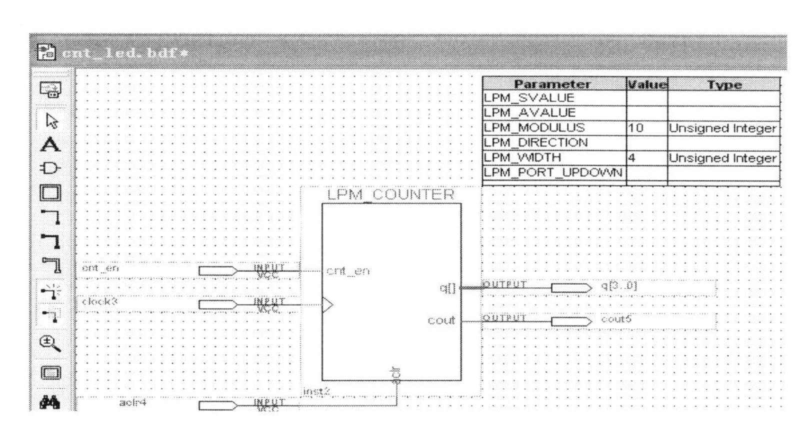

图 2.137　定制 lpm_counter

3. 设计译码显示电路

同理，在原理图文件 cnt_led. bdf 界面，打开“Symbol”窗口，选择“Maxplus2”库，在其中找到函数模块 74248，将其添加到编辑界面，根据设计要求，对 74248 进行如图 2.138 所示设置。

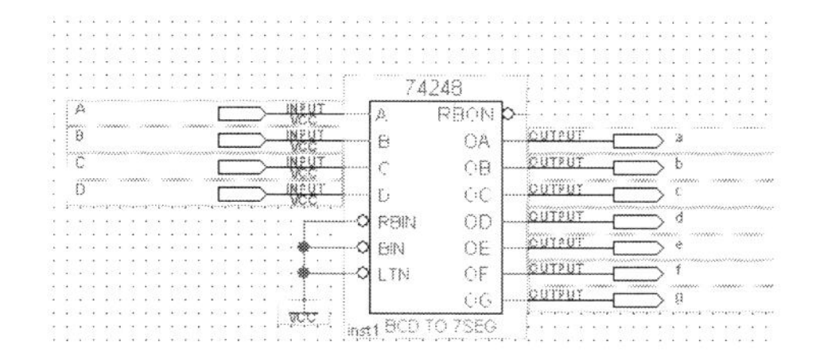

图 2.138　设置 74248

本设计要求将定制的十进制计数器 LPM_COUNTER 的输出〔四位二进制数(0～9)〕送入定制的 74248，进行译码，因此将 LPM_COUNTER 的 4 位输出与 74248 的 A、B、C、D 四位输入端直接相接，74248 的输出与数码管的 7 段(dp 点不要)连接，则数码管将循环显示 0～9。据此连接原理图，如图 2.139 所示。

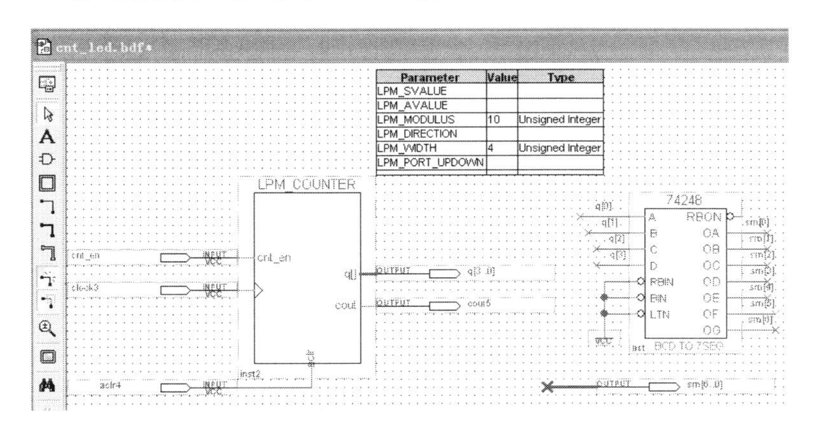

图 2.139　系统原理图

三、编译和仿真

连好线后的原理图，保存后，先编译，若编译通过，可新建波形文件，为波形文件中的输入端子赋值，为了验证本设计的逻辑功能是否正确，可进行功能仿真，而要功能仿真，须先生成功能仿真网表文件，所以先单击图 2.140 所示的“Generate Functional Simulation Netlist”按钮，网表文件生成后，单击图 2.140 左下角“Start”按钮进行波形仿真，当下方仿真进度条显示 100%，表示仿真成功，然后打开图中右下角的“Report”按钮，即可打开图 2.141 所示的波形仿真报告。

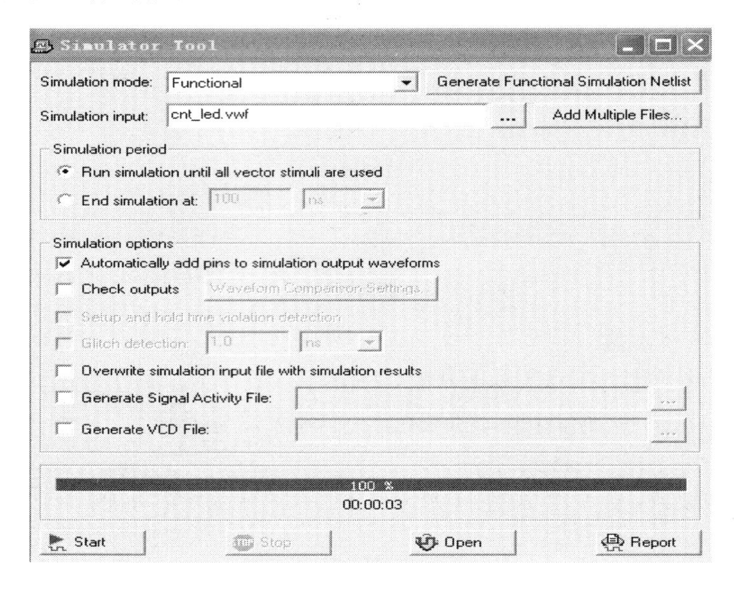

图 2.140　功能仿真界面

查看图 2.141 的输出波形，十进制计数器 LPM_COUNTER（定制后）的计数使能端 cnt_en=1（有效），则其输出端 q 循环输出 0～9，而这些值被 74248 按共阴极数码管的译码输出，可以看到波形图中的译码数据与表 2.8 一致，若将 74248 的输出端与数码管相连，即可在数码管上显示 0～9 十个数。而且在本设计中 LPM_COUNTER 有一个异步清零端 $aclr_4$，当 $aclr_4=1$，输出端 q 不用等时钟 $clock_3$ 的有效边沿立即清零，实现了对 LPM_COUNTER 的计数控制，这些都与设计要求相符。

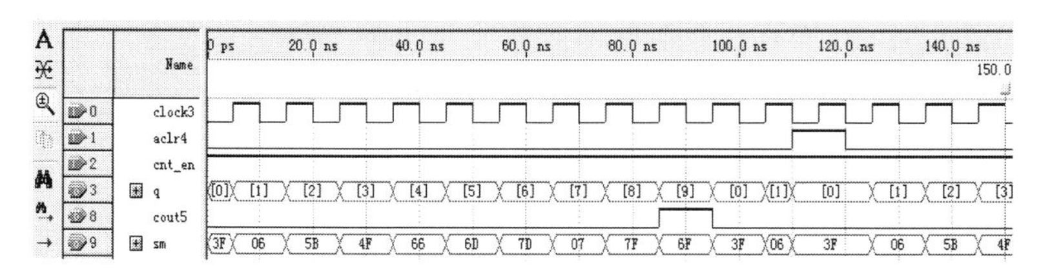

图 2.141　仿真波形图

单元模块四　原理图层次化设计

层次化设计也称“自顶向下”的设计方法，即将一个大的设计项目分解为若干子项目或若干层次来完成。划分是从顶层由高往下，而设计则可先设计底层电路，然后编译完成后，生成元件，将其存放于常用库 Project 中，在顶层设计时，可以调用低层次的设计结果。

原理图输入法中，可以方便地利用画线的方式，将底层电路的设计成果连接起来，实现顶层设计；而在 VHDL 文本输入设计时，底层单元电路的调用，通过例化元件说明语句和例化映射语句实现。一般层次化设计法用于较大的项目，但由于篇幅的原因，下面用两个设计任务来说明层次化设计的思想。

任务一、原理图层次化方法设计 4 位二进制加法器

任务要求：用原理图输入法中的层次化设计理念完成 4 位二进制数的相加运算电路。

分析设计要求：前述模块已经实现了一位全加器设计，因此在前面设计基础上，利用一位全加器的设计成果，将 4 个全加器按串行方式连接起来即可。

一、设计原理

首先观察一下 4 位二进制数相加时，其运算过程如图 2.142 所示。

	a_3	a_2	a_1	a_0
+	b_3	b_2	b_1	b_0
co	s_3	s_2	s_1	s_0

其中：

$s_0=a_0+b_0$

$s_1=a_1+b_1+$进位co_0

$s_2=a_2+b_2+$进位co_1

$s_3=a_3+b_3+$进位co_2

co=进位co_3

图 2.142　4 位二进制相加原理

由图 2.142 可知，4 位二进制数相加时，其和连同进位考虑进来最多可得五位二进制数，图中 4 部分和式其实都为一个一位全加器，全加器之间通过低位的进位端串联起来，最终实现了 4 位二进制全加器的设计。由此可见 4 个一位全加器通过进位端串行级联可实现 4 位二进制加法器。

二、系统设计

通过分析，本设计可采用层次化设计法，即先进行底层电路设计，然后在顶层设计中直接调用底层电路。

1. 底层电路设计

底层电路的设计，即为一位全加器的设计，这在前述内容中已详细介绍过，此处不再赘

述，只将设计好的一位全加器添加进新工程，并将一位全加器打包生成元件（图 2.143）作为本次设计的底层电路来使用。具体操作如下：

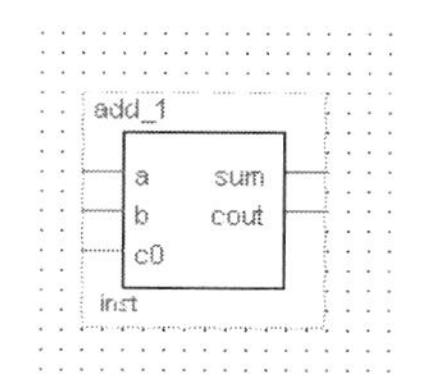

图 2.143　底层电路

新建工程，其文件夹为 add_4，工程名和顶层实体名也为 add_4，然后将前面设计好的一位全加器文件 add_1. bdf 添加进工程，即在工程导航器“Project Navigator”栏内“Files”上右击，选“Add/Remove Files in Project...”如图 2.144 所示，即可打开如图 2.145 所示窗口，按图示操作。

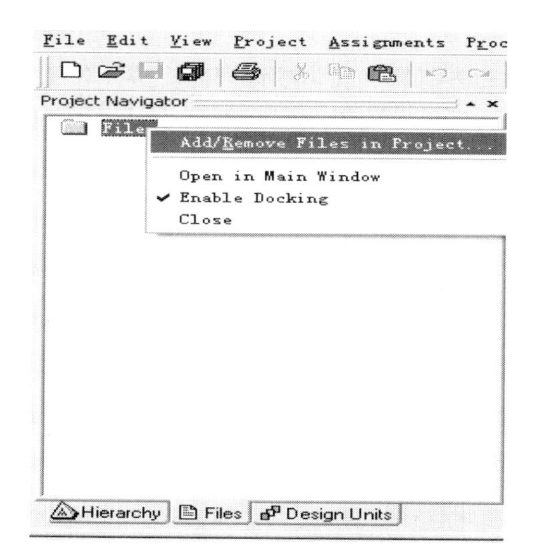

图 2.144　为工程添加文件

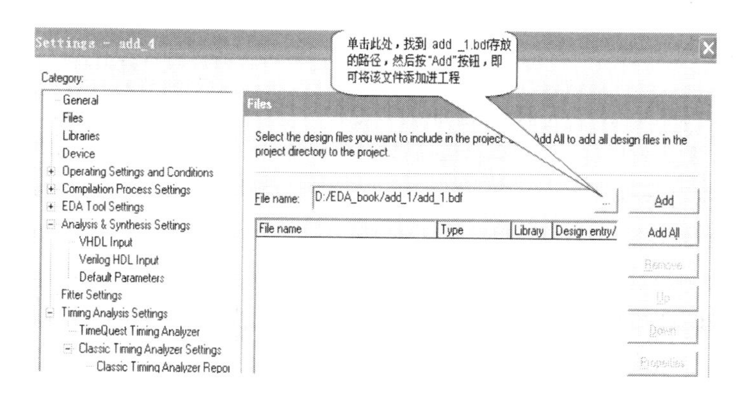

图 2.145　选择要添加的文件

图 2.146 为 add_1. bdf 已加入新建工程，双击图中“Project Navigator”栏内刚添加进来的 add_1. bdf，即打开 add_1. bdf，单击“Files→New→Create/Updata→Create Symbol Files for Current Files”，将 add_1. bdf 打包生成元件。

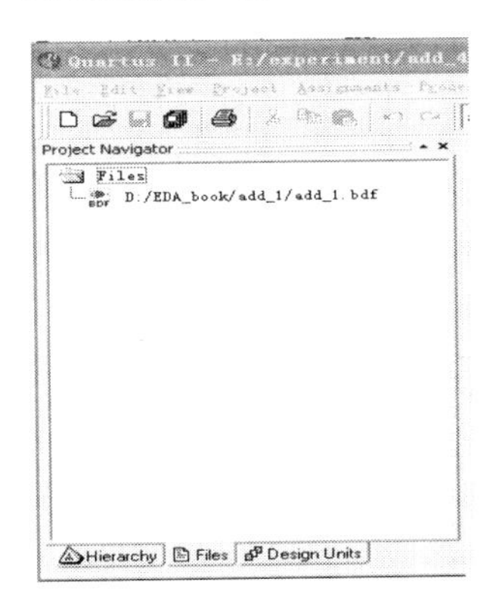

图 2.146　文件已添加进工程

2. 顶层电路设计

首先，在工程 add_4 中新建原理图文件，在原理图编辑区域任意位置单击，打开“Symbol”窗口，在“Libraries”中的“Project”项即可看见打包元件 add_1，将它选中放置于原理图编辑区中，按图 2.147 设计顶层电路，以 add_4. bdf 命名并保存到 add_4 文件夹中。

三、编译和仿真

如图 2.147 所示电路编译通过后，建立波形文件，进行仿真，其仿真波形如图 2.148 所示。

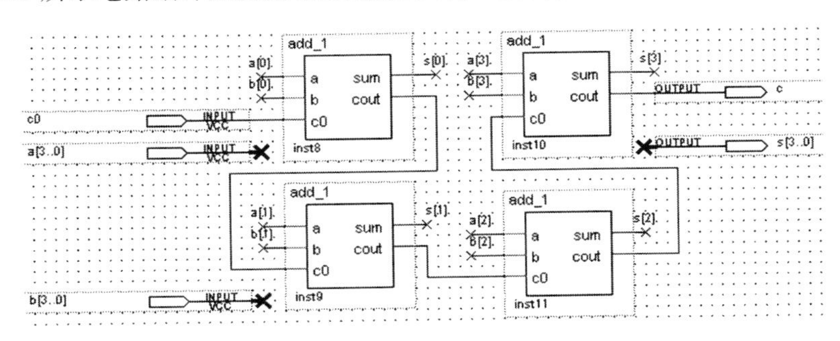

图 2.147　顶层电路

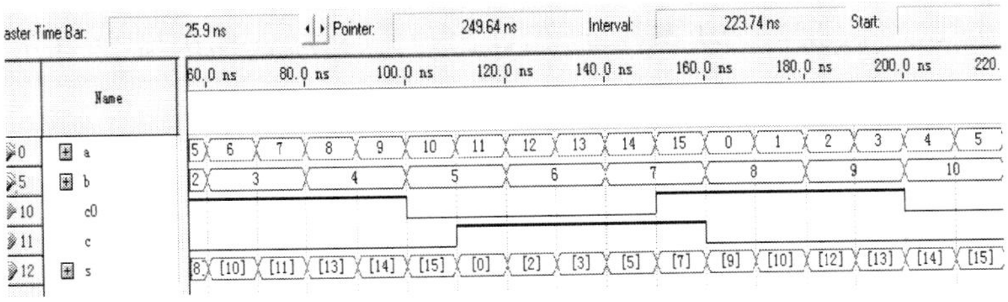

图 2.148　仿真波形

注意：本任务中的底层电路打包元件，可以用原理图设计输入法设计后生成，也可用后面模块介绍的文本设计输入法设计后生成。

任务二、层次化设计方法设计3位数据选择器

任务要求：用原理图输入法中的层次化设计方法进行3路数据选择器电路的设计。

分析设计要求：在数字电路中，二选一数据选择器的设计，我们并不陌生，因此考虑能否在二选一数据选择器设计基础上，完成3路数据选择器的设计。答案是肯定的，3路数据选择器其实可由两个控制端来选择3路输入数据中的哪一路送到输出，二选一数据选择器的两路输入信号 a、b 在控制端 s 作用下（如表2.9所示），可选出其中一路数据输出，而该输出数据再次作为二选一数据选择器的一个数据输入端数据时，和第三路输入数据在另一个二选一数据选择器控制端作用下，选择其二者中的一位数据送出，因此用两个二选一数据选择器可构成3位数据选择器，即用层次化设计方法先设计一个二选一数据选择器，然后在顶层设计中调用此二选一数据选择器，完成3位数据选择器设计。

一、设计原理

由前述分析，列出3位数据选择器的真值表，如表2.10所示。表中X表示任意状态，$D_0 \sim D_2$ 为数据输入，输出为 c，选择控制信号为 s_2、s_1。

表2.9　二选一数据选择器

输入端			输出端
2位数据端		控制端	送出数据端
a	b	s	c
X	X	X	0
a	X	0	a
X	b	1	b

表2.10　三位数据选择器

输入端					输出端
3位数据端			控制端		送出数据端
D_1	D_2	D_3	s_2	s_1	c
X	X	X	X	X	0
X	X	D_3	0	0	D_3
X	D_2	X	0	1	D_2
D_1	X	X	1	0	D_1
D_1	X	X	1	1	D_1

从表2.10可知，当 $s_2=0$ 时，s_1、D_2 和 D_3 构成第一级二选一数据选择器，s_1 为 D_3 和 D_2 的选择控制端，当 $s_1=0$，选择 D_3 输出，反之 D_2 输出；D_1 和第一级二选一数据选择器的输出作为第二级二选一数据选择器的数据端输入信号、s_2 为其选择控制端，当 $s_2=1$ 时，第二级二选一数据选择器选择 D_1 送至 c；$s_2=0$ 时，第二级二选一数据选择器的输出由第一级二选一数据选择器的输出决定，因此 s_2 的状态（0或1）好比开关一样，选择送出 D_1 和第一级二选一数据选择器输入端信号。

二、系统设计

采用层次化设计方法，先进行底层电路（二选一数据选择器）设计，然后在顶层设计中直接调用底层电路。

1. 底层电路设计

底层电路的设计，即为二选一数据选择器的设计，在此有两种办法，既可以根据表2.9的真值表用基本逻辑库中元件设计，也可以直接调用 Maxplus2 库中的函数 21mux。

(1) 用 primitive 库中的元件设计底层电路

用新工程向导"New Project Wizard"新建工程，其文件夹名为 mux3_1，工程名和顶层实体名也为 mux3_1，然后新建名为 mux2_1. bdf 的原理图文件，在原理图编辑区，打开基本元件库"primitive→logic"，选择 mux2_1. bdf 原理图文件所需要的逻辑门，加入原理图编辑界面，进行连线，画出如图 2.149 所示电路，保存、编译通过后，与本单元任务一一样单击"Files→New→Create/Updata→Create Symbol Files for Current Files"，将 mux2_1. bdf 打包生成元件，在 Symbol 元件库中查看 Project，可看到如图 2.150 所示的打包生成新元件 mux2_1。

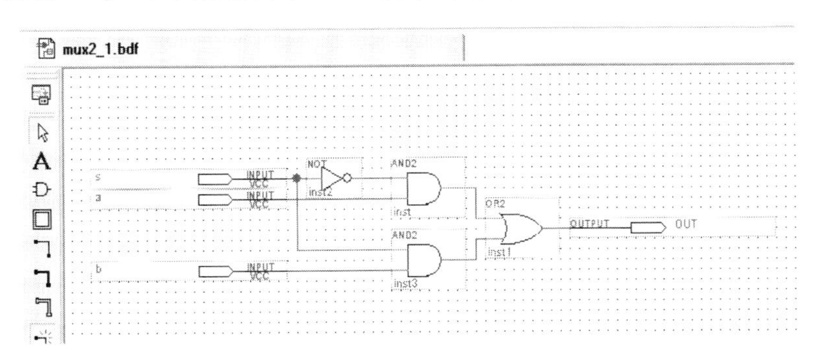

图 2.149　二选一数据选择器(底层电路)

注意：在对 mux2_1. bdf 编译之前要将其设为顶层实体，因为利用"New Project Wizard"新建工程时，指定的顶层实体名为 mux3_1，若不做设置，直接编译 mux2_1. bdf 会出错。将 mux2_1. bdf 设为顶层实体的方法为：在工程导航器"Project Navigator"栏内单击下端"Files"项，调出工程中的文件，在 mux2_1. bdf 上右击，选"Set as Top-Level Entity"(如图 2.151所示)，即可将 mux2_1. bdf 设置为该工程的顶层实体。

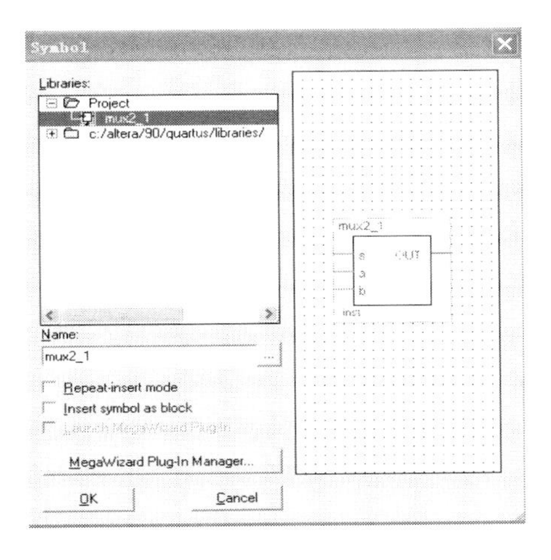

图 2.150　查看生成新元件 mux2_1

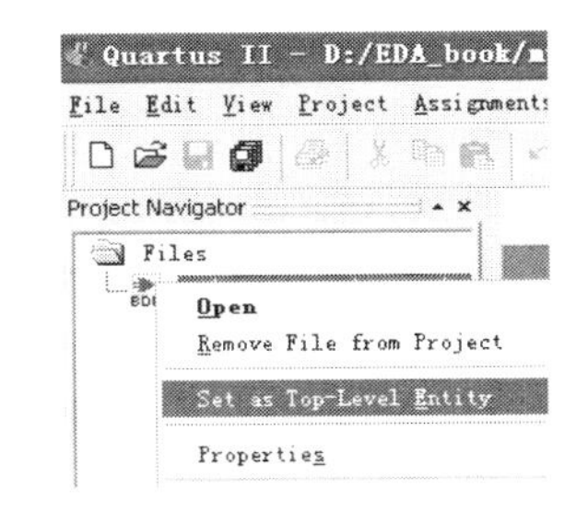

图 2.151　设置顶层实体文件

(2) 调用 Maxplus2 库中函数 21mux 设计底层电路

新建工程步骤与(1)中内容相同，调用 Maxplus2 库中的老式宏函数 21mux 方法如图 2.152 所示。函数 21mux 与之前 mux2_1. bdf 打包生成的元件一样，可直接用于顶层实体的设计中。

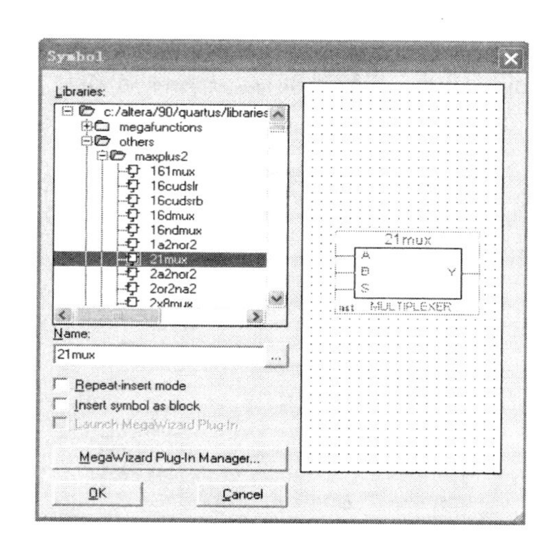

图 2.152　老式宏函数 21mux

2. 顶层电路设计

首先，在前述新建工程 mux3_1 中新建原理图文件，在原理图编辑区域任意位置双击，调出“Symbol”元件库窗口，可以选择前面已打包好的位于 Project 中的新元件 mux2_1，也可以直接调用 Maxplus2 库中的老式宏函数 21mux，这里采用后者设计顶层实体。

将图 2.152 所示函数 21mux 放置在原理图编辑区域，依据表 2.10 三位数据选择器的真值表连线画图，以 mux3_1.bdf 命名并保存到 mux3_1 工程文件夹中，画好顶层电路 mux3_1.bdf 原理图(如图 2.153 所示)。

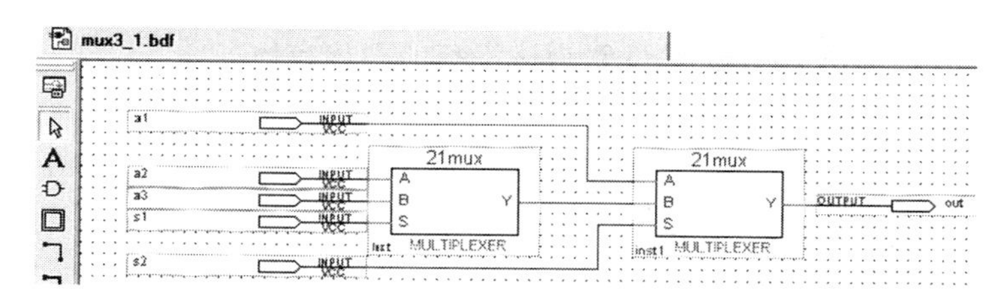

图 2.153　顶层电路

三、编译和仿真

将图 2.153 执行“Processing→Start Compilation”或在菜单栏选编译快捷键，直到编译通过，进行波形仿真，其仿真波形如图 2.154 所示。

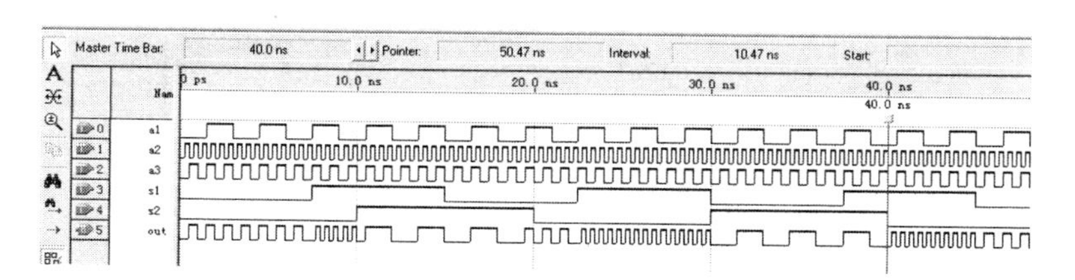

图 2.154　仿真波形

由图 2.154 波形仿真图可得，$s_1s_2=00$，输出 out 为数据 a_3，$s_1s_2=01$ 或 11，输出 out 为

数据 a_1,s_1s_2=10,输出 out 为数据 a_2,与真值表结论一致。

模块二 小结

本模块分别用基本元件库中元件、Maxplus2 老式宏函数、参数可定制的 LPM 函数进行纯原理图输入方式的设计,这些设计大部分与数字电路中常用的电路相关,这些设计以任务的形式出现,在完成设计任务的过程中,将 Quartus Ⅱ 原理图设计的完整流程、常见 Maxplus2 老式宏函数的应用和常用 LPM 函数的定制方法贯穿其中;最后以 4 位二进制加法器和三选一数据选择器电路的设计任务为例,讲述了原理图输入方式中层次化设计方法,尽管项目很小,但反映了自顶向下逐层分解、细化设计任务、先完成底层电路设计,然后在顶层设计中调用底层电路,最终实现设计任务的思想。

习 题

一、单项选择题

1. 在 EDA 中,IP 的中文含义是________。

A. 网络供应商　　B. 在系统编程

C. 没有特定意义　　D. 知识产权

2. 综合是 EDA 设计流程的关键步骤,下面对综合的描述中,________是错误的。

A. 综合就是把抽象设计层次中的一种表示转化成另一种表示的过程。

B. 综合就是将电路的高级语言转化成低级的,可与 FPGA / CPLD 的基本结构相映射的网表文件。

C. 为实现系统的速度、面积、性能的要求,需要对综合加以约束,称为综合约束。

D. 综合可理解为,将软件描述与给定的硬件结构用电路网表文件表示的映射过程,并且这种映射关系是唯一的(即综合结果是唯一的)。

3. EP1C3T144C8 具有________管脚。

A. 144 个　　B. 84 个　　C. 15 个　　D. 不确定

4. Quartus Ⅱ中原理图的后缀是________。

A. tdf　　B. gdf　　C. bdf　　D. jif

5. Quartus Ⅱ的设计文件不能直接保存在________。

A. 硬盘　　B. 根目录　　C. 文件夹　　D. 工程目录

6. Quartus Ⅱ是哪个公司的软件________。

A. ALTERA　　B. ATMEL　　C. LATTICE　　D. XILINX

7. 在 EDA 工具中，能将硬件描述语言转换为硬件电路的重要工具软件称为________。

A. 仿真器　　B. 综合器　　C. 适配器　　D. 下载器

8. 下面哪一个是原理图设计输入法中的波形编辑文件的后缀名________。

A. scf　　B. vwf　　C. gdf　　D. tdf

9. 在 Quartus Ⅱ 集成环境下为原理图文件产生一个打包元件符号的主要作用是________。

A. 综合　　B. 编译　　C. 仿真　　D. 被高层次电路设计调用

10. 执行 Quartus Ⅱ 的________命令，可以将设计电路打包为一个元件符号。

A. create default symbol　　B. simulator

C. create symbol files for current files　　D. timing analyzer

11. 在 EDA 工具中，能完成在目标系统器件上布局布线的软件称为________。

A. 仿真器　　B. 综合器　　C. 适配器　　D. 下载器

12. 请指出 Altera Cyclone 系列中的 EP1C3T144C8 这个器件属于________。

A. ROM　　B. CPLD　　C. FPGA　　D. GAL

13. 执行 Quartus Ⅱ 的________命令，可以检查设计电路错误。

A. Create Default Symbol　　B. Compiler

C. Simulator　　D. Timing Analyzer

14. lpm_compare 属于哪个函数库________。

A. Arithmetic 库　　B. Storage 库

C. Gates 库　　D. I/O 库

二、填空题

1. 原理图输入设计流程包括________、________、________和________四个步骤。

2. EP1C3T144C8 芯片中的字母 C8 所代表的意义为________、T 表示________。

3. 原理图设计文件名应与________相同，否则无法通过编译。

4. 在原理图输入法中，元件和管脚、元件之间连线时，要保证两者间的数据位数________。

5. 层次化设计也称________设计方法，即将一个大的设计项目分解为________来完成。划分是从顶层________，而设计则可先设计________，然后在顶层设计中，可以________设计结果。

6. 在 QuartusⅡ原理图输入法中，可供使用的元件库除了基本逻辑元件库以外，还有________和________。

7. ________不考虑任何具体器件的硬件特性，是直接对原理图描述、HDL 或其他描述形式的逻辑功能进行测试模拟，以了解其实现的功能是否满足设计要求的过程，它不经历________。

8. Maxplus2 老式宏函数库中的 74151(也称为 74LS151)的逻辑功能为________。

9. 在 QuartusⅡ工具软件中，各种 Maxplus2 老式宏函数元件符号存放在______文件夹。

10. 在 QuartusⅡ工具软件中，参数化 *D* 触发器 lpm_ff 函数存放于________库。

三、简答题

1. 在 QuartusⅡ中进行原理图输入设计时，在计算机中建立的工程项目目录是任意目录吗？

2. 什么是宏功能模块？

3. LPM 宏功能模块与 Maxplus2 老式宏函数有何不同？

4. 时序仿真与功能仿真有区别吗？

5. 简述设置顶层实体的方法。

6. 在原理图输入设计时，总线如何绘制？

四、用原理图输入法完成下面的设计。

1. 写出三人表决电路的真值表并由真值表写出输出/输入信号的逻辑关系，在 Quartus Ⅱ中用原理图输入方式实现此电路，并进行波形仿真和下载测试。

2. 应用 Maxplus2 老式宏函数设计一个一百进制的加法计数器，并上机通过编译与仿真。

3. 应用 lpm_counter 宏函数设计一个六十进制的加减法计数器，并上机通过编译与仿真。

4. 在原理图编辑界面中使用 Maxplus2 老式宏函数库中 8 位二进制比较器 8mcomp 元件设计一个 8 位二进制比较器，并上机通过编译与仿真。

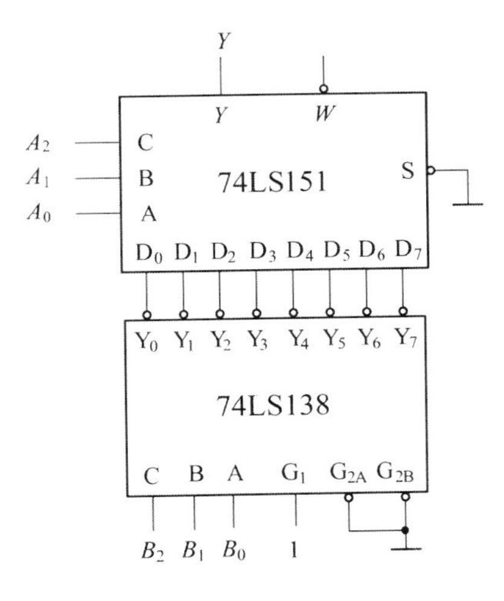

图 2.155

5. 用 74280 设计具有奇校验的校验器电路，并进行波形仿真和下载测试。

6. 分析图 2.155 的电路功能，用 Maxplus2 老式宏函数设计该电路，并进行波形仿真，查看其逻辑功能是否正确。

实训项目

项目一　用原理图输入法设计三人表决器电路

一、实训目的

- 学会 QuartusⅡ基本元件库中元件编辑原理图文件的方法。
- 掌握仿真原理图文件的方法。
- 掌握基于 FPGA 的管脚绑定和硬件下载的方法。

二、实训设备

装有 QuartusⅡ软件的计算机和配合硬件测试的相关实验箱。

三、实训内容

（一）实训原理

三人表决电路其实是一个少数服从多数的判决电路，其真值表如表 2.11 所示，应用原理图输入法设计一个三人表决电路并进行编译仿真，最后将设计文件下载到实际的可编程器件 FPGA 中验证其正确性。根据表 2.11 可得判决结果 f 的表达式为

实训项目一　表 2.11

输入端			输出端
评委 1	评委 2	评委 3	结果
a	b	c	f
0	0	0	0
0	0	1	0
0	1	0	0
0	1	1	1
1	0	0	0
1	0	1	1
1	1	0	1
1	1	1	1

$$f=\bar{a}bc+a\bar{b}c+ab\bar{c}+abc=ab+bc+ac$$

（二）实训步骤

根据单元模块一讲述的 QuartusⅡ原理图输入法设计流程进行下面操作。其中硬件下载部分应参考所用的开发板或实验箱的有关资料。

1. 设计输入原理图文件（如图 2.156 所示）

（1）建立三人表决电路工程项目。

（2）建立三人表决电路原理图文件。

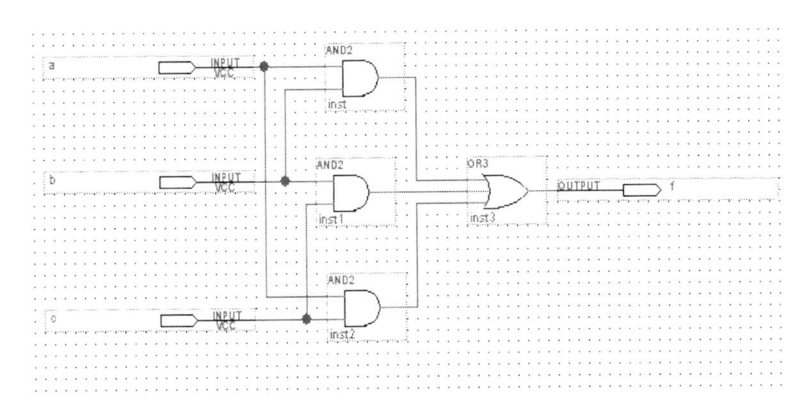

图 2.156 实训项目一:原理图

(3) 编辑三人表决电路设计图形文件。

2. 编译仿真原理图文件

(1) 编译三人表决电路设计图形文件。如果有错误,检查纠正错误,直至最后通过。

(2) 仿真三人表决电路设计图形文件(如图 2.157 所示)。认真核对输入/输出波形,检查设计的功能正确与否。

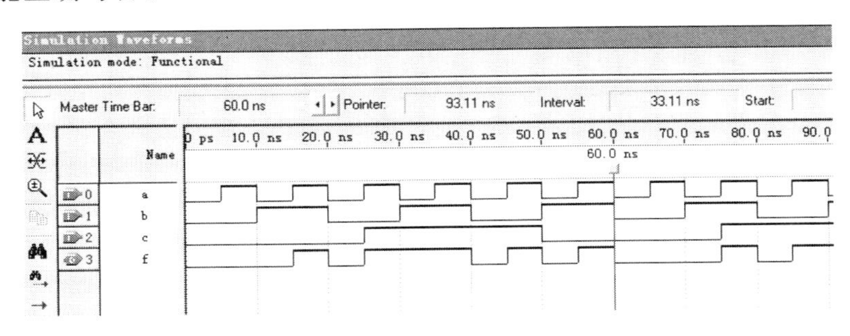

图 2.157 实训项目一:仿真图

3. 编程下载与硬件调试

此部分的具体步骤应参考所用的开发板或实验箱的有关资料。

(1) 器件设置和引脚的锁定。

(2) 编程下载设计文件。

(3) 设计电路硬件调试。

四、实训报告

请根据实训结果,将自己完成设计的过程分为几步,在实训报告纸上简单描述每一步的作用或结果,完成实训报告的撰写。

五、实训总结

实验结束后,对自己的实训思路、方法,或实训中出现的问题和解决方法加以论述,也可以对实训题目的难易程度进行总结或提出建议、意见。

项目二　Maxplus2 老式宏函数的应用

一、实训目的

- 掌握原理图输入法中 Maxplus2 老式宏函数的应用方法。
- 进一步巩固原理图输入法。

二、实训设备

装有 QuartusⅡ软件的计算机和配合硬件测试的相关实验箱。

三、实训内容

（一）实训原理

用 Maxplus2 老式宏函数 74161 完成六十进制计数器电路（如图 2.158 所示）。由于 74161 是 4 位二进制加法计数器，用两块 74161 连接可以设计模为 256 的 8 位二进制加法计数器，如果将其构成六十进制计数器，该计数器从 0 开始计数，当计数器的值计到十进制数 $59=(00111011)_2$ 时，让两块 74161 的同步置数端有效，使两块 74161 同时置零。据此设计电路并进行编译、仿真，最后将设计文件下载到实际的可编程器件 FPGA 中验证其正确性。

（二）实训步骤

根据单元模块一中 QuartusⅡ原理图输入法和单元模块二原理图输入法中 Maxplus2 老式宏函数的应用所介绍的方法设计如图 2.158 所示电路。

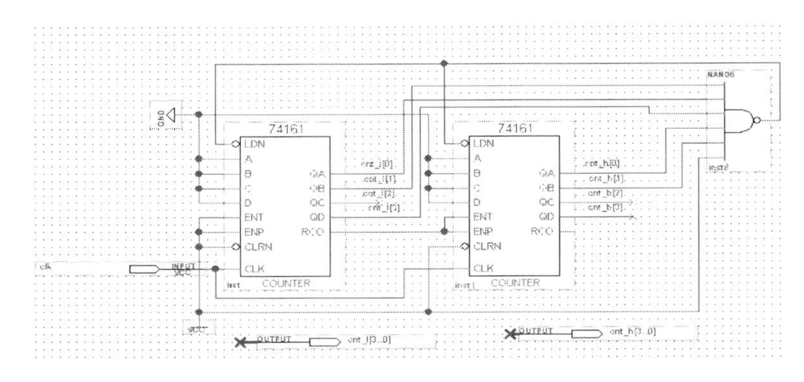

图 2.158　实训项目二：原理图

1. 设计原理图文件

（1）建立工程项目，以 cnt60 为工程文件夹，以 cnt60.bdf 为顶层实体文件名。

（2）新建原理图文件 cnt60.bdf。

（3）编辑原理图文件 cnt60.bdf。

2. 编译仿真原理图文件

（1）编译原理图文件 cnt60.bdf。若编译不过关，先双击第一个错误提示，可使鼠标出现在第一个错误处附近，检查纠正第一个错误后保存再编译，如果还有错误，重复以上操作，直至最后通过。

（2）建立波形仿真文件 cnt60.vwf 并进行仿真。仿真波形如图 2.159 所示，认真核对输入/输出波形，检查设计的电路功能正确与否。

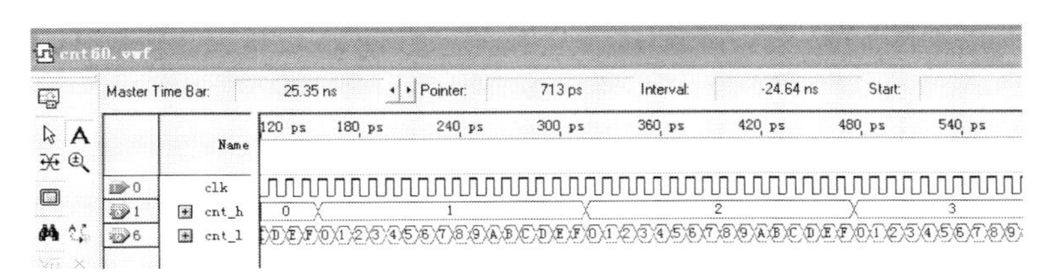

图 2.159　实训项目二：仿真图

3. 编程下载与硬件调试

此部分的具体步骤应参考所用的开发板或实验箱的有关资料。

(1) 器件设置和引脚的锁定。

(2) 编程下载设计文件。

(3) 设计电路硬件调试。

四、实训报告

请根据实训结果，将自己完成设计的过程分为几步，在实训报告纸上简单描述每一步的作用或结果，完成实训报告的撰写。

五、实训总结

实验结束后，对自己的实训思路、方法，或实训中出现的问题和解决方法加以论述，也可以对实训题目的难易程度进行总结或提出建议、意见。

项目三　用 LPM 模块实现 16 位流水线乘法器

一、实训目的

- 进一步熟悉 QuartusⅡ原理图输入法。
- 进一步巩固 LPM 模块的参数定制方法。

二、实训设备

装有 QuartusⅡ软件的计算机和配合硬件测试的相关实验箱。

三、实训内容

(一) 实训原理

用 LPM 模块，参照单元模块三中的方法设计图 2.160 所示电路并通过编译、仿真和硬件下载。图 2.160 所示电路为 16 位流水线乘法累加器，它由两个 16 位锁存器 LPM_FF、两个 16 位乘法器 LPM_MULT 和一个加减法器 LPM_ADD_SUB 组成。从图中可以看出，两个乘法器的输入数据是完全一样的，而时钟信号 clk 控制进入两个乘法器的数据在时序上相差一个时钟周期，两组乘积利用加减法器 LPM_ADD_SUB 完成累加任务。

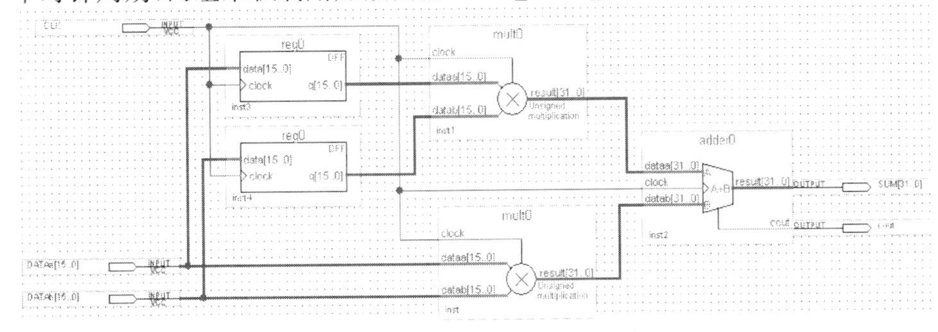

图 2.160　实训项目三：原理图

(二) 实训步骤

根据单元模块一中 QuartusⅡ的原理图输入方法和单元模块 3 宏功能模块应用中所介绍的方法进行下面操作。

1. 设计原理图文件 mult. bdf

(1) 新建工程项目,其工程文件夹为 mult,以 mult. bdf 为顶层实体文件名。

(2) 根据图 2.160,在原理图编辑界面,调出相关 LPM 模块绘制原理图文件 mult. bdf。

2. 编译仿真原理图文件 mult. bdf

(1) 编译原理图文件 mult. bdf,直至编译通过。

(2) 建立波形仿真文件 mult. vwf(如图 2.161 所示),认真核对输入/输出波形,检查设计的电路功能正确与否。(图 2.161 中,当 clk 在第 1 个上升沿,由锁存器锁入的乘数和被乘数为 0,所以在第 2 个上升沿后得到的结果为 sum=0×0+1×1=1;而第 3 个上升沿后得到的结果为 sum=2×2+1×1=5;第 4 个上升沿后得到的结果为 sum=2×2+2×2=8,第 5 个上升沿得到的结果为 sum=3×3+2×2=13,按此方法对照仿真图进行验证)

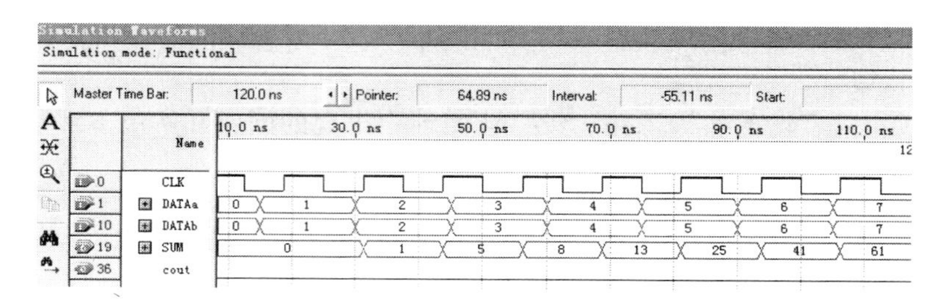

图 2.161 实训项目三:仿真图

四、实训报告

请根据实训结果,将自己完成设计的过程分为几步,在实训报告纸上简单描述每一步的作用或结果,完成实训报告的撰写。

五、实训总结

实验结束后,对自己的实训思路、方法,或实训中出现的问题和解决方法加以论述,也可以对实训题目的难易程度进行总结或提出建议、意见。

模块三

基于 Quartus Ⅱ 的 VHDL 设计初步

模块要求

VHDL 语言翻译成中文就是超高速集成电路硬件描述语言，主要应用在数字电路的设计中。VHDL 主要用于描述数字系统的结构、行为、功能和接口。除了含有许多具有硬件特征的语句外，VHDL 的语言形式、描述风格以及语法十分类似于一般的计算机高级语言。本模块通过实例介绍 VHDL 文本输入设计，以设计常用的简单数字逻辑电路为出发点，介绍 VHDL 的基本语法、语句结构等内容。本模块的要求如下：

(1) 理解并掌握 Quartus Ⅱ 的 HDL 输入法。

(2) 掌握 VHDL 程序设计的基本结构。

(3) 掌握 VHDL 设计组合逻辑和时序逻辑的方法。

任务引入

HDL(硬件描述语言)输入法与原理图输入法一样，也是 Quartus Ⅱ 的常用输入法，有 AHDL、VHDL 和 Verilog HDL 三种，本书主要介绍 VHDL。与原理图输入法相比较，用硬件描述语言进行系统设计更具有一般性、更高效、更适合于大系统和复杂系统设计。VHDL 是一种用普通文本形式设计数字系统的硬件语言，主要用于描述数字系统的结构、行为、功能和接口，可以在任何文字处理软件环境中编辑。除了含有许多具有硬件特征的语句外，其形式、描述风格及语法十分类似于计算机高级语言。

VHDL 程序将一项工程设计项目(或称设计实体)分成描述外部端口信号的可视部分和描述端口信号之间逻辑关系的内部不可视部分，这种将设计项目分成内、外两个部分的概念是硬件描述语言(HDL)的基本特征。当一个设计项目定义了外部界面(端口)，在其内部设计完成后，其他的设计就可以利用外部端口直接调用这个项目。

VHDL 是一种快速的电路设计工具，其功能涵盖了电路描述、电路合成、电路仿真等设计工作。VHDL 具有极强的描述能力，能支持系统行为级、寄存器传输级和逻辑门电路级三个不同层次的设计，能够完成从上层到下层(从抽象到具体)逐层描述的结构化设计思想。VHDL 有良好的可读性，接近高级语言，容易理解。下面以设计一个二输入与门为例，更好地理解 HDL 输入法的特点。

```
ENTITY example_and2 IS        -- 实体名为 example_and2
  PORT(a,b:IN BIT;            -- a、b 是两个输入引脚
       c:OUT BIT);            -- c 是输出引脚
END example_and2;
ARCHITECTURE one OF example_and2 IS
  BEGIN
   c<=a AND b;                -- 结构体 one 描述对应实体 example_and2 的内部功能
END one;
```

上面这个程序即可生成一个二输入与门，程序分为两部分：实体和结构体，实体类似于原理图中的一个部件符号，它不描述设计的具体功能，只描述设计所包含的输入/输出端口及其特征。结构体通过 VHDL 语句描述实体所要求的具体行为和逻辑功能。本模块通过不同任务具体介绍 HDL 输入法、VHDL 程序的基本结构、顺序结构和并行结构。

单元模块一　组合逻辑电路设计

任务一、用 HDL 输入法设计二选一数据选择器

一、设计原理

数据选择器又称为多路转换器或多路开关，它是数字系统中常用的一种典型电路。其主要功能是从多路数据中选择其中一路信号发送出去。所以它是一个多输入、单输出的组合逻辑电路。

二选一数据选择器的元件符号如图 3.1 所示，其中 a、b 是 2 位数据输入端，s 是控制输入端，y 是数据输出端。当 $s=0$ 时，输出 $y=a$；$s=1$ 时，$y=b$。

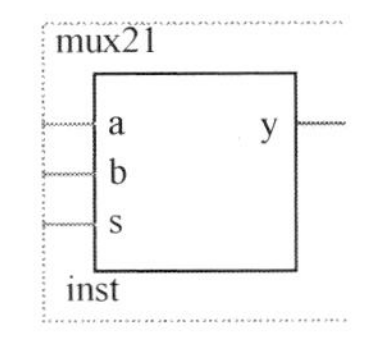

图 3.1　元件符号

通过该任务了解掌握 HDL 输入法的设计流程。

二、建立工程项目

建立工程项目的方法与原理图输入设计中所述类似。首先，在某一磁盘中建立一个文

件夹，用来存放工程中的所有文件，如 E 盘中建立名为 mux21 的文件夹。

运行 Quartus Ⅱ 软件，执行“File”菜单中“New Project Wizard...”命令，如图 3.2 所示。

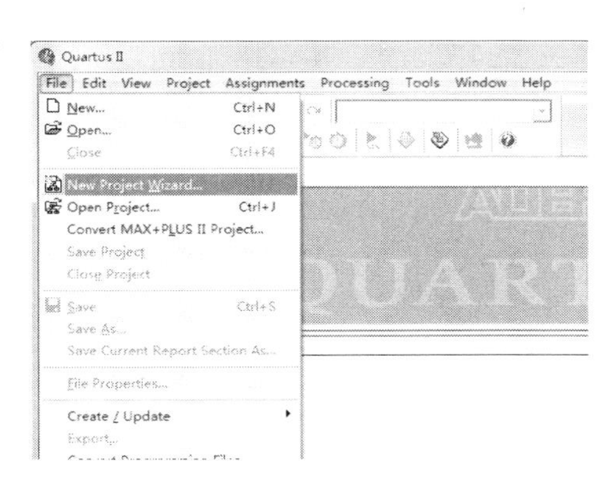

图 3.2　执行“New Project Wizard...”命令

选择“New Project Wizard...”后，弹出对新建向导的说明，单击“Next”按钮，弹出如图 3.3 所示的指定工程名称对话框，其中有三个文本框，分别填写工程所在路径(即 D:\EDA_book\mux21)、工程名、工程顶层设计实体的名称。默认工程名与其顶层设计实体的名称是一致的，只需填写工程名，系统会自动填写顶层设计实体名。

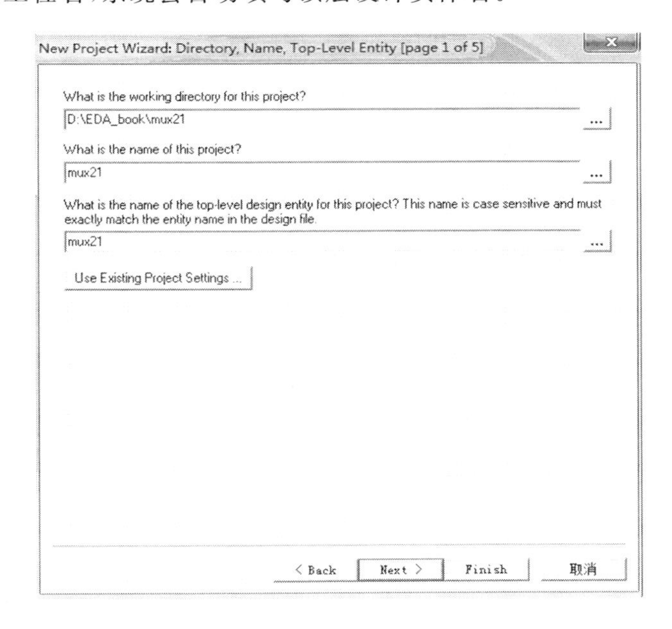

图 3.3　指定工程名称的对话框

单击“Next”按钮，出现如图 3.4 所示的添加工程文件对话框。若已有相应的文件则可选择文件后单击“Add”按钮，若没有相应的文件，可建好工程后再建文件添加。直接单击“Next”按钮进行下一步，选择 FPGA 器件的型号，如图 3.5 所示。

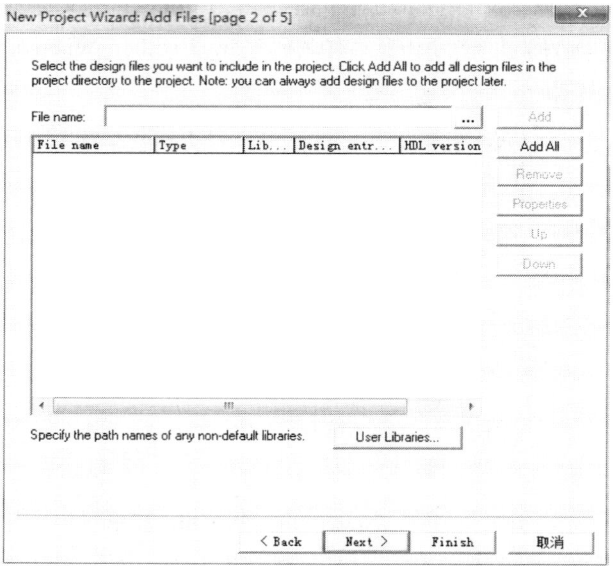

图 3.4 添加工程文件对话框

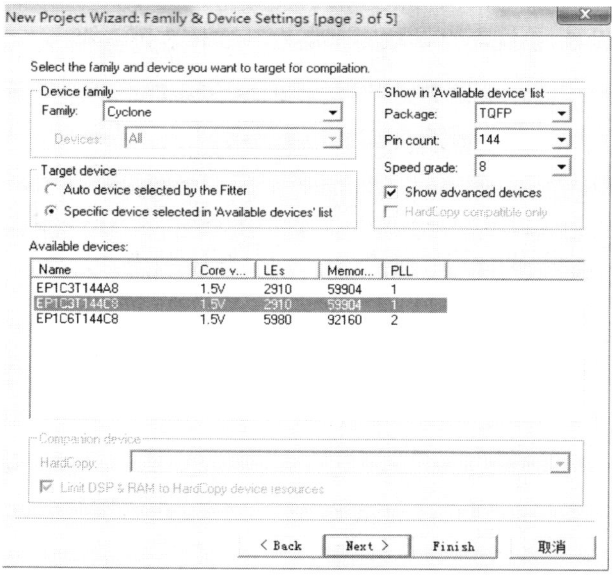

图 3.5 选择 FPGA 器件

在"Family"下拉框中，根据需要选择一种型号的 FPGA，这里选择"Cyclone"的 EP1C3T144C8。单击"Next"按钮，出现如图 3.6 所示的对话框，这是选择其他 EDA 工具的对话框，使用 Quartus Ⅱ的集成环境进行开发，因此不要作任何改动。单击"Next"按钮进入如图 3.7 所示的工程信息总概括对话框。单击"Finish"按钮就建立了一个空的工程项目。

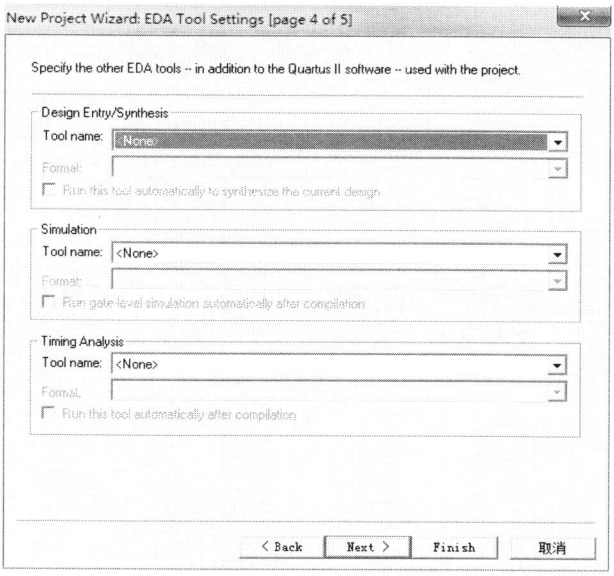

New Project Wizard: EDA Tool Settings [page 4 of 5]

Specify the other EDA tools -- in addition to the Quartus II software -- used with the project.

Design Entry/Synthesis
Tool name: <None>
Format:
Run this tool automatically to synthesize the current design

Simulation
Tool name: <None>
Format:
Run gate-level simulation automatically after compilation

Timing Analysis
Tool name: <None>
Format:
Run this tool automatically after compilation

< Back | Next > | Finish | 取消

图 3.6 选择其他 EDA 工具的对话框

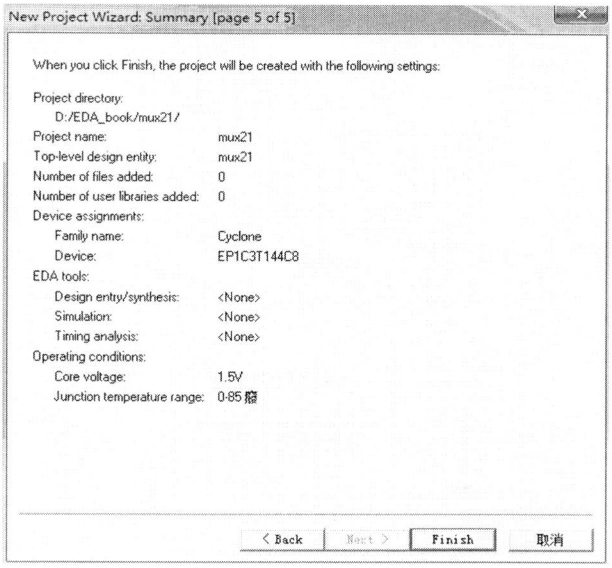

New Project Wizard: Summary [page 5 of 5]

When you click Finish, the project will be created with the following settings:

Project directory:
D:/EDA_book/mux21/
Project name: mux21
Top-level design entity: mux21
Number of files added: 0
Number of user libraries added: 0
Device assignments:
Family name: Cyclone
Device: EP1C3T144C8
EDA tools:
Design entry/synthesis: <None>
Simulation: <None>
Timing analysis: <None>
Operating conditions:
Core voltage: 1.5V
Junction temperature range: 0-85 ℃

< Back | Next > | Finish | 取消

图 3.7 信息总概括对话框

三、编辑设计文件

1. 创建设计文件

如图 3.8 所示，执行“File→New...”命令，弹出如图 3.9 所示的“New”对话框。

选择“VHDL File”，单击“OK”按钮即建立一个空的文件，默认文件名为 Vhdl1.vhd，如图 3.10 所示。执行“File→Save as...”命令，把它另存为文件名是 mux21 的 VHDL 文件，文件后缀为.vhd。选中“Add file to current project”复选框，使该文件添加到刚建立的工程项目中，如图 3.11 所示。

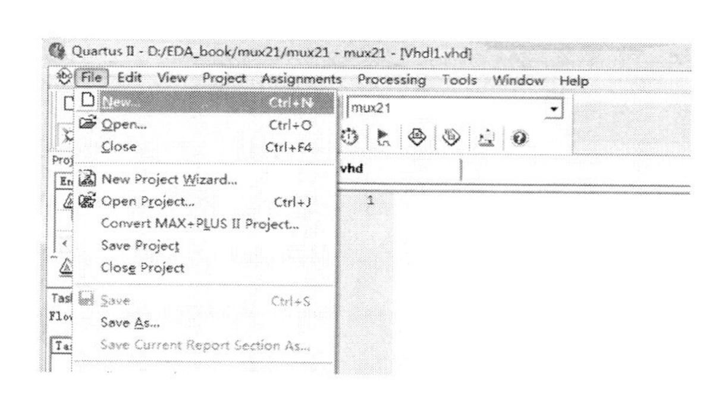

图 3.8　执行"File→New..."命令

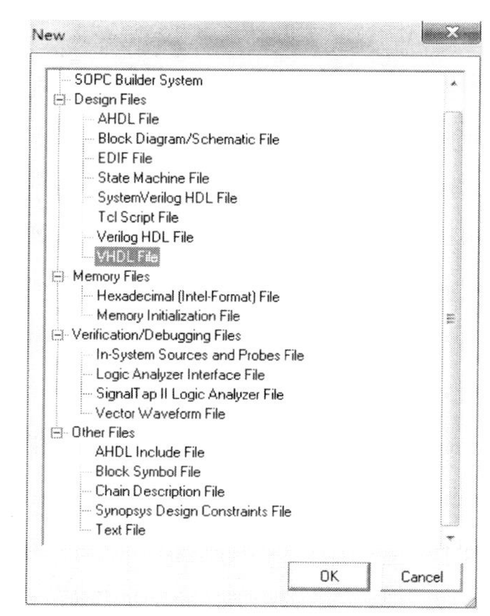

图 3.9　选择设计文件类型为 VHDL File

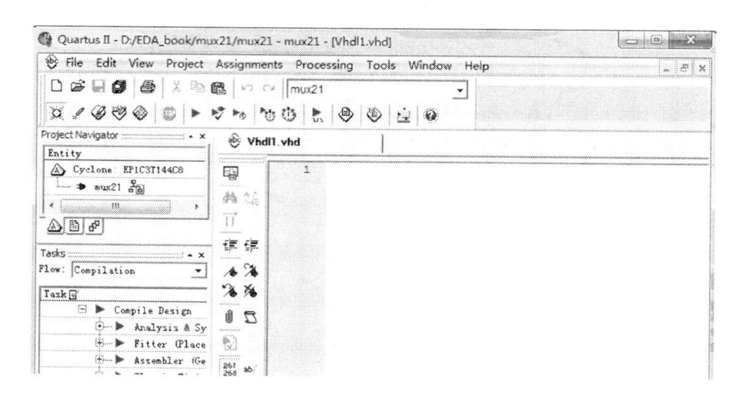

图 3.10　设计文件编辑窗口

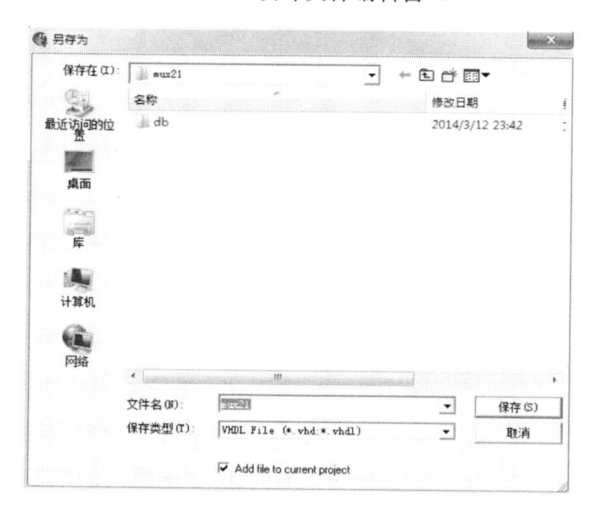

图 3.11　保存文件对话框

2. 编辑 VHDL 文件

在 VHDL 编辑器下输入源代码，并保存，如图 3.12 所示。

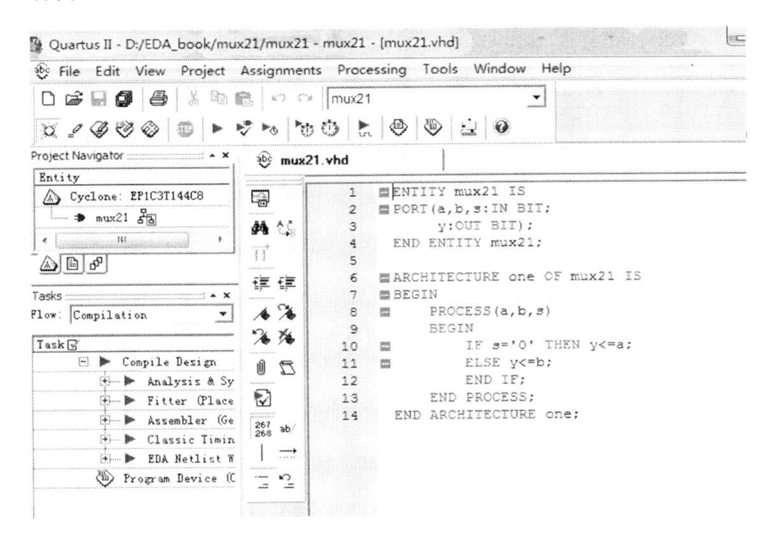

图 3.12　编辑设计文件

源程序如下：

```
ENTITY mux21 IS
PORT(a,b,s:IN BIT;
     y:OUT BIT);
END ENTITY mux21;
ARCHITECTURE one OF mux21 IS
BEGIN
    PROCESS(a,b,s)
    BEGIN
        IF s='0' THEN y<=a;
        ELSE y<=b;
        END IF;
    END PROCESS;
END ARCHITECTURE one;
```

四、编译仿真 VHDL 文件

编译仿真 VHDL 文件的过程与原理图文件的编译仿真过程类似。

1. 编译 VHDL 文件

执行“Processing→Start Compilation”，进行编译。若通过，则进行下一步操作。若不通过，先双击第一个错误提示，可使鼠标出现在第一个错误处附近，检查纠正第一个错误后保存再编译，如果还有错误，重复以上操作，直至最后通过。

2. 仿真 VHDL 文件

执行“File→New...”，选择“Other Files”标签中的“Vector Waveform File”，新建用于仿真的波形文件，然后单击“OK”按钮。添加需要仿真的输入/输出引脚，执行“Edit→End Time...”命令，设置合适的时间，然后执行“Edit→Grid Size...”命令，设置时间单位为 100

ns。设置输入信号波形，保存文件。单击“Assignment→Setting”命令，设置为功能仿真，执行“Processing→Start Simulation”命令，进行仿真，仿真结果如图3.13所示。

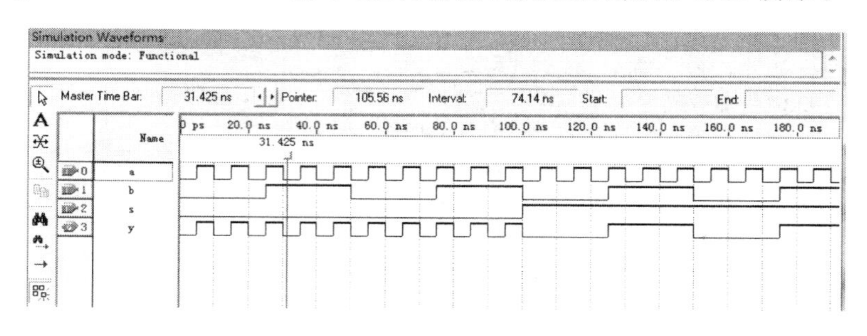

图3.13　仿真结果

五、管脚绑定和硬件下载

1. 管脚绑定

使用GW48 EDA实验箱，选择系统的电路模式No.5，引脚绑定信息为：数据输入端a、b分别与实验箱中的时钟频率$Clock_0$(引脚号93)和$Clock_1$(引脚号17)绑定；控制输入端s与实验箱中的按键1(PIO_0对应管脚pin_1)绑定；数据输出端y与蜂鸣器Speaker(引脚号129)绑定。

2. 硬件下载

保存管脚绑定信息，使用Quartus Ⅱ成功编译工程之后，对Altera器件进行配置，下载到实验箱进行硬件测试。按键1的按下/弹起状态即对应控制输入端s的逻辑值1和0，用跳线帽选择时钟频率$Clock_0$和$Clock_1$分别为1MHz和1 024Hz，按下/弹起按键1时对应蜂鸣器发出不同的声响。

任务二、BCD七段译码器的VHDL描述

一、设计原理

BCD七段译码器的输入是一位BCD码(以D、C、B、A表示)，输出是数码管各段的驱动信号(以F_a～F_g表示)，也称4-7译码器。若用它驱动共阴LED数码管，则输出应为高有效，即输出为高(1)时，相应显示段发光。共阴LED数码管符号及BCD七段译码器电路如图3.14所示。根据组成0～9这10个字形的要求可以列出8421BCD七段译码器的真值表，如表3.1所示(未用码组省略)。

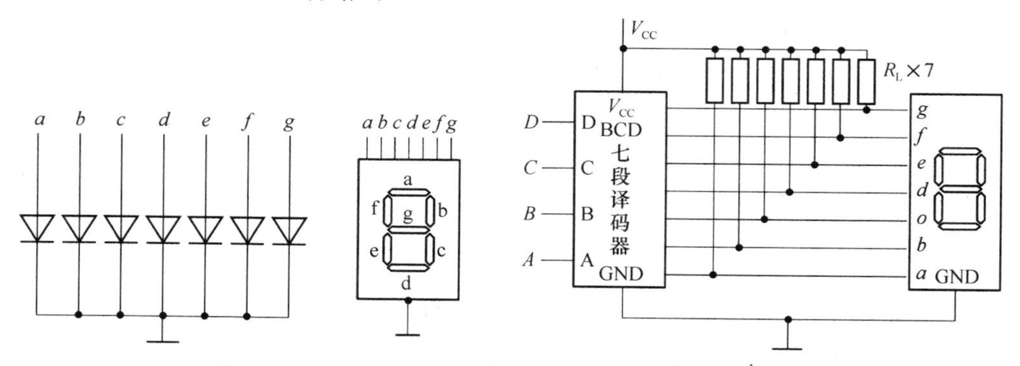

图3.14　BCD七段译码器连接电路

通过此任务掌握 VHDL 程序的基本结构。

表 3.1　BCD 七段译码器真值表

输入					输出							
数字	D	C	B	A	F_a	F_b	F_c	F_d	F_e	F_f	F_g	字形
0	0	0	0	0	1	1	1	1	1	1	0	0
1	0	0	0	1	0	1	1	0	0	0	0	1
2	0	0	1	0	1	1	0	1	1	0	1	2
3	0	0	1	1	1	1	1	1	00		1	3
4	0	1	0	0	0	1	1	0	0	1	1	4
5	0	1	0	1	1	0	1	1	0	1	1	5
6	0	1	1	0	1	0	1	1	1	1	1	6
7	0	1	1	1	1	1	1	0	0	1	0	7
8	1	0	0	0	1	1	1	1	1	1	1	8
9	1	0	0	1	1	1	1	1	0	1	1	9
10	1	0	1	0	1	1	1	0	1	1	1	A
11	1	0	1	1	0	0	1	1	1	1	1	B
12	1	1	0	0	1	0	0	1	1	1	0	C
13	1	1	0	1	0	1	1	1	1	0	1	D
14	1	1	1	0	1	0	0	1	1	1	1	E
15	1	1	1	1	1	0	0	0	1	1	1	F

二、VHDL 程序描述

根据任务一中介绍的 HDL 输入法的设计流程，在路径 D:\EDA_book\DECL 下建立工程文件 DECL7S. qpf，然后创建 VHDL 文件 DECL7S. vhd，编写如下源程序，保存并编译，创建仿真文件验证 BCD 七段译码器的功能，其仿真效果如图 3.15 所示。

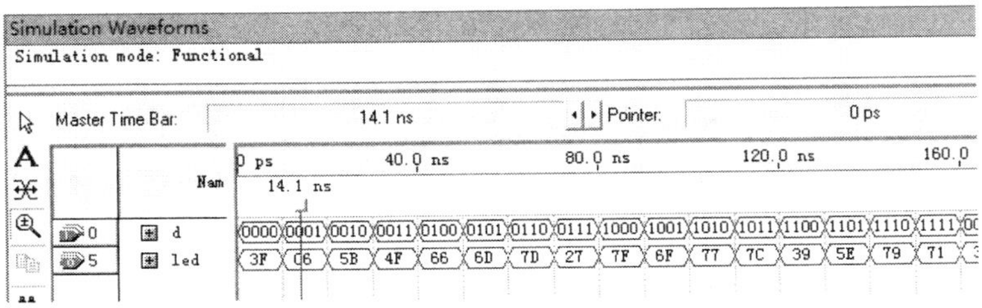

图 3.15　BCD 七段译码器功能时序波形

BCD 七段译码器的 VHDL 描述：

```
--库和程序包部分
LIBRARY ieee;
USE ieee.std_logic_1164.ALL;
--实体部分
ENTITY DECL7S IS
  PORT(d:IN  STD_LOGIC_VECTOR(3 DOWNTO 0);
      led:OUT STD_LOGIC_VECTOR(6 DOWNTO 0) );
END;
--结构体部分
ARCHITECTURE behave OF DECL7S IS
BEGIN
  PROCESS(d)
  BEGIN
    CASE d IS
          WHEN "0000"=>led<="0111111";      --0 的 BCD 七段码
          WHEN "0001"=>led<="0000110";      --1 的 BCD 七段码
          WHEN "0010"=>led<="1011011";      --2 的 BCD 七段码
          WHEN "0011"=>led<="1001111";      --3 的 BCD 七段码
          WHEN "0100"=>led<="1100110";      --4 的 BCD 七段码
          WHEN "0101"=>led<="1101101";      --5 的 BCD 七段码
          WHEN "0110"=>led<="1111101";      --6 的 BCD 七段码
          WHEN "0111"=>led<="0100111";      --7 的 BCD 七段码
          WHEN "1000"=>led<="1111111";      --8 的 BCD 七段码
          WHEN "1001"=>led<="1101111";      --9 的 BCD 七段码
          WHEN "1010"=>led<="1110111";      --A 的 BCD 七段码
          WHEN "1011"=>led<="1111100";      --B 的 BCD 七段码
          WHEN "1100"=>led<="0111001";      --C 的 BCD 七段码
          WHEN "1101"=>led<="1011110";      --D 的 BCD 七段码
          WHEN "1110"=>led<="1111001";      --E 的 BCD 七段码
          WHEN "1111"=>led<="1110001";      --F 的 BCD 七段码
          WHEN OTHERS=>NULL;
    END CASE;
  END PROCESS;
END behave;
```

第一部分是库和程序包。库是程序包的集合，不同的库有不同类型的程序包。程序包是用 VHDL 语言编写的共享文件，定义结构体或实体中要用到的数据类型、运算符、元件、子程序等。USE 是调用程序包的语句。

第二部分是实体，实体中定义了一个设计模块的外部输入和输出端口，即模块(或元件)的外部特征，描述了一个元件或一个模块与其他部分(模块)之间的连接关系，可以看作是输入输出信号和芯片管脚信息。一个设计可以有多个实体，只有处于最高层的实体成为顶层实体，EDA 工具的编译和仿真都是对顶层实体进行的。处于低层的各个实体都可作为单个元件,被高层实体调用。顶层实体名要与项目文件名相同,并符合标识符规则。实体以 ENTITY 开头,以 END 结束。

注意:

a. 标识符:表示常数、变量、信号、端口、子程序或参数的名字。有效字符包括全部大小写英文字母且不区分大小写,数字 0~9 及下划线。

b. 标识符规则:①应以英文字母开头,下画线只能放在字母或数字之间;②允许包含图形符号如回车符、换行符、空格符;③不能使用 VHDL 中的关键字;④标识符的下标加括号表示。

第三部分是结构体,结构体主要用来说明元件内部的具体结构和逻辑功能,即对元件内部的逻辑功能进行说明,是程序设计的核心部分。结构体以 ARCHITECTURE 开头,以 END 结束。

两条短画线是注释标识符,其右侧内容是对程序的具体注释,并不执行。所有语句都是以分号结束,另外程序中不区分字母的大小写。

三、程序结构

一个 VHDL 程序必须包括实体(ENTITY)和结构体(ARCHITECTURE),多数程序还要包含库(LIBRARY)和程序包(PACKAGE)。对某一实体,如果给出多种不同形式的结构体描述,在调用该实体时可以根据需要选择其中某一个结构体,这时还需要在程序中添加配置(CON_FIGURATION)部分。

1. 实体

VHDL 描述的对象称为实体,可代表任何电路,从一条连接线、一个门电路、一个芯片、一块电路板,到一个复杂系统都可看成一个实体。实体类似于原理图中的一个部件符号,它不描述设计的具体功能,只描述设计所包含的输入/输出端口及其特征。实体中的每一个 I/O 信号被称为端口,其功能对应于电路图符号的一个引脚。端口说明则是对一个实体的一组端口的定义,即对基本设计实体与外部接口的描述。端口是设计实体和外部环境动态通信的通道。

实体的语法格式:

```
ENTITY 实体名 IS
  [GENERIC(类属说明)]
  PORT(端口说明);
  实体说明部分;
END [ENTITY] [实体名];
```

其中,ENTITY、IS、GENERIC、PORT、END ENTITY 都是描述实体的关键词,在编译中,关键词不区分大小写。实体名是设计者自己给设计实体的命名,其他设计实体可对该设计实体进行调用。实体名最好根据电路功能来定义,便于分析程序。中间的方括号内的语句描述为可选项,可以缺省。

(1) 类属说明

类属说明是实体说明的一个可选项,主要在一般性的设计时用到,通过改变这些类属参数可适应不同的情况要求。主要为设计实体指定参数,多用来定义端口宽度、实体中元件的数目、器件延迟时间等。使用类属说明可以使设计具有通用性。例如,在设计中有一些参数事先不能确定，为了简化设计和减少VHDL源代码的书写量，通常编写通用的VHDL源代码，源代码中这些参数是待定的，在仿真时只要用GENERIC语句将待定参数初始化即可。

类属说明语句的格式如下：

```
GENERIC(常数名 1:数据类型 1:= 设定值 1;
        …
常数名 n:数据类型 n:= 设定值 n);
```

例如，

```
GENERIC(n:POSITIVE:=8); -- 声明一个类属参数
```

(2) 端口说明

端口说明也是实体说明的一个可选项，描述所设计的电路与外部电路的接口，指定其输入/输出端口或引脚。实体与外界交流的信息必须通过端口输入或输出，端口的功能相当于元件的管脚。实体中的每一个输入、输出信号都被称为一个端口，一个端口就是一个数据对象。端口可以被赋值，也可以作为信号用在逻辑表达式中。

端口说明语句格式如下：

```
PORT(端口信号名 1:端口模式 1 数据类型 1;
             …
    端口信号名 n:端口模式 n 数据类型 n);
```

端口信号名是设计者为实体的每一个对外通道所取的名字；端口模式是指这些通道上的信号传输方向，共有4种传输方向，如表3.2所示。数据类型约束信号可以执行的运算操作，VHDL中将数据类型分为预定义类型和用户自定义类型两大类，这两类都在VHDL的标准程序包中做了定义，设计时可随时调用，具体分类如表3.3所示。

表3.2　端口信号传输方向

方向定义	说　明	备　注
IN	单向输入模式，将变量或信号信息通过该端口读入实体	IN相当于电路中只允许输入的管脚
OUT	单向输出模式，信号通过该端口从实体输出	OUT相当于只允许输出的管脚
INOUT	双向输入输出模式，既可以输入端口，还可以输出端口	INOUT相当于双向管脚，是在普通输出端口基础上增加一个三态输出缓冲器和一个输入缓冲器构成的，既可以作输入端口，也可以作输出端口，通常在具有双向传输数据功能的设计实体中使用，如含有双向数据总线的单元
BUFFER	缓冲输出模式，具有回读功能的输出模式，可作为输入端口，也可作为输出端口	BUFFER是带有输出缓冲器并可以回读的管脚，是INOUT的子集，BUFFER类的信号在输出到外部电路的同时，也可以被实体本身的结构体读入，这种类型的信号常用来描述带反馈的逻辑电路，如计数器等

表 3.3　数据类型分类

分类	数据类型		含义
预定义(STANDARD 程序包中,使用时不必通用 USE 语句进行调用)	整数	INTEGER	整数$-(2^{31}-1)\sim(2^{31}-1)$
	实数	REAL	浮点数-1.0E38～1.0E38
	位	BIT	逻辑 0 或 1
	位矢量	BIT_VECTOR	用双引号括起来的一组位数据
	布尔量	BOOLEAN	逻辑真或逻辑假,只能通过关系运算获得
	字符	CHARACTER	ASC Ⅱ 字符,所定义的字符量通常用单引号括起来
	字符串	STRING	由双引号括起来的一个字符序列
	正整数	NATURAL	整数的子集(大于 0 的整数)
	时间	TIME	时间单位:fs、ps、ns、ms、s、min、h
	错误等级	SEVERITY LEVEL	用于指示系统的工作状态
预定义(IEEE 库中,必须调用 IEEE 中相应的程序包)	标准逻辑位	STD_LOGIC	扩展定义了 9 种值,符号和含义分别为:“U”表示未初始化;“X”表示不定;“0”表示低电平;“1”表示高电平;“Z”表示高电阻;“W”表示弱信号不定;“L”表示弱信号低电平;“H”表示弱信号高电平;“—”表示可忽略(任意)状态
	标准逻辑位向量	STD_LOGIC_VECTOR	必须说明位宽和排列顺序,数据要用双引号括起来
	无符号	UNSIGNED	由 STD_LOGIC 数据类型构成的一维数组,表示一个自然数
	有符号	SIGNED	表示一个带符号的整数,其最高位是符号位(0 代表正整数,1 代表负整数),用补码表示数值
用户自定义	枚举类型	ENUMERATED	定义中,直接列出数据的所有取值
	数组类型	ARRAY	将相同类型的数据集合在一起所形成的一个新数据类型,可以是一维的,也可以是多维的
	用户自定义子类型		用户若对自己定义的数据作一些限制,由此就形成了原自定义数据类型的子类型

2. 结构体

结构体通过 VHDL 语句描述实体所要求的具体行为和逻辑功能,描述各元件之间的连接。一个实体中可以有一个结构体,也可以有多个结构体,但各个结构体不应有重名,结构体之间没有顺序上的差别。

结构体的语法格式:

```
  ARCHITECTURE  结构体名 OF 实体名 IS
        [声明语句]
BEGIN
功能描述语句
END [ARCHITECTURE] 结构体名;
```

其中,ARCHITECTURE、OF、IS、BEGIN、END ARCHITECTURE 都是结构体的关键词,在描述时必须包含。

(1) 声明语句

声明语句是一个可选项,位于关键字 ARCHITECTURE 和 BEGIN 之间,用来定义结构体中的各项内部使用元素,如数据类型(TYPE)、常数(CONSTAND)、变量(VARIABLE)、信号(SIGNAL)、元件(COMPONENT)、过程(POCEDURE)和进程(PROCESS)等。

(2) 功能描述语句

功能描述语句位于 BEGIN 和 END 之间,是必需的,具体描述结构体(电路)的行为(功能)及其连接关系,主要使用信号赋值、块(BLOCK)、进程(PROCESS)、元件例化(COMPONENT MAP)及子程序调用等五类语句。结构体用 3 种方式对设计实体进行描述,分别是行为描述、寄存器传输描述和结构描述。

注意:所说明的内容只能用于这个结构体,若要使这些说明也能被其他实体或结构体所引用,则需要先把它们放入程序包。在结构体中也不要把常量、变量或信号定义成与实体端口相同的名称。

行为描述是以算法的形式来描述数据变换的,也就是说结构体只描述所希望电路的功能,而不直接指明或涉及实现这些功能的硬件结构,包括硬件特性、连线方式和逻辑行为方式。这种描述方式通常由一个或多个进程构成,每一个进程又包含一系列顺序语句。

数据流描述是按照数据流动的方向来进行描述的,这种描述也称 RTL 描述方式,是规定设计中的各种寄存器形式为特征,然后在寄存器之间插入组合逻辑,一般地 VHDL 的 RTL 描述方式类似于布尔方程,可以描述时序电路,也可以描述组合电路。这种描述风格是建立在用并行信号赋值语句描述基础上的,当语句中任一输入信号的值发生改变时,赋值语句就被激活。数据流描述方式能比较直观地表达底层逻辑行为。

结构描述是按照逻辑元件的连接进行描述的,是基于元件例化语句或生成语句的应用,利用这种语句可以用不同类型的结构来完成多层次的工程,即从简单的门到非常复杂的元件包括各种已完成的设计实体子模块来描述整个系统,元件间的连接是通过定义的端口界面来实现的,其风格最接近实际的硬件结构。

例 3.1 用行为描述、寄存器传输描述和结构描述三种不同的描述方式,描述三输入“与非”门电路。

——行为描述(如图 3.16 所示)

```
ARCHITECTURE behave OF nand3 IS
BEGIN
    PROCESS (a, b, c)
    BEGIN
      IF (a = '1' AND b = '1' AND c = '1') THEN
           y<= '0';
      ELSE
           y<= '1';
      END IF;
    END PROCESS;
END behave;
```

——数据流描述(如图 3.17 所示)

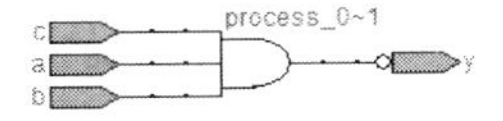

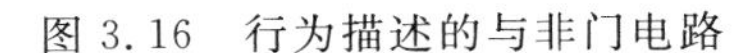

图 3.16 行为描述的与非门电路

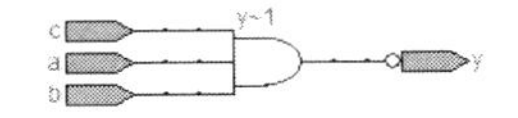

图 3.17 数据流描述的与非门电路

```
ARCHITECTURE rtl OF nand3 IS
BEGIN
    y< = NOT (a AND b AND c);
END rtl;
```

——结构描述方式(如图 3.18 所示)

```
ARCHITECTURE structure OF nand3 IS
    SIGNAL temp: BIT;
    COMPONENT and3 IS
        PORT (a1, b1, c1: IN BIT;
                          y1: OUT BIT);
        END COMPONENT;
        COMPONENT inv IS
        PORT (a2: IN BIT;
                    y2: OUT BIT);
        END COMPONENT;
BEGIN
  u1: and3 PORT MAP (a, b, c, temp);
  u2: inv PORT MAP (temp, y);
END structure;
```

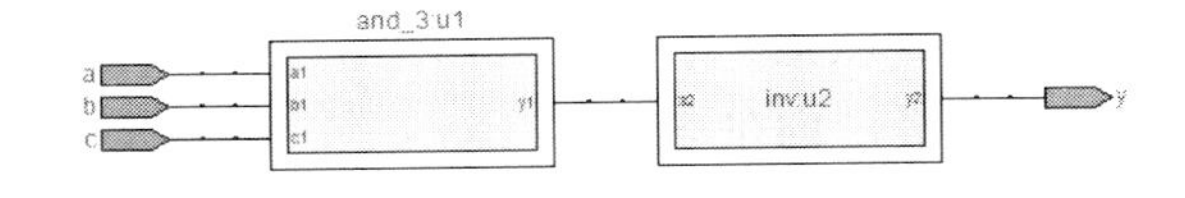

图 3.18 结构描述的与非门电路

3. 库

库是专门用于存放预先编译好的程序包的地方,对应一个文件目录,程序包的文件就放在此目录中,其功能相当于共享资源的仓库,所有已完成的设计资源只有存入某个“库”内才可以被其他实体共享。库中主要包括预先定义好的数据类型,子程序设计单元的集合体(程序包),或预先设计好的各种设计实体等,库的说明一般放在设计单元的最前面。

库的语法格式:

LIBRARY<设计库名>;

VHDL 中常见的库主要包括以下三类:IEEE 库、WORK 库和 STD 库。

(1) IEEE 库。IEEE 库是使用最为广泛的资源库,包含 IEEE 标准的 STD_LOGIC_1164、NUMERIC_BIT、NUMERIC_STD 以及其他一些支持工业标准的程序包。其中 STD_LOGIC_1164 是设计人员最常使用和最重要的程序包,大部分程序都是以此程序包中设定的标准为设计基础。该包主要定义了一些常用的数据类型和函数,如 STD_LOGIC、STD_

ULOGIC、STD_LOGIC_VECTOR、STD_ULOGIC_VECTOR 等。

(2) STD 库。STD 库是 VHDL 语言标准库，该库中包含了 STANDARD 和 TEXTIO 两个标准程序包。程序包 STANDARD 中定义了 VHDL 的基本的数据类型，如字符(character)、整数(integer)、实数(real)、位(bit)和位矢量(bit_vector)等。用户在程序中可以随时调用 STANDARD 包中的内容，无须说明。程序包 TEXTIO 中定义了对文本文件进行读、写控制的数据类型和子程序。用户在程序中调用 TEXTIO 包中的内容，需要使用 USE 语句说明。

(3) WORK 库。WORK 库是 VHDL 的标准资源库，可以用来临时保存以前编译过的单元和模块，一般使用 WORK 库不需要说明。用户自己设计的模块可以放在该库中，若使用用户定义的元件和模块时，需要使用 USE 语句说明。

4. 程序包

实体中定义的各种数据类型、子程序和元件调用说明只能局限在该实体内或结构体内调用，其他实体不能使用。出于资源共享的目的，VHDL 提供程序包。程序包是用 VHDL 语言编写的一段程序，可以供其他设计单元调用和共享，相当于公用的“工具箱”，各种已定义的常数、数据类型、子程序一旦放入程序包，就成为共享的“工具”，各个实体都可以使用程序包定义的“工具”，类似于 C 语言的头文件。

调用程序包的格式：

• 格式 1

```
USE 库名.程序包名.项目名；-- 使用库中某个程序包中某个项目
```

• 格式 2

```
USE 库名.程序包名.ALL；-- 使用库中某个程序包的所有项目
```

常用的 IEEE 标准库中存放如下程序包：

(1) STD_LOGIC_1164 程序包。STD_LOGIC_1164 程序包定义了一些数据类型、子类型和函数。数据类型包括：STD_LOGIC、STD_ULOGIC、STD_LOGIC_VECTOR、STD_ULOGIC_VECTOR，用得最多最广的是 STD_LOGIC 和 STD_LOGIC_VECTOR 数据类型。该程序包预先在 IEEE 库中编译，是 IEEE 库中最常用的标准程序包，其数据类型能够满足工业标准，非常适合 CPLD 或 FPGA 器件的多值逻辑设计结构。

(2) STD_LOGIC_ARITH 程序包。该程序包是预先编译在 IEEE 库中。主要是在 STD_LOGIC_1164 程序包的基础上扩展了 SIGNED(符号)、UNSIGNED(无符号)和 SMALL_INT(短整型)3 个数据类型，并定义了相关的算术运算符和转换函数。

(3) STD_LOGIC_SIGNED 程序包。该程序包是预先编译在 IEEE 库中。主要定义有符号数的运算，重载后可用于 INTEGER(整数)、STD_LOGIC(标准逻辑位)和 STD_LOGIC_VECTOR(标准逻辑位向量)之间的混合运算，并且定义了 STD_LOGIC_VECTOR 到 INTEGER 的转换函数。

(4) STD_LOGIC_UNSIGNED 程序包。该程序包用来定义无符号数的运算，其他功能与 STD_LOGIC_SIGNED 程序包相似。

5. 配置

配置是在一个实体有几个结构体时，用来为实体指定在特定的情况下使用哪个特定的结构体。在仿真时可利用配置为实体选择不同的结构体。为满足不同设计阶段或不同场合的需要，对某一个实体，可以给出几种不同的结构体描述，这样在其他实体调用该实体时，可以根据需要选择其中某一个结构体，选择不同的结构体以便进行性能比较，确定性能最佳的结构体。此过程由配置语句完成。

配置语句的格式是：

```
CONFIGURATION 配置名 OF  实体名 IS
   配置说明
END 配置名；
```

例 3.2　描述一个两输入与门的设计实体中采用两种不同的逻辑描述方法构成的结构体，用配置语句为特定需求指定特定结构体。

```
LIBRARY IEEE;
USE IEEE.STD_LOGIC_1164.ALL;
ENTITY example_and IS
  PORT(a,b:IN std_logic;
          c:OUT std_logic);
END;
ARCHITECTURE one OF example_and IS
BEGIN
     c<=a AND b;
END;
ARCHITECTURE two OF example_and IS
BEGIN
     PROCESS(a,b)
     BEGIN
     IF (a='1' AND b='1') THEN c<='1';
     ELSE  c<='0';
     END IF;
     END PROCESS;
END;
CONFIGURATION FIRST OF example_and IS
     FOR one
     END FOR;
END;
CONFIGURATION SECOND OF example_and IS
     FOR two
     END FOR;
END;
```

结构体 one 和 two 采用不同的描述方式，但是逻辑功能相同。若指定配置名为 FIRST，则为实体 example_and 配置结构体为 one，若指定配置名为 SECOND，则为实体 example_and配置结构体为 two。

四、相关语句说明

1. 进程语句

进程语句是 VHDL 程序设计中应用最频繁，也是最能体现硬件描述语言特点的一种语句。一个结构体内可以包含多个进程语句，多个进程之间是同时执行的。进程语句本身是并行语句，但每个进程的内部则由一系列顺序语句构成。

进程语句的格式如下：

```
[进程名]：PROCESS（敏感信号表）
        进程说明；        --说明用于该进程的常数、变量和子程序
BEGIN
        变量和信号赋值语句；
        顺序语句；
END PROCESS [进程名]；
```

进程语句的主要特点：

（1）为启动进程，进程的结构中必须至少包含一个敏感信号。

（2）同一结构体中的各个进程之间是并发执行的，并且都可以使用实体说明和结构体中所定义的信号；而同一进程中的描述语句则是顺序执行的，并且在进程中只能设置顺序语句。

（3）一个结构体中的各个进程之间可以通过信号或共享变量来进行通信，但任一进程说明部分不允许定义信号和共享变量。

2. CASE 语句

CASE 语句是一种多分支开关语句，可根据满足的条件直接选择多个顺序语句中的一个执行。CASE 语句可读性好，很容易找出条件和动作的对应关系，经常用来描述总线、编译和译码等行为。

CASE 语句的格式如下：

```
 CASE  表达式  IS
   WHEN  条件选择值 1 =>顺序语句 1；
   WHEN   条件选择值 2 =>顺序语句 2；
   WHEN  条件选择值 3 =>顺序语句 3；
              …
   WHEN  OTHERS =>顺序语句 n；
END  CASE；
```

执行 CASE 语句时，先计算 CASE 和 IS 之间表达式的值，当表达式的值域某一个条件选择值相同（或在其范围内）时，程序将执行对应的顺序语句。

其中 WHEN 的条件选择值有以下四种形式：

（1）单个数值，如 WHEN 3。

（2）并列数值，如 WHEN 1 ｜ 2，表示取值 1 或者 2。

（3）数值选择范围，如 WHEN(1 TO 3)，表示取值为 1、2 或者 3。

（4）其他取值情况，如 WHEN OTHERS。若 CASE 语句中的选择值不能覆盖条件表达式的值，则用“OTHERS”作为最后一个条件取值，“OTHERS”的选择值只能出现一次，常出现在 END CASE 之前。

注意：

a. 语句中的=>不是运算符，只相当于 THEN 的作用。

b. CASE 语句只能在进程中使用，其中表达式的值一定在条件选择值范围内。CASE

语句执行中必须能够选中且只能选中所列条件语句中的一条。

例 3.3　用进程语句和 CASE 语句设计一个 4 路数据分配器。

```
LIBRARY ieee;
USE ieee.std_logic_1164.ALL;
ENTITY demulti_4v IS
    PORT(d:IN  STD_LOGIC;
      s:IN  STD_LOGIC_VECTOR(1 DOWNTO 0);
      y0,y1,y2,y3:OUT  STD_LOGIC);
END demulti_4v;
ARCHITECTURE behave OF demulti_4v IS
BEGIN
   PROCESS(s,d)
   BEGIN
      CASE  s  IS
      WHEN    "00" => y0 <= d; y1 <= '0'; y2 <= '0'; y3 <= '0';
      WHEN    "01" => y0 <= '0'; y1 <= d; y2 <= '0'; y3 <= '0';
      WHEN    "10" => y0 <= '0'; y1 <= '0'; y2 <= d; y3 <= '0';
      WHEN  OTHERS => y0 <= '0'; y1 <= '0'; y2 <= '0'; y3 <= d;
      END CASE;
  END PROCESS;
END behave;
```

其功能仿真波形如图 3.19 所示。控制信号 s 为 00 时 y_0 输出 d，s 为 01 时 y_1 输出 d，s 为 10 时 y_2 输出 d，s 为 11 时 y_3 输出 d。

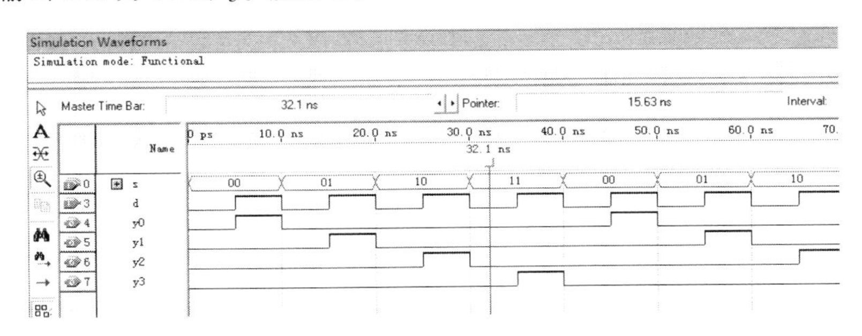

图 3.19　数据分配器的功能仿真波形图

任务三、3 线-8 线译码器的 VHDL 描述

一、设计原理

前面介绍了七段显示译码器，它主要是将输入二进制码翻译成数字显示，一般是译码器配合七段显示数码管使用。而 3 线-8 线译码器主要是把输入二进制码翻译成对应的高低电平信号输出。3 线-8 线译码器中，C、B、A 是译码器的三个输入信号，$\bar{Y}_0 \sim \bar{Y}_7$ 是八个输出信号，g_1、g_{2a}、g_{2b}为允许控制信号，当 $g_1=1$、$g_{2a}=0$、$g_{2b}=0$ 时，译码器工作，y 为输出信号；否则，输出全是高电平。表 3.4 是 3 线-8 线译码器的真值表。

表 3.4　3 线-8 线译码器的真值表

输入					输出							
g_1	$\overline{g}_{2a}+\overline{g}_{2b}$	C	B	A	$\overline{Y}_0$	$\overline{Y}_1$	$\overline{Y}_2$	$\overline{Y}_3$	$\overline{Y}_4$	$\overline{Y}_5$	$\overline{Y}_6$	$\overline{Y}_7$
×	1	×	×	×	1	1	1	1	1	1	1	1
0	×	×	×	×	1	1	1	1	1	1	1	1
1	0	0	0	0	0	1	1	1	1	1	1	1
1	0	0	0	1	1	0	1	1	1	1	1	1
1	0	0	1	0	1	1	0	1	1	1	1	1
1	0	0	1	1	1	1	1	0	1	1	1	1
1	0	1	0	0	1	1	1	1	0	1	1	1
1	0	1	0	1	1	1	1	1	1	0	1	1
1	0	1	1	0	1	1	1	1	1	1	0	1
1	0	1	1	1	1	1	1	1	1	1	1	0

二、VHDL 程序描述

根据 HDL 输入法的设计流程，在路径 D:\EDA_book\decoder3_8 下建立工程文件 decoder3_8.qpf，然后创建 VHDL 文件 decoder3_8.vhd，编写如下源程序，保存并编译，创建仿真文件验证 3 线-8 线译码器的功能。

3 线-8 线译码器的 VHDL 描述：

—描述一，采用 CASE 语句完成，其功能仿真效果如图 3.20 所示。

```
LIBRARY ieee;
USE ieee.std_logic_1164.ALL;
ENTITY decoder3_8 IS
      PORT(a,b,c,g1,g2a,g2b:IN STD_LOGIC;
            y: OUT STD_LOGIC_VECTOR(7 downto 0));
END decoder3_8;
ARCHITECTURE one OF decoder3_8 IS
   SIGNAL dz:STD_LOGIC_VECTOR(2 downto 0);
BEGIN
     dz<=c&b&a;
     PROCESS(dz,g1,g2a,g2b)
     BEGIN
         IF(g1='1' and g2a='0' and g2b='0') THEN
         CASE dz IS
             WHEN "000"=>y<="11111110";
             WHEN "001"=>y<="11111101";
             WHEN "010"=>y<="11111011";
             WHEN "011"=>y<="11110111";
             WHEN "100"=>y<="11101111";
             WHEN "101"=>y<="11011111";
             WHEN "110"=>y<="10111111";
             WHEN "111"=>y<="01111111";
```

```
            WHEN others => y <= "XXXXXXXX";
          END CASE;
        ELSE
          y <= "11111111";
        END IF;
    END PROCESS;
END one;
```

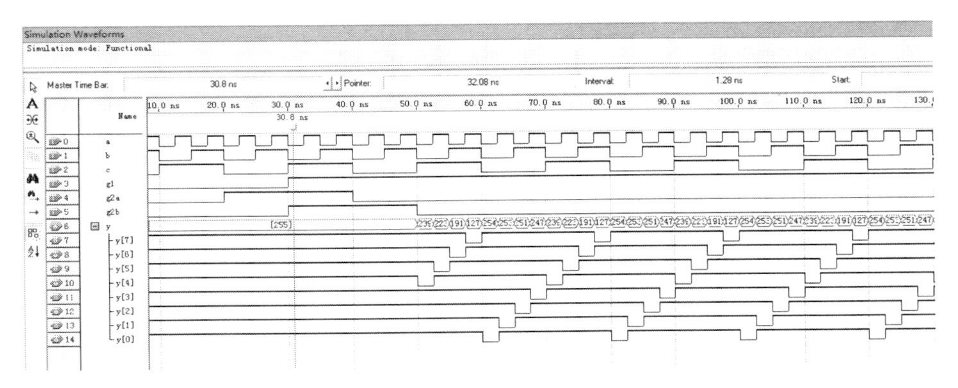

图 3.20　3 线-8 线译码器的功能时序波形

—描述二，采用选择信号赋值语句完成，其功能仿真效果如图 3.21 所示。

```
LIBRARY ieee;
USE ieee.std_logic_1164.ALL;
ENTITY decoder3_8 IS
    PORT(g1,g2a,g2b:IN STD_LOGIC;
              dz:IN STD_LOGIC_VECTOR(2 downto 0);
              y: OUT STD_LOGIC_VECTOR(7 downto 0));
END decoder3_8;
ARCHITECTURE one OF decoder3_8 IS
    SIGNAL y_n:STD_LOGIC_VECTOR(7 downto 0);
BEGIN
    WITH  dz  SELECT
    y_n <= "11111110"   WHEN   "000",
    "11111101" WHEN  "001",
    "11111011" WHEN  "010",
    "11110111" WHEN  "011",
    "11101111" WHEN  "100",
    "11011111" WHEN  "101",
    "10111111" WHEN  "110",
    "01111111" WHEN  "111",
    "11111111" WHEN OTHERS;
    y <= y_n WHEN  ((g1 AND(NOT g2a)AND(NOT g2b)) = '1')
    ELSE  "11111111";
END one;
```

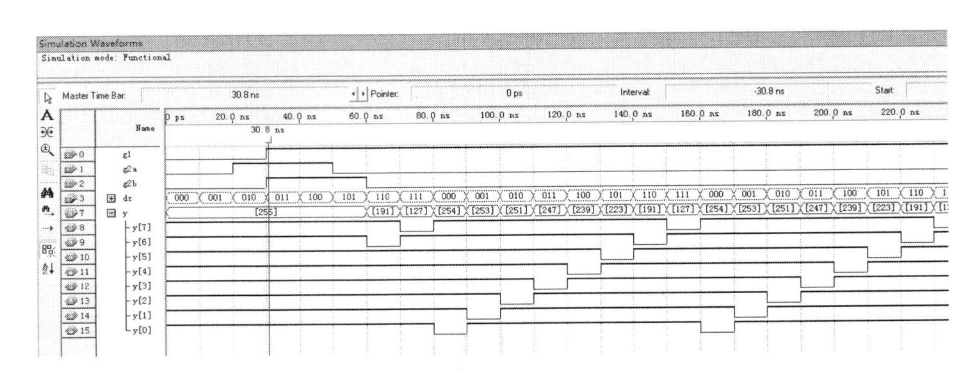

图 3.21　3 线-8 线译码器的功能时序波形

三、相关语句说明

1. 信号

在描述一中，ARCHITECTURE 和 BEGIN 之间有如下语句：

```
SIGNAL dz ：STD_LOGIC_VECTOR(2 downto 0)；
```

这是信号声明语句，声明在结构体内部中使用的信号量 dz。

信号是描述硬件系统的基本数据对象，是设计实体中并行语句模块间的信息交流通道。通常可认为信号是电路中的一根连接线。信号有外部端口信号和内部信号之分：外部端口信号是设计单元电路的管脚或称为端口，在程序实体中定义，有 IN、OUT、INOUT、BUFFER 等 4 种信号流动方向，其作用是在设计的单元电路之间实现互联。外部端口信号供给整个设计单元使用，属于全局量；内部信号是用来描述设计单元内部的信息传输，除了没有外部端口信号的流动方向外，其他性质与外部端口信号一致。内部信号可以在程序包体、结构体和块语句中声明，使用范围与其在程序中的位置有关。如果只在结构体中声明，则可以供整个结构体使用；如果在块语句中声明的信号，只能在块内使用。

信号声明的格式如下：

```
SIGNAL 信号名[，信号名…]：数据类型 [约束条件][：= 表达式]；
```

其中，[，信号名…]表示可选项，即多个相同数据类型的信号可以同时声明；数据类型是说明信号所具有的类型；[约束条件]是个可选项，通常限定信号的取值范围；[：＝ 表达式]也是可选项，用于对信号赋初值。例如，

```
SIGNAL a,b：INTEGER ：RANGE 0 TO 7 ：＝5；
SIGNAL ground：  BIT：＝'0'；
```

第一条语句定义整数类型信号 a、b，取值范围限定在 0～7，并赋初值 5；第 2 条语句定义位信号 ground 并赋初值 0。

2. 信号赋值语句

赋值语句是将一个值或者一个表达式的结果传递给某一个数据对象，数据实体内部的传递以及对端口外的传递都必须通过赋值语句来实现。信号赋值语句有 3 种形式：简单信号赋值语句、条件信号赋值语句和选择信号赋值语句。三种语句的共同点是赋值目标必须都是信号，且都是在结构体内同时执行的。

(1) 简单信号赋值语句

描述一中，语句 dz＜＝c&b&a；即为简单信号赋值语句。

简单信号赋值语句的格式如下：

```
信号＜＝表达式；
```

(2) 选择信号赋值语句

描述二中,语句 WITH　dz　SELECT…即为选择信号赋值语句。

选择信号赋值语句是一种条件分支的并行语句,格式如下:

```
WITH 选择表达式 SELECT
目标信号<= 信号表达式 1 WHEN 选择条件 1,
                信号表达式 2 WHEN 选择条件 2,
                        …
                信号表达式 n WHEN 选择条件 n;
```

执行该语句时首先对选择条件表达式进行判断,当选择条件表达式的值符合某一选择条件时,就将该条件前面的信号表达式赋给目标信号。例如,当选择条件表达式的值符合条件 1 时,就将信号表达式 1 赋给目标信号;当选择条件表达式的值符合选择条件 n 时,就将信号表达式 n 赋给目标信号。

注意:

a. 每一个信号表达式后面都含有 WHEN 子句。

b. 只有当选择条件表达式的值符合某一选择条件时,才将该选择条件前面的信号表达式赋给目标信号。

c. 对选择条件的测试是同时进行的,语句将对所有的选择条件进行判断,而没有优先级之分。这时如果选择条件重叠,就有可能出现两个或两个以上的信号表达式赋给同一信号,这样就会引起信号冲突,因此不允许有选择条件重叠的情况。当然,选择条件也不允许出现涵盖不全的情况。如果选择条件不能涵盖选择条件表达式的所有值,就有可能出现选择条件表达式的值找不到与之符合的选择条件,这时编译将会给出错误信息。

d. 由于选择信号赋值语句是并发执行的,所以不能够在进程中使用。

(3) 条件信号赋值语句

条件信号赋值语句也是一种并行信号赋值语句,可以根据不同的条件将不同的表达式赋给目标信号。格式如下:

```
信号<= 表达式 1   WHEN 赋值条件 1 ELSE
       表达式 2   WHEN 赋值条件 2 ELSE
                  …
       表达式 n;
```

执行该语句时首先要进行条件判断,然后再进行信号赋值操作。例如,当条件 1 满足时,就将表达式 1 的值赋给目标信号;当条件 2 满足时,就将表达式 2 的值赋给目标信号;当所有的条件都不满足时,就将表达式 n 的值赋给目标信号。

单元模块二　时序逻辑电路设计

相对于其他硬件描述语言,对时序电路的描述,VHDL 有很多独特之处。VHDL 描述时序电路主要通过描述时序器件功能和逻辑行为,从而使计算机综合出符合要求的时序电路,而不是结构上描述。这足以体现 VHDL 电路系统行为描述的强大功能。

任务一、D 触发器的 VHDL 描述

一、设计原理

D 触发器是最简单、最常用的时序电路，是时序电路设计中最基本的时序单元和底层元件。D 触发器元件图如图 3.22 所示。D 触发器是指时钟信号有效时触发，输出即输入值。表 3.5 是 D 触发器的真值表。时序逻辑最大的特点就是具有存储功能，可以保持某一状态不变化。

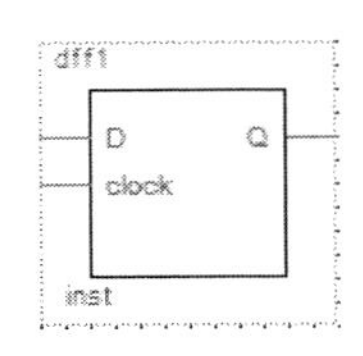

图 3.22　D 触发器元件图

表 3.5　D 触发器的真值表

输入 D	时钟 clock	输出 Q
×	0	不变
×	1	不变
0	上升沿	0
1	上升沿	1

通过对典型的时序元件 D 触发器的 VHDL 描述进行分析，得出时序电路描述的一般规律和设计方法。

二、VHDL 描述

根据 HDL 输入法的设计流程，在路径 D:\EDA_book\DFF1 下建立工程文件 dff1.qpf，然后创建 VHDL 文件 dff1.vhd，编写如下源程序，保存并编译，创建仿真文件验证 D 触发器的功能，其功能仿真效果如图 3.23 所示。

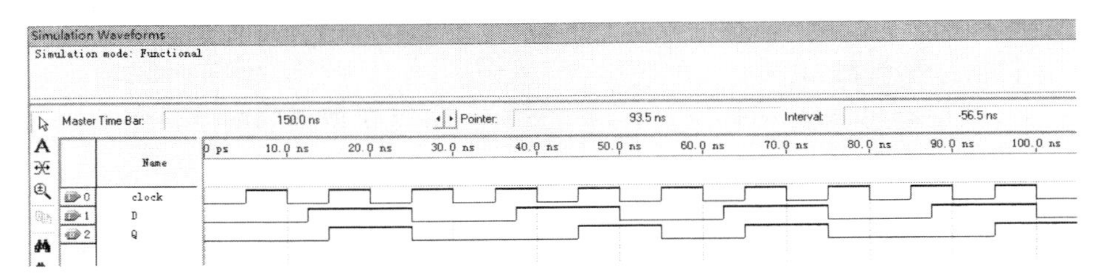

图 3.23　D 触发器的功能时序波形

D 触发器的 VHDL 描述如下：

```
LIBRARY ieee;
USE ieee.std_logic_1164.ALL;
ENTITY dff1 IS
    PORT(D:IN STD_LOGIC;
         clock:IN STD_LOGIC;
         Q:OUT STD_LOGIC);
END dff1;
ARCHITECTURE behv OF dff1 IS
    BEGIN
    PROCESS(clock)
        BEGIN
        IF(clock = '1 'AND clock '4event)THEN          -- 当时钟上升沿时
```

```
            Q<=D;
        END IF;                                  --其他情况保持不变
    END PROCESS;                                 --无 ELSE 部分,综合时生成一个寄存器的
结构
  END behv;
```

以上是 D 触发器的 VHDL 描述,从语句结构和语言应用上看,此描述与组合电路中的二选一数据选择器并没有明显的差异,两者都包括库和程序包、实体和结构体,结构体中都采用进程 PROCESS 语句,而且在进程中均采用 IF 条件语句。因为 VHDL 语言不像其他硬件设计语言(如 AHDL)包含用于表示时序或组合逻辑的特征语句,也没有与特定软件或硬件相关的特征属性语句,这正是 VHDL 电路描述的特点,不依赖于设计平台和硬件实现对象。那么,VHDL 语言如何实现时序电路呢?下面将详细介绍。

三、时序电路描述与条件语句

1. IF 语句

IF 语句是根据所指定的一种或多种条件来决定执行哪些语句的一种重要顺序语句,因此也可以说成是一种控制转向语句。一般有三种格式:

(1) 跳转控制。格式如下:

```
IF  条件  THEN
    顺序语句;
EDN  IF;
```

当程序执行到 IF 语句时,先判断 IF 语句指定的条件是否成立。如果成立,IF 语句所包含的顺序处理语句将被执行;如果条件不成立,程序跳过 IF 语句包含的顺序语句,而执行 EDN　IF 语句后面的语句,这里的条件起到决定是否跳转的作用。

(2) 二选一控制。格式如下:

```
IF  条件  THEN
   顺序语句;
ELSE
   顺序语句;
END  IF;
```

根据 IF 所指定的条件是否成立,程序可以选择两种不同的执行路径,当条件成立时,程序执行 THEN 和 ELSE 之间的顺序语句部分,再执行 END　IF 之后的语句;当 IF 语句的条件不成立时,程序执行 ELSE 和 END IF 之间的顺序语句,再执行 END　IF 之后的语句。

(3) 多选择控制语句。格式如下:

```
IF  条件 1  THEN  顺序语句 1;
ELSIF  条件 2  THEN  顺序语句 2;
    …
ELSIF  条件 n  THEN  顺序语句  n;
ELSE  顺序语句 n+1;
END  IF;
```

多选择控制的 IF 语句,可允许在一个语句中出现多种条件,实际上是条件的嵌套。当满足所给定的多个条件之一时,就执行该条件后的顺序语句;当所有的条件都不满足时,则执行 ELSE 和 END IF 之间的语句。

2. 时序电路分析

(1) 不完整的条件语句

很显然,D 触发器的程序中采用的是 IF 语句中的第一种。进程中的 clock 是敏感信号,变化时进程就要执行一次。表达式“clock='1' AND clock'event”用来判断 clock 的上升沿,若是上升沿则执行 Q<=D,即将 D 的数据向端口信号 Q 输出;如果 clock 没有发生变化,或者 clock 没有出现上升沿方式的跳变时,即 IF 语句条件不满足,则不执行赋值而结束 IF 语句。语句中仅给出条件满足时如何操作,并未指出当条件不满足时做何操作,这种条件语句是一种不完整的条件语句(即在条件语句中,没有将所有可能发生的条件给出对应的处理方式)。这种语句,VHDL 综合器对不满足条件,跳过赋值语句 Q<=D 不执行,结束 IF 语句,即 Q 保持原值不变(保持前一次上升沿后 Q 值不变)。

对数字电路来说,若保持一个值不变,说明具有存储功能,而有存储功能就是时序逻辑与组合逻辑的区别。因此,时序电路的构建关键在于利用了不完整条件语句的描述。这种构成时序电路的方式是 VHDL 描述时序逻辑电路最重要的途径。通常,完整的条件语句只能构成组合逻辑电路。

注意:在构成时序逻辑电路时可以利用不完整的条件语句,但在利用条件语句进行纯组合电路设计时,如果没有充分考虑电路中所有可能出现的问题,也就是说没有列出全部条件和对应的处理方法,就会出现不完整的条件语句,结果就会综合出组合和时序的混合体。

例 3.4 设计一个一位比较器。

表 3.6 一位比较器的两种描述

<table>
<tr><th>描述一</th><th>描述二</th></tr>
<tr><td><pre>
ENTITY COMP_1 IS
  PORT(a,b:IN BIT;
         q:OUT BIT);
END COMP_1;
ARCHITECTURE behv1 OF COMP_1 IS
  BEGIN
  PROCESS(a,b)
  BEGIN
  IF a>b THEN q<='1';
  ELSIF a<b THEN q<='0';
        END IF;
  END PROCESS;
END behv1;
</pre></td><td><pre>
ENTITY COMP_1 IS
  PORT(a,b:IN BIT;
         q:OUT BIT);
END COMP_1;
ARCHITECTURE behv1 OF COMP_1 IS
  BEGIN
  PROCESS(a,b)
  BEGIN
  IF a>b THEN q<='1';
  ELSIF a<b THEN q<='0';
        ELSE q<='0';
        END IF;
  END PROCESS;
END behv1;
</pre></td></tr>
</table>

比较器是组合逻辑电路。一位比较器设计,即输入两个一位数 a 和 b 进行比较,无非存在三种可能性:$a>b$、$a<b$、$a=b$。如表 3.6 所示两种描述中,均采用的 IF 条件语句,不同的是描述一中仅列出了 $a>b$、$a<b$ 两种情况,而对于其他情况则没有相应的处理办法,因此,就构成了不完整的条件语句,综合结果如图 3.24 所示,存在时序电路,而非纯组合电路。

描述二中增加了“ELSE q<='0';”语句，这样所有的可能情况均给出了处理方法，所以综合结果是纯组合逻辑电路，其结果如图 3.25 所示。

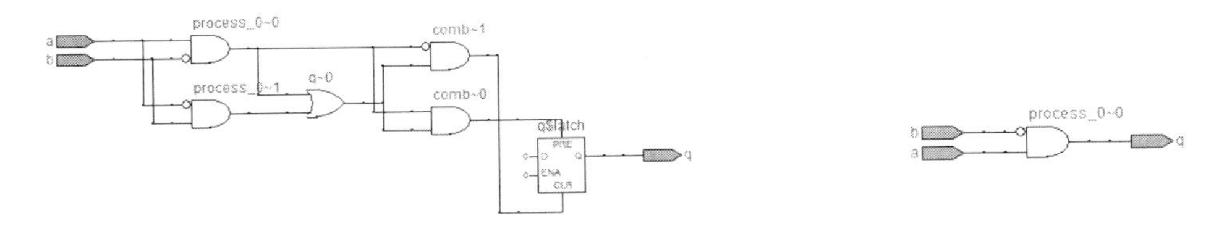

图 3.24　描述一的综合电路图　　　　图 3.25　描述二的综合电路图

(2) 实现时序电路的不同表述

任务一中利用表达式“clock='1' AND clock'event”用来判断 clock 的上升沿，从而实现边沿触发寄存器的设计。EVENT 是信号的属性函数，可用来描述信号的变化。VHDL 中实现边沿检测有很多方式。

例 3.5　列写判断信号 clock 的上升沿的不同表示。

① 信号属性函数 event 检测信号 clock 的上升沿

```
…
PROCESS(clock)
BEGIN
    IF clock'EVENT AND clock='1' THEN q<=d;
    END IF;
END PROCESS;
```

② 信号属性函数 last_value 检测信号 clock 的上升沿

```
…
PROCESS(clock)
BEGIN
    IF clock'last_value='0' AND clock='1' THEN q<=d;
    END IF;
END PROCESS;
```

③ wait until 语句描述检测信号 clock 的上升沿

```
…
PROCESS
BEGIN
WAIT UNTIL clock='1';
      q<=d;
END PROCESS;
```

④ 上升沿检测函数 rising_edge(clock)描述的上升沿

```
…
PROCESS(clock)
BEGIN
    IF (rising_edge(clock)) THEN        --必须打开 std_logic_1164 程序包
```

```
        q<= d;                          -- FALLING_EDGE(clock)下降沿检测函数
    END IF;
END PROCESS;
```

⑤ 利用进程的启动特性描述的上升沿

```
…
PROCESS(clock)
BEGIN
    IF clock = '1' THEN q<= d;
    END IF;
END PROCESS;
```

任务二、4 位二进制加法计数器的 VHDL 描述

一、设计原理

4 位二进制加法计数器是指计数器内的数以 4 位二进制形式存在，内有 4 个触发器，每个触发器存放二进制的一个位。计数时钟信号有效，4 个触发器工作，计数从 0000 开始计到 1111，就是 0000→0001→0010→0011→0100→…→1110→1111，然后回到 0000 继续开始循环计数，一个时钟脉冲计一次数。因此，设计 4 位二进制加法计数器，其输入端口只有一个，即计数时钟信号，输出端口也有一个，即当前计数值。

二、VHDL 描述

根据 HDL 输入法的设计流程，在路径 D:\EDA_book\CNT4 下建立工程文件 CNT4. qpf，然后创建 VHDL 文件 CNT4. vhd，编写如下源程序，保存并编译，创建仿真文件验证 4 位二进制加法计数器的功能，其功能仿真效果如图 3.26 所示。

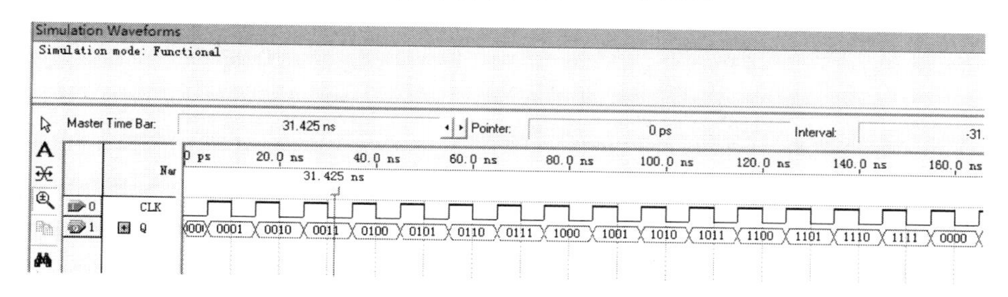

图 3.26 4 位二进制加法计数器的功能时序波形

4 位二进制加法计数器的 VHDL 描述如下：

```
ENTITY CNT4 IS
    PORT(clock:IN BIT;
            Q:BUFFER INTEGER RANGE 15 DOWNTO 0);
END CNT4;
ARCHITECTURE behv OF CNT4 IS
  BEGIN
  PROCESS(clock)
    BEGIN
```

```
        IF(clock = '1 'AND clock 'event) THEN  -- 当时钟上升沿时
            Q<= Q + 1;
        END IF;
    END PROCESS;
END behv;
```

计数器也是典型的时序逻辑电路，4 位二进制加法计数器的描述与 D 触发器的描述一致，使用 IF 语句的不完整描述，判断当“clock＝'1 'AND clock ″event”条件不满足时，不执行 $Q<=Q+1$，即将上一时钟上升沿所赋的值仍保留在 Q 中，直到检测到 clock 的新的上升沿时才更新数据。

描述中的计数器累加表达式 $Q<=Q+1$ 两边均出现 Q，表明 Q 应当具有输入和输出两种端口模式特性，而且 Q 的输入特性应该是可以反馈的，即“＜＝”右边的 Q 是来自左边 Q 的反馈。端口 Q 这个特点正和之前所介绍的 BUFFER 模式相符，所以定义 Q 为 BUFFER 模式。

VHDL 规定加＋、减－等算术运算符的操作数的数据类型只能是 INTEGER，当然可以在程序包中重新定义，上述描述中定义 Q 为 INTEGER，表达式 $Q<=Q+1$ 的运算和数据都可以满足 VHDL 中对加、减运算的基本要求，不用作特殊说明，也无须添加程序包。

注意：

a. 整数类型 INTEGER 的元素与数学中的整数相似，包括正整数、零、负整数。整数范围和适用于整数的关系运算符、算术运算符均由 VHDL 预先定义。整数类型的表示范围是 $-2^{31}\sim2^{31}-1$，这么大范围的数及其运算，在 EDA 实现过程中将消耗很大的器件资源，而实际涉及的整数范围通常很小，例如，一位十进制数码管只需显示 0～9 十个数字。因此在使用整数类型时，要求用 RANGE 语句为定义的整数确定一个范围。例如：

```
SIGNAL num: INTEGER RANGE 0 TO 255; -- 定义整型信号 num 的范围 0～255
```

b. 整数包括十进制、二进制、八进制和十六进制，默认的是十进制。其他进制在表示时用符号＃区分进制与数值。例如，123 表示十进制整数 123、2＃0110＃表示二进制整数 0110、8＃576＃表示八进制整数 576、16＃FA＃表示十六进制整数 FA。

三、计数器设计的另一种表述

在之前的计数器设计中，Q 端口为 BUFFER 模式，很难与其他模块一起构成更大的数字系统，为了更方便地与其他电路模块接口，可以采用定义中间节点信号的方式描述，这样也无须一定要将端口的数据类型定义为整数，可定义为标准逻辑位或位矢量。

修改 4 位二进制加法计数器的 VHDL 描述如下：

```
LIBRARY ieee;
USE ieee.std_logic_1164.ALL;
USE ieee.std_logic_UNSIGNED.ALL;
ENTITY CNT4 IS
    PORT(clock:IN STD_LOGIC;
            Q:OUT STD_LOGIC_VECTOR(3 DOWNTO 0));
END CNT4;
ARCHITECTURE behv OF CNT4 IS
```

```
    SIGNAL Q1:STD_LOGIC_VECTOR(3 DOWNTO 0);
    BEGIN
    PROCESS(clock)
        BEGIN
        IF(clock = '1 'AND clock 'event)THEN —当时钟上升沿时
            Q1< = Q1 + 1;
        END IF;
    END PROCESS;
    Q< = Q1;
END behv;
```

两种描述比较，有以下不同之处：

(1) 数据类型不同。输入信号 clock 的数据类型为标准逻辑位类型 STD_LOGIC，输出信号 Q 的数据类型为 4 位标准位矢量 STD_LOGIC_VECTOR(3 DOWNTO 0)。而标准逻辑位和标准位矢量数据类型均在程序包 std_logic_1164 中，所以程序开始必须添加库和程序包。

```
LIBRARY ieee;
USE ieee.std_logic_1164.ALL;
```

(2) 端口模式不同。Q 的端口模式是 OUT 模式，方便与其他模块接口。因为 Q 不具有输入的端口特性，所以不能直接用 $Q<=Q+1$ 表达式实现计数，但是计数器设计中必须有一个存储计数累加值的寄存器，因此在结构体内部定义了一个信号 Q_1。

```
SIGNAL Q1:STD_LOGIC_VECTOR(3 DOWNTO 0);
```

Q_1 是内部信号，不需要定义端口模式，其数据流向不受方向限制，可以在 $Q_1<=Q_1+1$ 用信号 Q_1 完成计数累加，最后把累加的结果用表达式 $Q<=Q_1$ 传送给端口 Q 输出。

(3) 算术运算操作不同。前面讲的算术运算符加+、减-等仅适用于整数之间的运算，不同数据类型的操作数间不能直接运算。Q_1 是标准位矢量，而 1 是整数，所以 $Q_1<=Q_1+1$ 不满足要求，要使此表达式能用，必须赋予加号“+”具备新的数据类型的操作功能，需调用一个函数，即运算符重载函数，其主要作用是为了方便各种不同数据类型数据间的运算操作，VHDL 的运算符重载在 IEEE 库中的 std_logic_UNSIGNED 中，因此，需调用 std_logic_UNSIGNED 程序包。

```
USE ieee.std_logic_UNSIGNED.ALL;
```

模块三　小结

本模块以任务形式为载体，通过组合逻辑和时序逻辑中的常用电路，介绍了 VHDL 文本输入设计法的设计流程、程序的基本构成、基本语言要素以及设计中常用的语句。

习　　题

一、单项选择题

1. VHDL 中一个设计实体(电路模块)包括实体和结构体两部分,结构体描述______。

A. 器件的外部特性　　B. 器件的综合约束

C. 器件的外部特性和内部功能　　D. 器件的内部功能

2. 一个实体可以拥有一个或多个______。

A. 设计实体　　B. 结构体　　C. 输入或输出端口

3. 在 VHDL 中用______来把特定的结构体关联到一个确定的实体。

A. 输入　　B. 输出　　C. 综合　　D. 配置

4. ______存放各种设计模块都能共享的数据类型、常数和子程序等。

A. 实体　　B. 结构体　　C. 程序包　　D. 库

5. ______用于从库中选取所需单元组成系统设计的不同版本。

A. 实体　　B. 结构体　　C. 程序包　　D. 库

6. ______一般用于大多数顶层 VHDL,以便与以前编辑过的设计相连接。它表示构成系统的元件以及它们之间的相互连接。

A. 数据流型结构体　　B. 结构型结构体

C. 行为型结构体　　D. 混合型结构体

7. 在下列标识符中,______是 VHDL 合法的标识符。

A. 4h_add　　B. h_adde_　　C. h_adder　　D. _h_adde

8. 在下列标识符中,______是 VHDL 错误的标识符。

A. 4h_add　　B. h_adde4　　C. h_adder_4　　D. _h_adde

9. 在 VHDL 中为目标变量赋值符号为______。

A. =　　B. <=　　C. :=　　D. =:

10. 在 VHDL 语言中,用语句______表示检测到时钟 clock 的上升沿。

A. clock'event　　B. clock'event and clock='1'

C. clock='0'　　D. clock'event and clock='0'

11. 在 VHDL 的并行语句之间中,只能用______来传送信息。

A. 变量　　B. 变量和信号　　C. 信号　　D. 常量

12. VHDL 块语句是并行语句结构,它的内部是由______语句构成的。

A. 并行和顺序　　B. 顺序　　C. 并行　　D. 任何

13. 若 S_1 为"1010",S_2 为"0101",下面程序执行后,outValue 输出结果为______。

```
library ieee;
use ieee.std_logic_1164.all;
```

```
entity ex is
      port(S1: in std_logic_vector(3 downto 0);
          S2: in std_logic_vector(0 to 3);
          outValue: out std_logic_vector(3 downto 0));
End ex;
architecture rtl of ex is
begin
outValue(3 downto 0)<= (S1(2 downto 0) and not S2(1 to 3)) & (S1(3) xor S2(0)) ;
end rtl;
```

A. “0101”　　B. “0100”　　C. “0001”　　D. “0000”

14. 假设输入信号 a=“6”,b=“E”,则以下程序执行后,c 的值为______。

```
entity logic is
  port(a,b:in  std_logic_vector(3 downto 0);
         c : out std_logic_vector(7 downto 0));
end logic;
architecture a of logic is
    begin
      c(0)<= not a(0);
      c(2 downto 1)<= a(2 downto 1)  and  b(2 downto 1);
      c(3)<= '1'  xor  b(3) ;
    c(7 downto 4)<= "1111" when (a (2) = b(2))  else  "0000";
end a;
```

A. “F8”　　B. “FF”　　C. “F7”　　D. “0F”

15. 正确表示 INOUT 结构的是______。

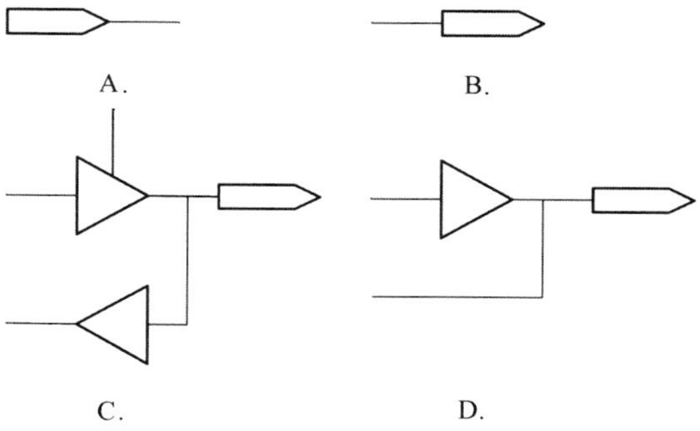

A.　　B.

C.　　D.

16. 进入进程,即激活进程,需要激励______。

A. 进程外的变量　　B. 进程内的变量

C. 进程的敏感信号　　D. 进程外的信号

二、填空题

1. HDL 主要有________、________、________和________四种。

2. VHDL 的 IEEE 标准为__________。

3. VHDL 实体由______、______、______、______组成。

4. VHDL 结构体由______、______组成。

5. VHDL 标识符有______、______两种。

6. VHDL 中的对象是指______、______、______、______。

7. VHDL 定义的基本数据类型包括______、______、______、______、______、______、______、______、______、______十种。

8. VHDL 的进程(process)语句是由______组成的,但其本身却是______。

三、分析题

1. 根据下面的 VHDL 语句,描述相应的电路原理图。

```
LIBRARY IEEE;
USE IEEE.STD_LOGIC_1164.ALL;
USE IEEE.STD_LOGIC_UNSIGNED.ALL;
ENTITY cfg_1 IS
    PORT(d,cp:IN std_logic;
        q,nq:OUT std_logic);
END;
ARCHITECTURE behave OF cfg_1 IS
BEGIN
    PROCESS(cp)
    BEGIN
      IF (cp = '1') THEN
          q<= d;
          nq<= NOT d;
      END IF;
    END PROCESS;
END;
```

2. 分析下面的 VHDL 代码,写出其描述电路的真值表,说明其功能。

```
ENTITY maj_c IS
   PORT(a,b,c:IN BIT;
       m:OUT BIT);
END;
ARCHITECTURE behave OF maj_c IS
BEGIN
   WITH  a&b&c  SELECT
   m<= '1'  WHEN  "110"|"101"|"011"|"111",
         '0'  WHEN OTHERS;
END;
```

3. 下面代码中的条件信号赋值语句无 ELSE 部分,正确吗? 上机编辑输入、编译、仿真下面代码;通过编译、仿真、执行"TOOLS→RTL Viewer"命令,打开 RTL 电路观察器观察此电路的 RTL 原理图,解释代码描述的是什么电路。

```
ENTITY dtff IS
```

```
    GENERIC(initial:= BIT:='1');
    PORT(D,clock:IN BIT;
        Q:BUFFER BIT:= initial);
END;
ARCHITECTURE behave OF dtff  IS
BEGIN
   Q<= D  WHEN (clock='1' AND clock'event);
END;
```

实训项目

项目一　用 VHDL 设计二选一多路选择器

一、实训目的

- 熟悉 Quartus Ⅱ的 VHDL 文本设计流程全过程，编译、仿真和硬件测试。
- 学习简单组合电路的设计方法。

二、实训设备

装有 Quartus Ⅱ软件的计算机和配合硬件测试的相关实验箱。

三、实训内容

（一）实训原理

数据选择器又称为多路转换器或多路开关，它是数字系统中常用的一种典型电路。其主要功能是从多路数据中选择其中一路信号发送出去。所以它是一个多输入、单输出的组合逻辑电路。

二选一数据选择器的元件符号如图 3.27 所示，其中 a、b 是 2 位数据输入端，s 是控制输入端，y 是数据输出端。当 $S=0$ 时，输出 $y=a$；$S=1$ 时，$y=b$。

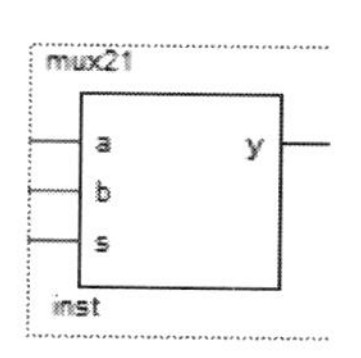

图 3.27　实训项目一 元件符号

（二）实训步骤

1. 文本编辑输入，以下是二选一数据选择器的参考程序：

```
 ENTITY mux21 IS
     PORT(a,b,s:IN BIT;
               y:OUT BIT);
END ENTITY mux21;
ARCHITECTURE one OF mux21 IS
BEGIN
```

```
PROCESS(a,b,s)
BEGIN
   IF s = '0' THEN y<= a;
   ELSE y<= b;
   END IF;
END PROCESS;
END ARCHITECTURE one;
```

2. 仿真测试。

3. 引脚绑定。建议选实验电路模式 5，用键 1(PIO0，对应引脚号为 1)控制 s；a 接 $clock_0$(引脚号为 93)；b 接 $clock_1$(引脚号为 17)；y 接扬声器 speaker(引脚号为 129)。

4. 硬件下载测试。

四、实训报告

请根据实训内容写实训报告，包括：程序设计、软件编译、仿真分析、硬件测试及详细实验过程；程序分析报告、仿真波形图及其分析报告。

五、实训总结

实验结束后，对自己的实训思路、方法，或实训中出现的问题和解决方法加以论述，也可以对实训题目的难易程度进行总结或提出建议、意见。

项目二　基本时序电路的设计

一、实训目的

- 熟悉 Quartus Ⅱ 的 VHDL 文本设计过程。
- 学习简单时序电路的设计、仿真和测试。

二、实训设备

装有 Quartus Ⅱ 软件的计算机和配合硬件测试的相关实验箱。

三、实训内容

(一)实训要求

分别设计 *D* 触发器和锁存器，给出程序设计、软件编译、仿真分析、硬件测试及详细实验过程。

(二)实训步骤

1. 文本编辑输入：

D 触发器的部分参考程序：

```
……
PROCESS(D,clock)
  BEGIN
  IF(clock = '1' AND clock'event)THEN  -- 边沿触发
      Q<= D;
  END IF;
END PROCESS;
```

锁存器的部分参考程序：

```
……
PROCESS(D,clock)
```

```
  BEGIN
  IF(clock='1')THEN --电平触发
      Q<=D;
  END IF;
END PROCESS;
```

2. 仿真测试。

3. 引脚绑定。建议选实验电路模式 5,*D* 接按键 1(PIO0,引脚号为 1);clock 接 $clock_0$(引脚号为 93);*Q* 接 LED 灯 1(PIO8,引脚号为 11)。

4. 硬件下载测试。

四、实训报告

分析比较触发器和锁存器的仿真和实测结果,说明这两种电路的异同点。请根据实训内容写实训报告,包括:程序设计、软件编译、仿真分析、硬件测试及详细实验过程;程序分析报告、仿真波形图及其分析报告。

五、实训总结

实验结束后,对自己的实训思路、方法,或实训中出现的问题和解决方法加以论述,也可以对实训题目的难易程度进行总结或提出建议、意见。

项目三　8 位数码扫描显示电路设计

一、实训目的

- 熟悉 Quartus Ⅱ 的 VHDL 文本设计过程。
- 学习硬件扫描显示电路的设计。

二、实训设备

装有 Quartus Ⅱ 软件的计算机和配合硬件测试的相关实验箱。

三、实训内容

(一)实训原理

图 3.28 所示的是 8 位数码扫描显示电路,其中每个数码管的 8 个段:h、g、f、e、d、c、b、a(h 是小数点)都分别连在一起,8 个数码管分别由 8 个选通信号 k_1、k_2、…、k_8 来选择。被选通的数码管显示数据,其余关闭。如在某一时刻,k_3 为高电平,其余选通信号为低电平,这时仅 k_3 对应的数码管显示来自段信号端的数据,而其他 7 个数码管呈现关闭状态。根据这种电路状况,如果希望在 8 个数码管显示希望的数据,就必须使得 8 个选通信号 k_1、k_2、…、k_8 分别被单独选通,并在此同时,在段信号输入口加上希望在该对应数码管上显示的数据,于是随着选通信号的扫变,就能实现扫描显示的目的。

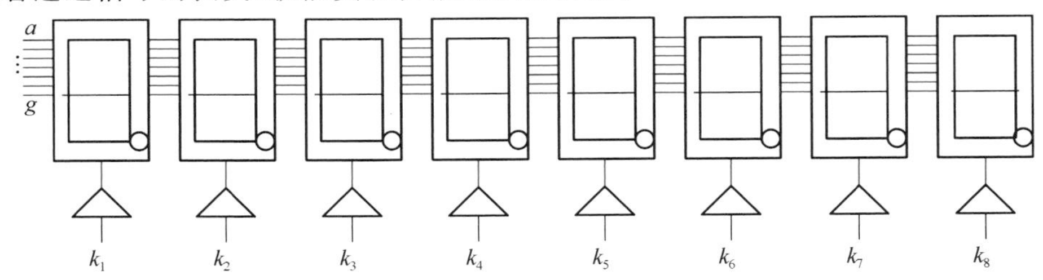

图 3.28　实训项目三 8 位数码扫描显示电路

（二）实训步骤

1. 文本编辑输入：

—数码扫描显示的参考程序：

```
LIBRARY IEEE;
USE IEEE.STD_LOGIC_1164.ALL;
USE IEEE.STD_LOGIC_UNSIGNED.ALL;
ENTITY SCAN_LED IS
   PORT (   clock    : IN STD_LOGIC;
             SG    : OUT STD_LOGIC_VECTOR(6 DOWNTO 0);    --段控制信号输出
             BT     : OUT STD_LOGIC_VECTOR(7 DOWNTO 0) ); --位控制信号输出
   END;
ARCHITECTURE one OF SCAN_LED IS
   SIGNAL CNT8    : STD_LOGIC_VECTOR(2 DOWNTO 0);
   SIGNAL     A    : INTEGER RANGE 0 TO 15;
BEGIN
P1:PROCESS( CNT8 )
   BEGIN
   CASE   CNT8   IS
      WHEN "000" =>   BT<= "00000001" ; A<=1 ;
      WHEN "001" =>   BT<= "00000010" ; A<=3 ;
      WHEN "010" =>   BT<= "00000100" ; A<=5 ;
      WHEN "011" =>   BT<= "00001000" ; A<=7 ;
      WHEN "100" =>   BT<= "00010000" ; A<=9 ;
      WHEN "101" =>   BT<= "00100000" ; A<=11 ;
      WHEN "110" =>   BT<= "01000000" ; A<=13 ;
      WHEN "111" =>   BT<= "10000000" ; A<=15 ;
      WHEN OTHERS =>   NULL ;
   END CASE ;
 END PROCESS P1;
 P2:PROCESS(clock)
   BEGIN
   IF clock'EVENT AND clock='1' THEN CNT8<=CNT8+1;
   END IF;
 END PROCESS P2 ;
 P3:PROCESS( A ) --译码电路
   BEGIN
   CASE   A   IS
      WHEN 0   =>SG<="0111111";   WHEN 1   =>SG<="0000110";
      WHEN 2   =>SG<="1011011";   WHEN 3   =>SG<="1001111";
      WHEN 4   =>SG<="1100110";   WHEN 5   =>SG<="1101101";
      WHEN 6   =>SG<="1111101";   WHEN 7   =>SG<="0000111";
```

```
        WHEN 8   => SG <= "1111111";  WHEN 9   => SG <= "1101111";
        WHEN 10 => SG <= "1110111";  WHEN 11 => SG <= "1111100";
        WHEN 12 => SG <= "0111001";  WHEN 13 => SG <= "1011110";
        WHEN 14 => SG <= "1111001";  WHEN 15 => SG <= "1110001";
        WHEN OTHERS =>  NULL ;
      END CASE ;
    END PROCESS P3;
  END;
```

2. 仿真测试。

3. 引脚绑定。若考虑小数点，SG的8个段分别与PIO49、PIO48、…、PIO42（高位在左）、BT的8个位，分别与PIO34、PIO35、…、PIO41（高位在左）；电路模式不限。将GW48EDA系统数码管左边，有一个跳线冒跳下端"CLOSE"，平时跳上端"ENAB"，这时实验系统的8个数码管构成如图3.28所示的电路结构，时钟clock可选择$clock_0$，通过跳线选择16 384 Hz信号。

4. 硬件下载测试。

四、实训报告

请根据实训内容写实训报告，包括：程序设计、软件编译、仿真分析、硬件测试及详细实验过程；程序分析报告、仿真波形图及其分析报告。

五、实训总结

实验结束后，对自己的实训思路、方法，或实训中出现的问题和解决方法加以论述，也可以对实训题目的难易程度进行总结或提出建议、意见。

项目四　数控分频器的设计

一、实训目的

- 熟悉 Quartus Ⅱ的 VHDL 文本设计过程。
- 学习数控分频器的设计、分析和测试方法。

二、实训设备

装有 Quartus Ⅱ软件的计算机和配合硬件测试的相关实验箱。

三、实训内容

（一）实训原理

数控分频器的功能就是当在输入端给定不同输入数据时，将对输入的时钟信号有不同的分频比，数控分频器就是用计数值可并行预置的加法计数器设计完成的，方法是将计数溢出位与预置数加载输入信号相接即可。

（二）实训步骤

1. 文本编辑输入：

—数控分频器的参考程序：

```
  LIBRARY IEEE;
  USE IEEE.STD_LOGIC_1164.ALL;
```

```
USE IEEE.STD_LOGIC_UNSIGNED.ALL;
ENTITY DVF IS
    PORT (    clock   : IN STD_LOGIC;
                D   : IN STD_LOGIC_VECTOR(7 DOWNTO 0);
              FOUT : OUT STD_LOGIC   );
END;
ARCHITECTURE one OF DVF IS
    SIGNAL   FULL : STD_LOGIC;
BEGIN
P_REG: PROCESS(clock)
VARIABLE CNT8 : STD_LOGIC_VECTOR(7 DOWNTO 0);
BEGIN
  IF CLK'EVENT AND CLK = '1' THEN
      IF CNT8 = "11111111" THEN
          CNT8 := D; -- 当 CNT8 计数计满时，输入数据 D 被同步预置给计数器 CNT8
          FULL<='1'; -- 同时使溢出标志信号 FULL 输出为高电平
      ELSE   CNT8 := CNT8 + 1;   -- 否则继续作加 1 计数
             FULL<='0';          -- 且输出溢出标志信号 FULL 为低电平
      END IF;
  END IF;
END PROCESS P_REG ;
P_DIV: PROCESS(FULL)
  VARIABLE CNT2 : STD_LOGIC;
  BEGIN
  IF FULL'EVENT AND FULL = '1' THEN
      CNT2 := NOT CNT2; -- 如果溢出标志信号 FULL 为高电平，D 触发器输出取反
      IF CNT2 = '1' THEN   FOUT<='1'; ELSE FOUT<='0';
      END IF;
  END IF;
END PROCESS P_DIV ;
END;
```

2. 仿真测试。图 3.29 是仿真波形，当给出不同输入值 D 时，FOUT 输出不同频率。

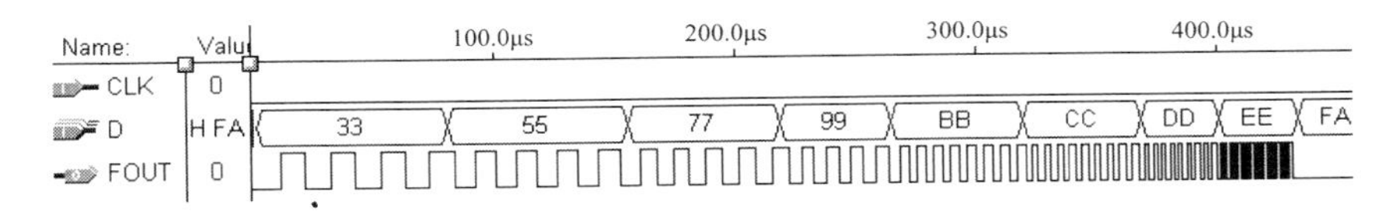

图 3.29　实训项目四当给出不同输入值 D 时，FOUT 输出不同频率

3. 引脚绑定。建议选实验电路模式 1；键 2/键 1 负责输入 8 位预置数 D(PIO_7～PIO_0)；clock 由 $clock_0$ 输入，频率选 65 536 Hz 或更高(确保分频后落在音频范围)；输出 FOUT 接扬声器(SPKER)。

4. 硬件下载测试。编译下载后进行硬件测试:改变键 2/键 1 的输入值,可听到不同音调的声音。

四、实训报告

请根据实训内容写实训报告,包括:程序设计、软件编译、仿真分析、硬件测试及详细实验过程;程序分析报告、仿真波形图及其分析报告。

五、实训总结

实验结束后,对自己的实训思路、方法,或实训中出现的问题和解决方法加以论述,也可以对实训题目的难易程度进行总结或提出建议、意见。

模块四

基于 Quartus Ⅱ 的 VHDL 设计深入

模块要求

本模块在模块三的基础上进一步深入探讨硬件描述语言在语句应用和电路功能描述上VHDL 的一些高级特性与方法，提高运用 VHDL 分析、设计电路的能力。主要讨论 VHDL 文本输入法中的子程序与子程序调用语句、VHDL 库与程序包、块语句结构、VHDL 设计中 LPM 函数的应用和 VHDL 层次化文件设计。本模块的要求如下：

(1) 理解 VHDL 子程序和块语句的应用。

(2) 理解 VHDL 设计中的 LPM 函数的应用。

(3) 理解 VHDL 层次化文件设计的方法。

任务引入

在了解 HDL 输入法的设计流程，VHDL 的基本结构、基本语法、语句结构等内容的基础上，更应该关注 VHDL 的特点所在。其最重要的有两点：

第一，VHDL 采用基于库(Library)的设计方法，可以建立各种可再次利用的模块。这些模块可以预先设计或使用以前设计中的存档模块，将这些模块存放到库中，就可以在以后的设计中进行复用，可以使设计成果在设计人员之间进行交流和共享，减少硬件电路设计。

第二，VHDL 具有功能强大的语言结构，可以用简洁明确的源代码来描述复杂的逻辑控制。它具有多层次的设计描述功能，层层细化，最后可直接生成电路级描述。VHDL 支持同步电路、异步电路和随机电路的设计，这是其他硬件描述语言所不能比拟的。VHDL 还支持各种设计方法，既支持自底向上的设计，又支持自顶向下的设计；既支持模块化设计，又支持层次化设计。

本模块就 VHDL 的主要特点，讲述 VHDL 的一些高级特性与方法。

单元模块一　深入 VHDL 程序结构

任务一、子程序的应用

设计工作中有时需要重复执行某一模块，可以将这部分设计工作写成子程序，在需要的地方多次调用。子程序是一个 VHDL 程序模块，是由一组顺序语句组成的，可以在程序包、结构体和进程中定义，只有定义后才能被主程序调用，子程序将处理结果返回给主程序，主程序和子程序之间通过端口参数关联进行数据传送，其含义与其他高级语言相同。每次调用时，都要先对子程序进行初始化，一次执行结束后再次调用需再次初始化，因此子程序内部定义的变量都是局部量。虽然子程序可以被多次调用完成重复性的任务，但从硬件角度看，VHDL 的综合工具对每次调用的子程序都要生成一个电路逻辑模块，因此设计者在频繁调用子程序时需要考虑硬件的承受能力。

VHDL 中的子程序有两种类型：过程和函数。过程和函数的区别主要是返回值和参数不同，过程调用可以通过其接口返回多个值，函数只能返回单个值；过程可以有输入参数、输出参数和双向参数，函数的所用参数都是输入参数。

一、过程

1. 任务描述

求 3 个四位二进制数的和。要求每来一个时钟信号 clk，输入 3 个的四位二进制数 a、b、c，用过程语句实现 3 个四位二进制数据求和的运算，输出结果 d。可添加复位信号 clr，实现数据清零。

2. VHDL 描述

根据 HDL 输入法的设计流程，在路径 D:\EDA_book\psum 下建立工程文件 psum.qpf，然后创建 VHDL 文件 psum.vhd，编写如下源程序，保存并编译，创建仿真文件验证 3 个四位二进制数求和的功能，其仿真效果如图 4.1 所示。

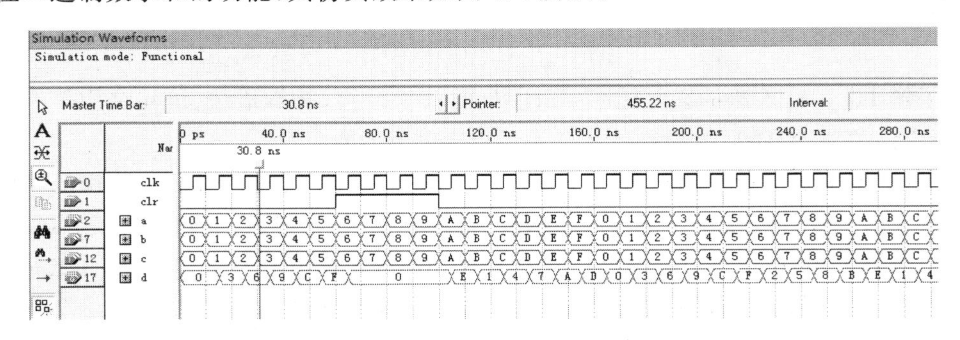

图 4.1　3 个四位二进制数求和功能时序波形

3 个四位二进制数求和的 VHDL 描述：

```
LIBRARY  IEEE;
USE   IEEE.STD_LOGIC_1164.ALL;
USE   IEEE.STD_LOGIC_ARITH.ALL;
```

```
USE   IEEE.STD_LOGIC_UNSIGNED.ALL;
ENTITY  psum   IS
   PORT(a,b,c: IN   STD_LOGIC_VECTOR(3   DOWNTO 0);
      clr,clk: IN   STD_LOGIC;      --clr为复位端,高电平有效
            d: OUT STD_LOGIC_VECTOR(3   DOWNTO 0));
END  psum;
ARCHITECTURE behave OF   psum   IS

PROCEDURE add1 (data,datb,datc:IN   STD_LOGIC_VECTOR(3   DOWNTO 0);
datout:  OUT STD_LOGIC_VECTOR(3   DOWNTO 0))   IS --定义过程体
BEGIN
   datout:=data+datb+datc;                      --数据求和
END   add1;                                     --过程体定义结束

   BEGIN                                        --结构体开始
     PROCESS(clk)
       VARIABLE tmp:STD_LOGIC_VECTOR(3 DOWNTO 0);
  BEGIN                                         --进程开始
      IF ( clk'EVENT   AND   clk  ='1')   THEN
          IF   (clr  ='1')   THEN                --高电平复位
              tmp:="0000";
          ELSE
              add1(a,b,c,tmp);                  --过程调用
          END   IF;
      END IF;
      d<=tmp;
  END   PROCESS;
 END   behave;
```

补充:语句“datout:=data+datb+datc;”中用了“+”运算,此运算在 ARITH 程序包中,所以加“USE IEEE.STD_LOGIC_ARITH.ALL;”。

3. 过程语句

过程语句由两部分组成:过程首和过程体,同一个过程的过程首和过程体应具有相同的名字。

(1) 过程定义格式

过程定义的格式如下:

```
PROCEDURE   过程名    参数列表                   --过程首
PROCEDURE   过程名    参数列表   IS              --过程体
   说明部分;
BEGIN
   顺序语句;
END   过程名;
```

过程首由过程名和参数列表组成。参数列表用于对常数、变量和信号 3 类形式参量做出说明,并用关键词 IN、OUT 和 INOUT 来定义这些参数信息的流向。如果只定义 IN 模式而未定义形式参量的数据对象类型,则默认为常量;若只定义了 INOUT 或 OUT,则默认

形式参量是变量。

过程体位于关键字 PROCEDURE 和 END 之间，过程体中亦包含过程名和参数列表，同过程首中的要求相同。过程体中说明部分的各种定义是局部量，只适用于过程体内部。过程体的顺序语句部分可以包含任何顺序执行的语句。

（2）过程声明

过程声明可在结构体的声明部分、进程的声明部分或程序包中声明过程。若是在结构体和进程中声明过程仅需声明过程体即可，过程首可以忽略；若要在程序包中声明过程，则过程首与过程体都需要。过程首必须放在程序包说明部分，而过程体需放在程序包体内。

（3）过程调用

调用过程语句的格式如下：

```
过程名    参数列表；
```

如前程序描述中的语句“add1(a,b,c,tmp)；”即为过程 add1 的调用语句。

在结构体或进程中声明的过程，只能在结构体或进程中调用；而在程序包中声明的过程则可通过声明引用程序包，在不同的实体的各个结构体内调用。

4. 相关语句说明

在进程开始有语句“VARIABLE tmp:STD_LOGIC_VECTOR(3 DOWNTO 0)；”，这是一条变量声明语句。

变量属于局部量，主要用来暂存数据。变量只能在进程和子程序中声明和使用，可以在声明语句中赋初值，但变量初值不是必需的。

变量的格式如下：

```
VARIABLE 变量名[， 变量名…]:数据类型 [约束条件][:= 表达式]；
```

其中，[，变量名…]表示可选项，即多个相同数据类型的变量可以同时声明；数据类型是说明变量所具有的类型；[约束条件]是个可选项，通常限定取值范围；[:= 表达式]也是可选项，用于对变量赋初值。例如，

```
VARIABLE  S1，S2：INTEGER ：= 256；
VARIABLE  CONT：INTEGER RANGE 0 TO 10 ；
```

第 1 条语句中变量 S_1 和 S_2 都为整数类型，初值都是 256；第 2 条语句中，RANGE…TO…是约束条件，表示变量 CONT 的数据限制在 0～10 的整数范围内。变量 CONT 没有指定初值，则取默认值，默认值为该类型数据的最小值或最左端值，那么本条语句中 CONT 初值为 0(最左端值)。

对变量的赋值是一种理想化的数据传输，是立即发生的，没有任何延迟，所以变量只有当前值。变量赋值语句属于顺序执行语句，如果一个变量被多次赋值，则根据赋值语句在程序中的位置，按照从上到下的顺序进行赋值，变量的值是最后一条赋值语句的值。

二、函数

1. 任务描述

在时序逻辑电路设计中，常常使用时钟边沿检测，编写一时钟上升沿检测函数 positive_edge()，调用该函数实现 *D* 触发器设计。

2. VHDL 描述

根据 HDL 输入法的设计流程，在路径 D:\EDA_book\dff 下建立工程文件 dff1. qpf，然后创建 VHDL 文件 dff1. vhd，编写如下源程序，保存并编译，创建仿真文件验证 *D* 触发器的功能，其仿真效果如图 4.2 所示。

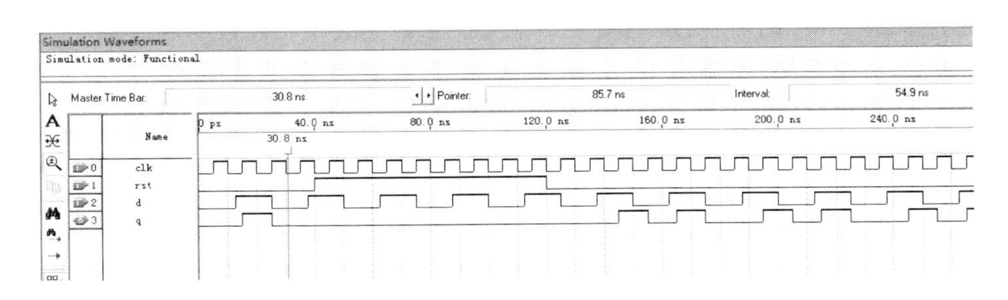

图 4.2 功能时序波形

VHDL 描述：

```
LIBRARY  IEEE;
USE   IEEE.STD_LOGIC_1164.ALL;
ENTITY dff1 IS
    PORT(d, clk, rst: IN STD_LOGIC;
                    q:OUT STD_LOGIC);
END dff1;
ARCHITECTURE behave OF dff1 IS
     FUNCTION positive_edge (SIGNAL s: STD_LOGIC) RETURN BOOLEAN IS
          BEGIN
            RETURN (s 'EVENT AND s = '1 ');
      END positive_edge;        -- 函数声明
BEGIN
       PROCESS (clk, rst)
       BEGIN
             IF(rst = '1 ') THEN q< = '0 ';
             ELSIF positive_edge(clk) THEN q< = d;    -- 函数调用
             END IF;
        END PROCESS;
END behave;
```

函数 positive_edge 声明在结构体中，可以仅声明函数体，省略函数首。

3. 函数语句

(1) 函数定义格式

函数语句分为两个部分：函数首和函数体。在进程和结构体中，函数首可以忽略，而在程序包中，必须定义函数首，放在程序包的包首部分，而函数体放在包体部分。

格式如下：

```
FUNCTION 函数名(参数列表)            -- 函数首
FUNCTION 函数名(参数列表)            -- 函数体
  RETURN  数据类型名 IS
  说明部分;
BEGIN
  顺序语句;
  RETURN  返回变量;
END  函数名;
```

函数首和函数体中的函数名必须是同一名字。参数列表指明函数的输入参数,可以对变量、常量和信号 3 类数据对象做出说明,如果参数没有特别指定,就看作常数处理。默认的端口模式是 IN。输入参数的个数是任意的,也可以没有参数。输入参数的类型语法如下:

```
<(输入)参数列表>= [constant] 常量名:常量类型;
<(输入)参数列表>= SIGNAL 信号名:信号类型;
```

return 语句只能用于子程序(函数或过程)中,并用来终止一个子程序的执行。当用于函数时,必须返回一个值。返回值的类型由 return 后面的数据类型指定。使用 RETURN 语句,语法结构如下:

```
return   [表达式];
```

(2) 函数声明

函数声明可在结构体的声明部分、进程的声明部分或程序包中声明函数。若是在结构体和进程中声明函数则仅需声明函数体即可;若要在程序包中声明函数,则函数首与函数体都需要声明。函数首必须放在程序包说明部分,而函数体则需放在程序包体内。

(3) 函数调用

函数可以单独构成表达式,也可以作为表达式的一部分被调用。例如:

```
x<= conv_integer(a);            -- 单独构成表达式;
if x>max(a,b)....               -- 表达式的一部分;
```

在结构体或进程中声明函数,只能在结构体或进程中调用函数,而在程序包中声明函数则可通过声明引用程序包,在不同的实体的各个结构体内调用函数。

三、程序包

1. 任务描述

编写一时钟上升沿检测函数 positive_edge(),调用该函数实现 *D* 触发器设计。要求函数声明在程序包内完成。

2. VHDL 描述

根据 HDL 输入法的设计流程,在路径 D:\EDA_book\dff_pack 下建立工程文件 dff_pack. qpf,然后创建 VHDL 文件 my_package. vhd,即程序包文件,编写如下源程序,保存并编译,编译成功后放在当前的 WORK 库中,供程序调用。在 my_package 程序包中定义时钟上升沿检测函数 positive_edge。

—程序包文件

```
LIBRARY  IEEE;
USE   IEEE.STD_LOGIC_1164.ALL;

PACKAGE my_package IS
    FUNCTION positive_edge (SIGNAL s: STD_LOGIC) RETURN BOOLEAN; -- 函数首
END my_package;

PACKAGE BODY my_package IS
    FUNCTION positive_edge (SIGNAL s: STD_LOGIC) RETURN BOOLEAN IS
    BEGIN
            RETURN (s 'EVENT AND s = '1 ');
    END positive_edge;      -- 函数体
END my_package;
```

创建 VHDL 文件 dff_pack.vhd，设置为顶层文件，用来调用 positive_edge 函数。编写如下源程序，保存并编译。创建仿真文件验证 D 触发器的功能，其仿真效果如图 4.3 所示。

```
—顶层文件，调用 positive_edge 函数
LIBRARY  IEEE;
USE   IEEE.STD_LOGIC_1164.ALL;
USE WORK.my_package.ALL;    --调用程序包

ENTITY dff_pack IS
    PORT(d, clk, rst: IN STD_LOGIC;
                q:OUT STD_LOGIC);
END dff_pack;

ARCHITECTURE behave OF dff_pack IS
BEGIN
        PROCESS (clk, rst)
        BEGIN
              IF(rst = '1 ') THEN q< = '0 ';
              ELSIF positive_edge(clk) THEN q< = d; --调用函数
              END IF;
          END PROCESS;
END behave;
```

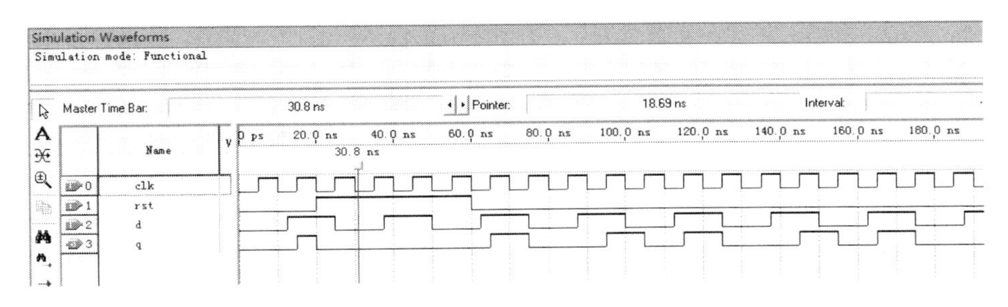

图 4.3　功能时序波形

由于时钟上升沿检测函数 positive_edge 的声明是在程序包 my_package，因此，必须在顶层文件开始调用该程序包，“USE WORK.my_package.ALL;”。

3. 程序包语句

程序包包括程序包声明和程序包体两部分。

(1) 程序包声明

程序包声明亦称程序包首，是用来进行一系列共用的声明，如元件、类型过程和函数的声明。一个程序包声明和与它对应的程序包体共同保存一些经常用到的或在一个较大的工程项目中许多文件要用到的已定义的常数、数据类型、元件调用说明以及子程序接口等内容。

程序包声明的格式如下：

```
PACKAGE 程序包名 IS
程序包首声明部分
END [PACKAGE] 程序包名;
```

注意：程序包声明中，只能出现函数或过程的首（接口），而函数或过程体（定义）只能出

现在程序包体中。

(2) 程序包体

程序包体用来存储在相应的程序包声明中声明了的函数或过程的定义即函数或过程体,也可以用来存储出现在相应的程序包声明中的完整的常量声明。程序包体总是与程序包声明相对应的,名字应相同,并且一个程序包声明只能对应一个程序包体。

程序包体声明格式如下:

```
PACKAGE BODY 程序包名 IS
  程序包体说明部分
  程序包体内容部分
END [PACKAGE BODY] 程序包;
```

任务二、块语句的应用

一、任务描述

设计一个加/减器电路,可以完成半加和半减功能。a 和 b 为输入端,半加器的和为 sum,进位为 co;半减器的差为 sub,借位为 bo。半加器和半减器的真值表如表 4.1 所示。

表 4.1 半加器和半减器的真值表

输入端		输出端			
a	b	sum	co	sub	bo
0	0	0	0	0	0
0	1	1	0	1	1
1	0	1	0	1	0
1	1	0	1	0	0

由表可以推得电路的逻辑关系如下:

半加器:$\text{sum}=a\oplus b$,$\text{co}=ab$;半减器:$\text{sub}=a\oplus b$,$\text{bo}=\bar{a}b$。

二、VHDL 描述

根据 HDL 输入法的设计流程,在路径 D:\EDA_book\add_sub 下建立工程文件 add_sub.qpf,然后创建 VHDL 文件 add_sub.vhd,编写如下源程序,保存并编译,创建仿真文件验证电路的功能,其仿真效果如图 4.4 所示。所要求设计的电路有两种不同功能,因此,分别用两个块语句实现,half_add 对应实现半加器功能,half_sub 对应实现半减器功能。

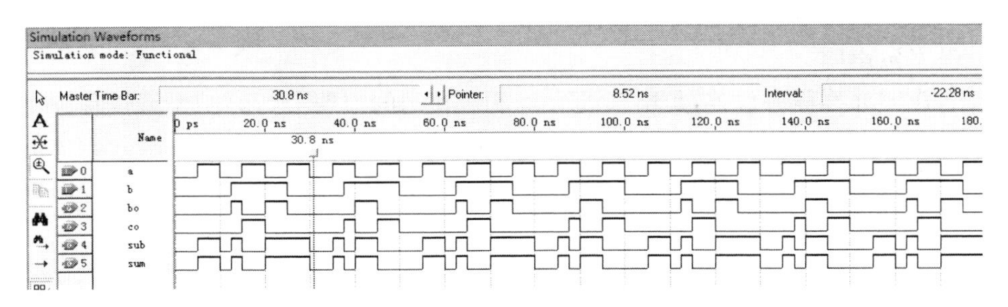

图 4.4 功能时序波形

VHDL 描述：

```
LIBRARY  IEEE;
USE  IEEE.STD_LOGIC_1164.ALL;

ENTITY add_sub IS
    PORT(a,b : IN  STD_LOGIC;
        co,sum,bo,sub:  OUT STD_LOGIC);
END add_sub;
ARCHITECTURE behave OF add_sub IS
BEGIN
    half_add: BLOCK                     --半加器块开始
    BEGIN
        sum <= a XOR b;
        co<= a AND b;
    END BLOCK half_add;                 --半加器块结束
    half_sub : BLOCK                    --半减器块开始
    BEGIN
        sub <= a XOR b;
        bo<= (NOT a)AND b;
    END BLOCK half_sub;                 --半减器块结束
END  behave;
```

三、块语句

块语句是将结构体中的并行语句组合在一起，其主要目的是改善并行语句及其结构的可读性，可以使程序更加有层次、更加清晰，一般用于较复杂的 VHDL 程序中。在物理意义上，一个块语句对应一个子电路；在逻辑电路图上，一个块语句对应一个子电路图。但从综合的角度看，BLOCK 语句没有实用价值。

块语句的格式如下：

```
块标号:BLOCK
  说明语句;
BEGIN
  并行语句;
END BLOCK  [块标号];
```

注意：块标号必须有。

说明语句与结构体的说明语句相同，主要是对该块所要用到的对象、其他模块等加以说明。可说明的项目有：端口说明、类属说明、子程序说明及子程序体、类型说明、常数说明、信号说明、元件说明等。

BLOCK 是可以嵌套的，内层 BLOCK 块可以使用外层 BLOCK 块所定义的信号，而反之则不行，如例 4.1 所示。

例 4.1　BLOCK 嵌套。

```
BLK1:Block
  Signal qbus;std_logic_vector;
```

```
Begin
   BLK2:Block
      Signal qbus1:std_logic_vector;
   Begin
      ——BLK2 语句   --使用 BLK1 中的 qbus:BLK1 - qbus
   End Block BLK2
   ——BLK1 语句
End Block BLK1
```

BLK1 是外层 BLOCK,而 BLK2 是内层 BLOCK,因此,BLK2 可以使用 BLK1 中定义的信号 qbus,而 BLK1 不可以使用 BLK2 中定义的信号 qbus1。

块是一个独立的子结构,它可包含由关键词 GENERIC、PORT、GENERIC MAP 和 PORT MAP 引导的类属说明和接口说明,对 BLOCK 的接口设置以及与外界信号的连接状况加以说明。块的类属说明部分和接口说明部分的适用范围仅限于当前 BLOCK。这样就允许设计者通过这两个语句将块内的信号变化传递给块的外部信号,同样也可以将块外部的信号变化传递给块的内部。

Port 和 Generic 语句的这种性能,将允许在一个新的设计中可重复使用已有的 Block 块。在新的模块中,如果 Port 名和 Generic 名与原来的不一致时,在块中采用 Port 和 Generic映射就可以顺利解决这个问题。

例 4.2 BLOCK 重复使用。

```
Architecture cpu-blk OF cpu Is
  Signal ibus,dbus,x: tw32;
Begin
  ...
  ALU:Block
   Port(abus,bbus:In tw32;
             dout:Out tw32);
   Port Map( abus =>ibus, bbus =>dbus, dout =>x );
   原有的信号、变量等说明语句;
  Begin
   原有的块内语句;
  End Block ALU;
  ...
End cpu-blk;
```

单元模块二 VHDL 中 LPM 函数的应用

Quartus Ⅱ软件提供了各种各样的宏功能,基本宏功能(Megafunction/LPM)可在原理图设计输入法中使用,也可在 HDL 设计输入法中使用,前者已在模块二中做过详细介绍,本模块将讨论参数化模块库(LPM)在 VHDL 设计中的使用方法。

在 Quartus Ⅱ平台上，利用宏功能模块编辑器“MegaWizard Plug-In Manager”可以调用所需功能模块完成电路设计。下面列出“MegaWizard Plug-In Manager”为用户生成的各种文件。

＜输出文件＞. bsf：Block Editor 中使用的宏功能模块的符号（元件）。

＜输出文件＞. cmp：组件申明文件。

＜输出文件＞. inc：宏功能模块包装文件中模块的 AHDL 包含文件。

＜输出文件＞. tdf：要在 AHDL 设计中实例化的宏功能模块包装文件。

＜输出文件＞. vhd：要在 VHDL 设计中实例化的宏功能模块包装文件。

＜输出文件＞. v：要在 VHDL 设计中实例化的宏功能模块包装文件。

＜输出文件＞_bb. v：VHDL 设计所用宏功能模块包装文件中模块的空体或 black-box 申明，用于在使用 EDA 综合工具时指定端口方向。

＜输出文件＞_inst. tdf：宏功能模块包装文件中子设计的 AHDL 例化示例。

＜输出文件＞_inst. vhd：宏功能模块包装文件中实体的 VHDL 例化示例。

＜输出文件＞_inst. v：宏功能模块包装文件中模块的 VHDL 例化示例。

任务一、LPM_ROM 存储器设计

一、任务描述

利用 Quartus Ⅱ提供的 LPM 宏单元库中的存储器设计模块（lpm_rom）设计一个存储容量为 64×8bit 的存储器，为了后续设计中能使用本存储器，可将 64 个 8 位正弦波信号存于其中。

二、定制 LPM_ROM 初始化数据文件，即建立. mif 或. hex 文件

由于 LPM_ROM 的初始化文件有两种格式：Memory Initialization File（扩展名为. mif）格式和 Hexadecimal（Intel Format）File（扩展名为. hex）格式，实际使用时选用任何一种都可以。要建立初始化文件的方法很多，可以用 Quartus Ⅱ软件选择 ROM 数据文件编辑窗，填写如图 4.5 所示空白. mif 数据表格得到，也可以通过其他编辑器，如汇编程序、C 语言程序编辑器生成等。

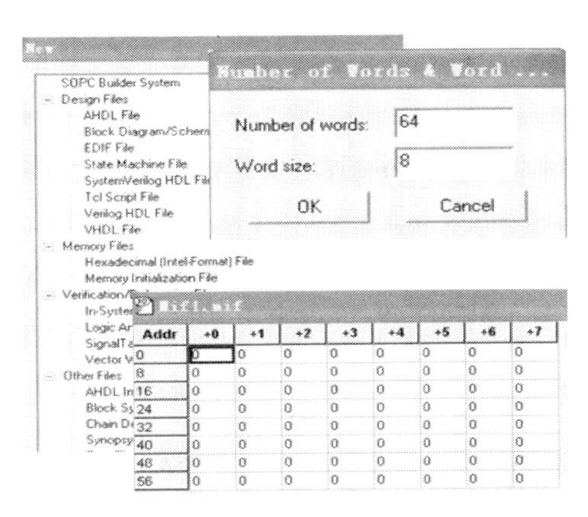

图 4.5　空白. mif 数据表格

下面首先介绍通过 Quartus Ⅱ软件环境选择 LPM_ROM 数据文件编辑窗建立.mif 文件的方法。根据 HDL 输入法的设计流程，在路径 D:\EDA_book\sign 下建立工程文件 sign.qpf。执行“File→New...”命令，选择“Memory Files→Memory Initialization File 或 Hexadecimal（Intel-Format）File”均可，如图 4.5 所示。若选择“Memory Initialization File”，单击“OK”按钮会弹出如图 4.6 所示的对话框，填入 ROM 的数据个数“Numbe of words”为 64，数据宽“Word size”为 8 位。单击“OK”按钮，即建立一个如图 4.5 所示的空.mif 数据表格(默认文件名为 Mif1.mif)，表格中的数据格式可通过右击窗口边缘的地址数据弹出的窗口选择。将 64 个波形数据填入 Mif1.mif 文件表格中，如图 4.7 所示，此表中任意数据(如第二行的 186)对应的地址为左列与顶行数之和(如 8+3=11，十六进制为 0BH，即 00001011)。完成后，将文件另存为 sign.mif。

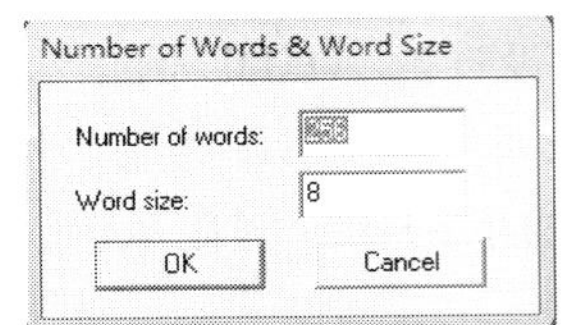

图 4.6　数据个数与字长对话框

sign.mif

Addr	+0	+1	+2	+3	+4	+5	+6	+7
0	255	254	252	249	245	239	233	225
8	217	207	197	186	174	162	150	137
16	124	112	99	87	75	64	53	43
24	34	26	19	13	8	4	1	0
32	0	1	4	8	13	19	26	34
40	43	53	64	75	87	99	112	124
48	137	150	162	174	186	197	207	217
56	225	233	239	245	249	252	254	255

图 4.7　数据存储文件

使用 C 语言程序编辑器设计初始化文件的方法如例 4.3。

例 4.3　C 语言赋值法产生 64 个样点值的程序如下：

```
# include <stdio.h>
# include "math.h"
main()
    {int i;float s;
      for(i = 0;i<64;i + + )
  {s = sin(atan(1) * 8 * 1/64);
         -- 计算 64 个正弦波样点值
printf(" % d; % d\n",i,(int)(s + 1) * 63/2);
           }
      }
```

将上述 C 程序编译生成可执行文件(假设编译后的文件名为 r_gen)后，在 DOS 命令行下执行命令：r_gen>sign.mif，可以生成 sign.mif 文件。

Mif 文件也可以用 Guagle 波形数据生成器产生。Guagle Wave 是一款小巧的波形数据生成软件，该软件界面简洁，操作简单，可以按要求进行设置，自动生成正弦波、三角波、方波和锯齿波的波形样点值数据文件，生成文件以.mif 为扩展名。只需设定正弦波数据线和地址线格式，即可得到包含正弦波样点值的 ROM 数据文件，如例 4.4 所示。

例 4.4　用 Guagle 波形数据生成器生成 ROM 初始化文件。

首先，PC 上要有安装好的 Guagle 波形数据生成器，将其打开后，界面如图 4.8 所示，根据设计要求，要产生 64 个样点值的正弦波数据，则在该图界面下，单击“查看→全局参数”，弹出如图 4.9 所示对话框，在“数据长度”一栏填 64，“数据位宽”填 8，设置完后按“确定”键，然后在图 4.9 中选择“设定波形→正弦波”，即可显示带有部分取样值的正弦波波形图，此时执行“文件→保存”命令，为文件命名(sign)，选择存储路径，则包含 64 个样点值的文件 sign.mif 就建立好了。

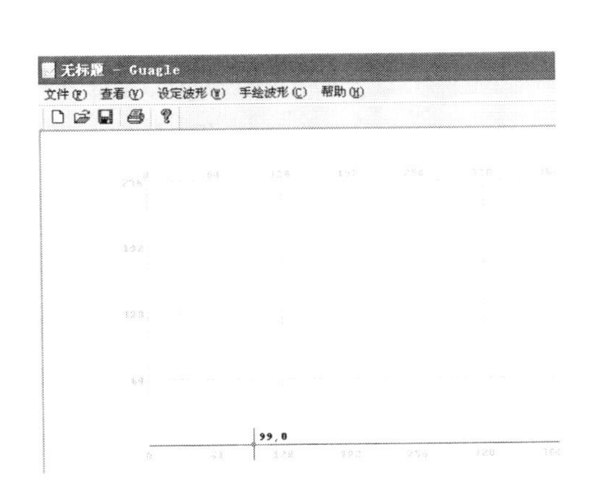

图 4.8　Guagle 波形生成器界面

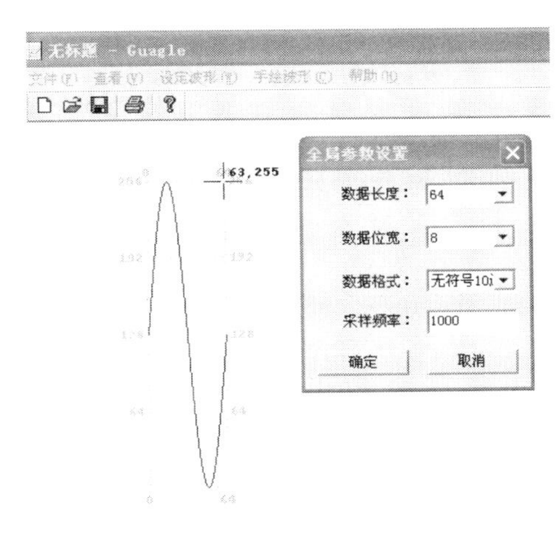

图 4.9　正弦波样点值设置界面

ROM 初始化文件还能用普通单片机编译器产生.hex 文件。

例 4.5　用 8051 单片机编译器产生.hex 文件。

方法是利用汇编程序编辑器将事先计算好的 64 个正弦波采样点数据编辑于如图 4.10 所示的编辑窗口中，编辑好后起名 sign.asm，然后用单片机编译后得到 sign.hex 文件。

此外，也可以用 Matlab 和 DSP Builder 生成 ROM 初始化文件。

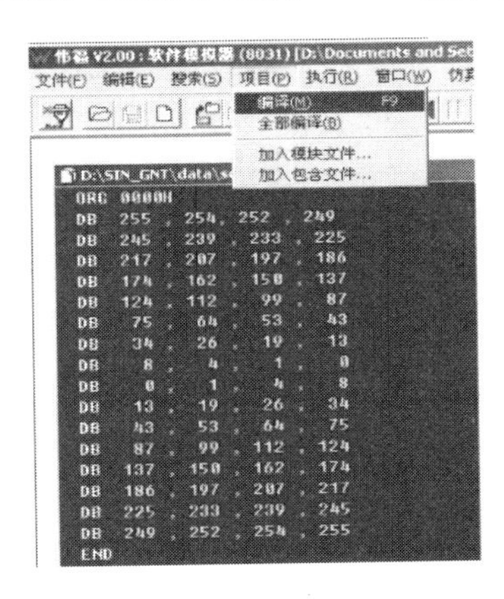

图 4.10　ASM 格式建立.hex 文件

三、定制 LPM_ROM 元件

定制 LPM-ROM，可按如下步骤进行：

1. 利用“MegaWizard plug_in Manager”创建新的宏功能模块

在 Quartus Ⅱ 中打开原理图编辑器界面，在编辑区空白处双击，进入“Symbol”菜单，如图 4.11 所示，单击图中左下角“MegaWizard plug_in Manager”按钮，系统默认选择“Greate a new custom megafunction variation(创建新的自定义宏功能模块)”，不用修改，直接单击

“Next”按钮，打开如图 4.12 所示的“MegaWizard Plug-In Manager”对话框，在左栏选择“Memory Compiler→ROM：1-PORT”，然后在图中设置器件系列为 Cyclone、定制元件的输出文件格式为 VHDL，输出文件名为 data_rom. vhd，单击“Next”按钮。

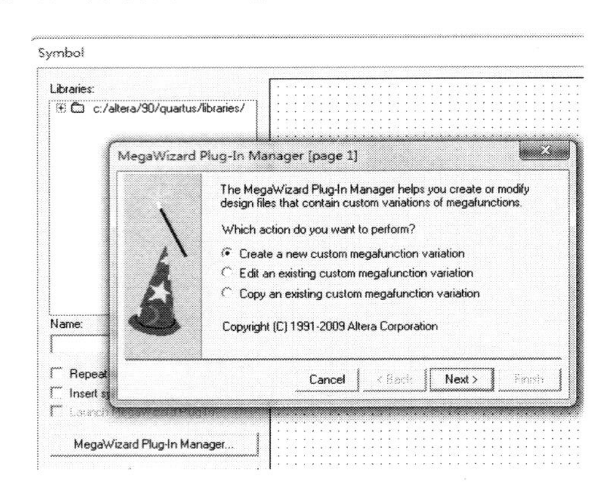

图 4.11　创建宏功能模块

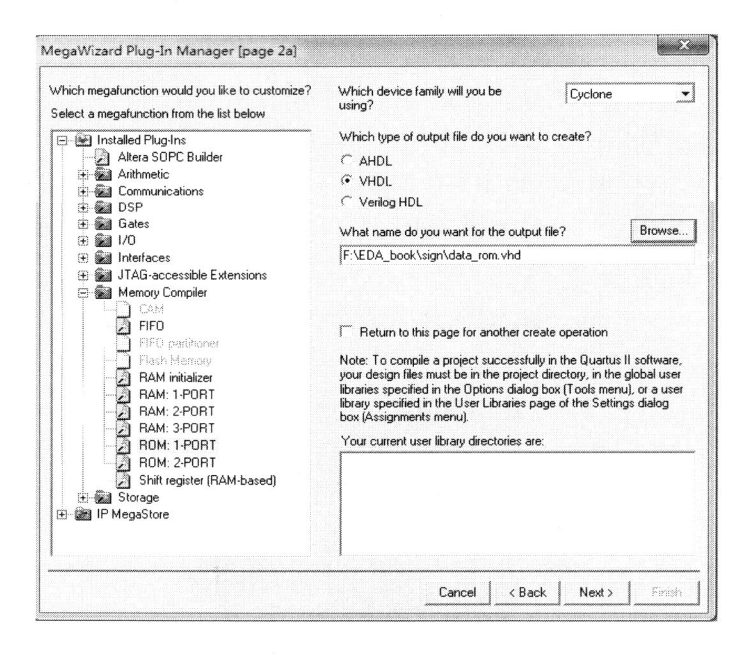

图 4.12　定制 ROM

注意：

a. 通过执行“Tools→MegaWizard Plug-In Manager...”命令也可以打开图 4.11。

b. 在选择存储器时，本设计使用 Quartus Ⅱ 9.0，则选“ROM：1-PORT”，因 Quartus Ⅱ 9.0 的自定制模块中没有 LPM_ROM 项；若使用 Quartus Ⅱ 5.0 或 Quartus Ⅱ 6.0，则在“storage”项下选“LPM_ROM”。

2. 设置 ROM 位宽和存储深度

如图 4.13 所示，设置选择器件类型为 Cyclone，q 的位宽为 8 bit，存储的字数（存储深度)为 64 words(数值与定制的初始化数据文件 sign. mif 一致),输入与输出锁存使用的是不同的时钟,则选“Dual clock:use separate‘input’and‘output ’clock”设置完成后,如图 4.13 所示,本设计使用单时钟,则选“Single clock”,然后单击“Next”按钮。

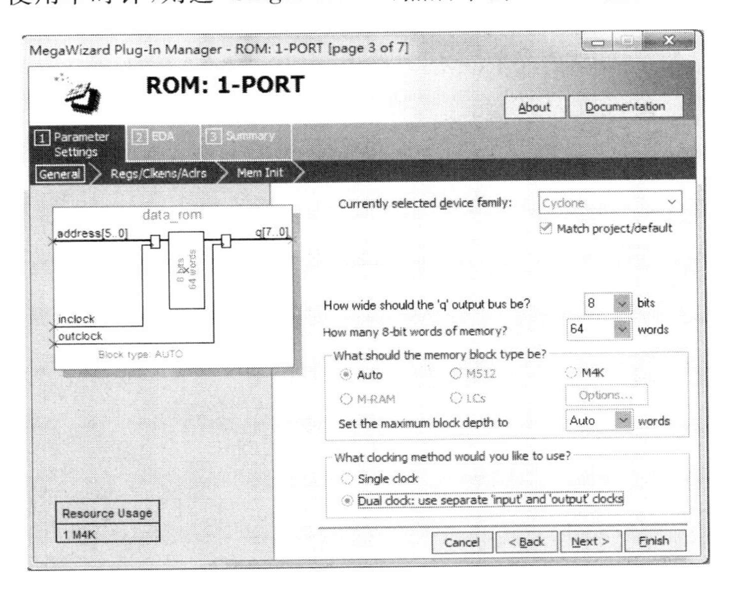

图 4.13　设置 ROM 的位宽和存储深度

3. 选择 ROM 的输出端口

如图 4.14 所示,设置输出 q 不设锁存,只有输入地址设锁存,不设使能端和清零端,然后单击“Next”按钮。

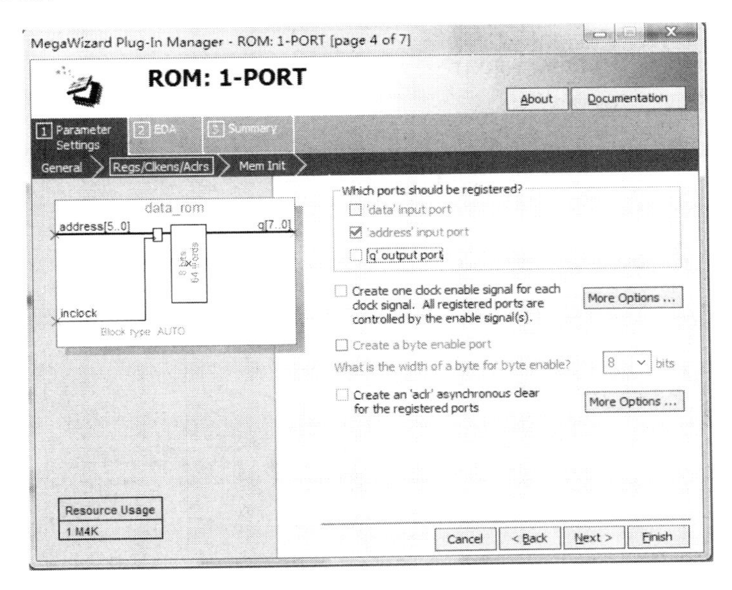

图 4.14　选择 ROM 的输出端口

4. 往ROM中装载.mif文件

如图4.15所示，让程序自动选择ROM模块，采用初始化文件，在设置初始化文件名的文本框中，填入前面已编辑好的sign.mif文件存放路径(若保存的.mif文件不在设计所在工程中，则通过“Browse”按钮指明其存储路径)。再选中“Alow In-System Memory...”复选框，在“The Instance ID of this ROM is”栏中，输入rom1(也可用别的名字)，作为ROM的ID名称，通过这样的设置，可以允许编程时，能通过JTAG对下载到FPGA的此ROM进行测试与读写，这种读写不影响FPGA中电子系统的工作。

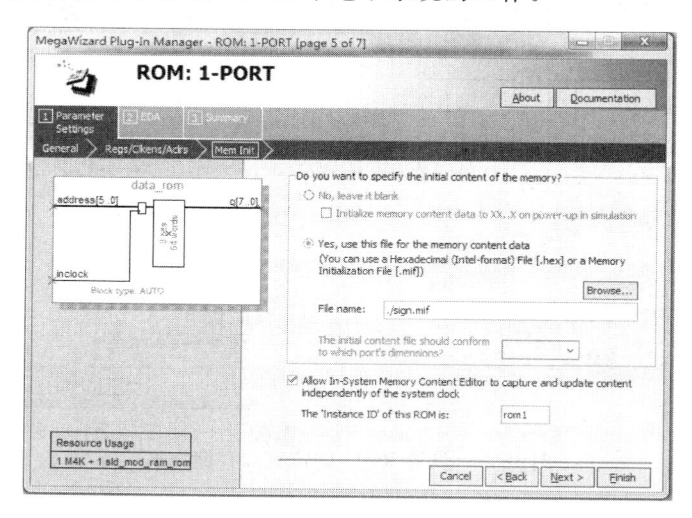

图4.15 装载ROM的初始化文件

单击“Next”按钮后，弹出如图4.16所示窗口，图中给出仿真库及时间评估说明。

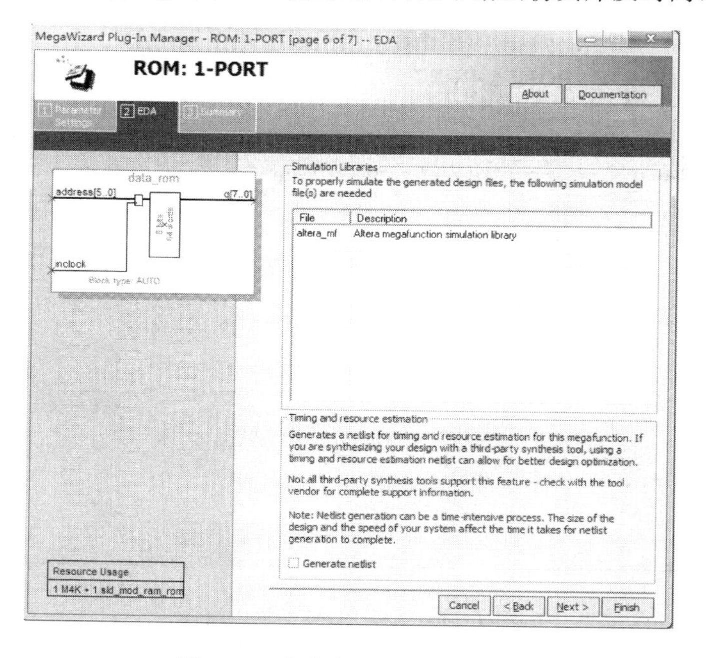

图4.16 仿真库及时间评估说明

单击“Next”按钮，在图 4.17 中选择输出的文件类型，这里只选. vhd 文本文件，最后单击“Finish”按钮，完成 ROM 定制。出现如图 4.18 所示对话框，选中“Automatically add Quartus Ⅱ Ip Files to all Projects(是否将所定制的 ROM 元件添加到当前的工程)”，单击“Yes”按钮。

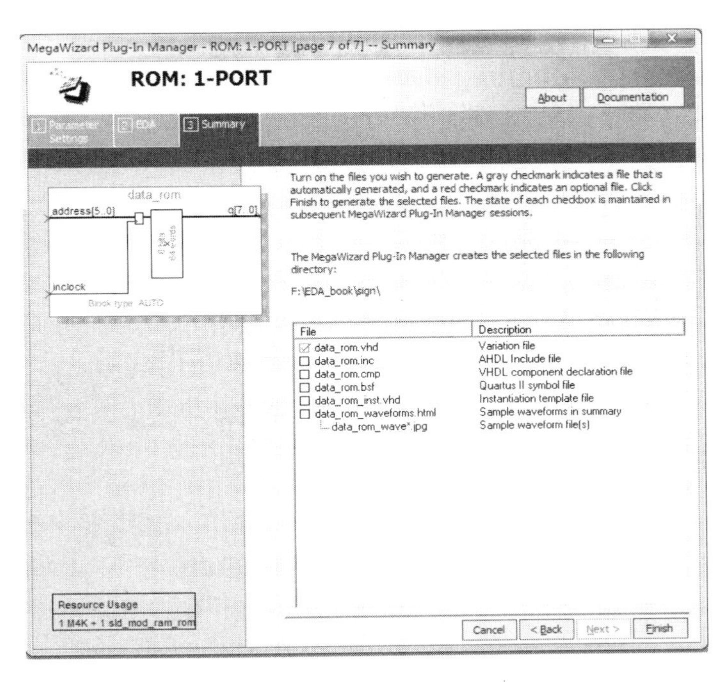

图 4.17　完成 ROM 定制

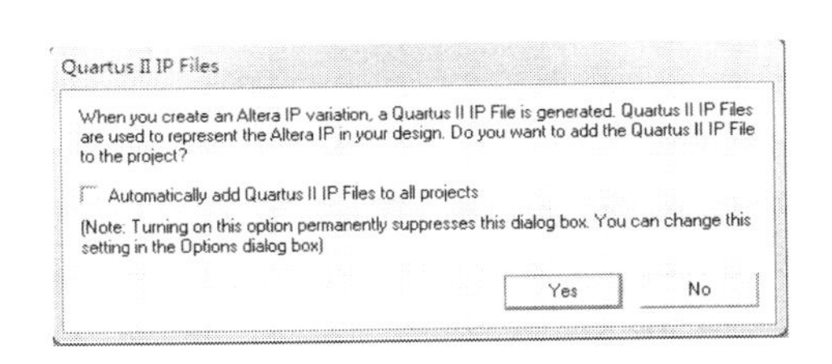

图 4.18　添加 IP Files 对话框

至此，正弦波数据存储器 ROM 宏功能模块的定制工作完成了，可供正弦波发生器顶层设计时调用。

四、打开 data_rom. vhd 文件

如图 4.19 所示，在工程导航栏(Projiect Navigator)中打开 data_rom. vhd 文件，完成数据存储模块编写工作。在别的 VHDL 设计文件使用该模块时，可用元件例化语句来调用该模块。

注意：应该把定制的数据存储文件 data_rom. vhd 和数据文件 sign. mif 两个文件存储在同一个文件夹中，因为 data_rom. vhd 要使用 sign. mif，这样可以避免在更换工程目录时造成找不到文件的错误。

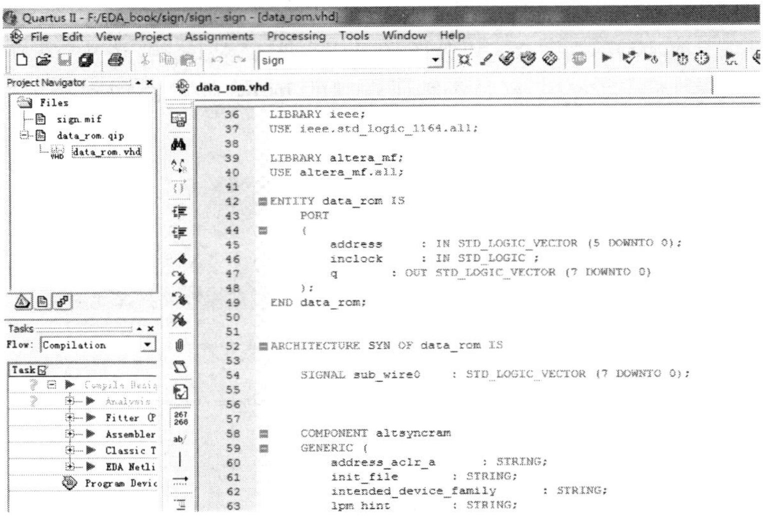

图 4.19　打开 data. vhd 文件

Data_rom. vhd 文件的内容如下：

```
LIBRARY ieee;
USE ieee.std_logic_1164.all;

LIBRARY altera_mf;
USE altera_mf.all;

ENTITY data_rom IS
    PORT
    (
        address   : IN STD_LOGIC_VECTOR (5 DOWNTO 0);
        inclock   : IN STD_LOGIC ;
        q   : OUT STD_LOGIC_VECTOR (7 DOWNTO 0)
    );
END data_rom;


ARCHITECTURE SYN OF data_rom IS

  SIGNAL sub_wire0   : STD_LOGIC_VECTOR (7 DOWNTO 0);

  COMPONENT altsyncram
  GENERIC (
    address_aclr_a   : STRING;
    init_file   : STRING;
```

```
    intended_device_family   : STRING;
    lpm_hint   : STRING;
    lpm_type   : STRING;
    numwords_a   : NATURAL;
    operation_mode   : STRING;
    outdata_aclr_a   : STRING;
    outdata_reg_a   : STRING;
    widthad_a   : NATURAL;
    width_a   : NATURAL;
    width_byteena_a   : NATURAL
  );
  PORT (
        clock0   : IN STD_LOGIC ;
        address_a   : IN STD_LOGIC_VECTOR (5 DOWNTO 0);
        q_a   : OUT STD_LOGIC_VECTOR (7 DOWNTO 0)
  );
  END COMPONENT;

BEGIN
  q     <= sub_wire0(7 DOWNTO 0);

  altsyncram_component : altsyncram
  GENERIC MAP (
    address_aclr_a => "NONE",
    init_file => "sign.mif",
    intended_device_family => "Cyclone",
    lpm_hint => "ENABLE_RUNTIME_MOD = YES,INSTANCE_NAME = rom1",
    lpm_type => "altsyncram",
    numwords_a => 64,
    operation_mode => "ROM",
    outdata_aclr_a => "NONE",
    outdata_reg_a => "UNREGISTERED",
    widthad_a => 6,
    width_a => 8,
    width_byteena_a => 1
  )
  PORT MAP (
    clock0 => inclock,
    address_a => address,
    q_a => sub_wire0
  );
```

```
END SYN;
```

五、例化语句

一个程序包括实体和结构体，实体提供了设计单元的端口信息，结构体描述设计单元的结构和功能，最后通过综合、仿真等一系列操作，得到一个具有特定功能的电路元件。这些设计好的元件保存在当前工作目录中，其他设计实体的结构体可以调用这些元件。

1. 元件声明

元件声明语句放在结构体 ARCHITECTURE 和 BEGIN 之间，指出该结构体调用哪一个具体的元件。

元件声明语句的格式如下：

```
COMPONET  元件名
  PORT(元件端口说明)
END COMPONET;
```

元件端口说明与该元件源程序实体中的 PORT 部分相同。例如，对任务一中所设计的存储器元件进行元件声明描述如下。

```
COMPONET data_rom IS
   PORT
   (
      address        : IN STD_LOGIC_VECTOR (5 DOWNTO 0);
      inclock        : IN STD_LOGIC ;
      q              : OUT STD_LOGIC_VECTOR (7 DOWNTO 0)
   );
END COMPONET;
```

2. 元件例化

元件例化语句是指元件的调用，语句中的 PORT MAP 是端口映射的意思，表示结构体与元件端口之间交换数据的方式(元件调用时要进行数据交换)。

元件例化语句的格式如下：

```
例化名:元件名 PORT MAP(元件端口对应关系列表);
```

其中，例化名是一定要有的，在具体的结构体中必须是唯一的，同一元件可以在一个程序中例化多次，以例化名区分。元件名是准备在此处插入已声明的元件名，即元件名必须与 COMPONET 语句中声明的元件名相一致。PORT MAP 右边括号中端口列表的作用就是实现元件中的端口信号与结构体中的实际信号的正确连接。

当采用 PORT MAP 语句进行元件端口信号映射时，信号之间有位置映射和名称映射两种映射方式。

(1) 位置映射。PORT MAP 语句中仅写实际信号名，按书写顺序和位置与被调用元件端口说明中信号一一对应。

例如，某元件的端口说明为 PORT(a，b：IN BIT ；c：OUT BIT)；调用该元件时使用 com1：u1 PORT MAP (n1，n2，m)；显然 n1 对应 a，n2 对应 b，m 对应 c，com1 是例化名，u1 是元件名。

(2) 名称映射。将已有的模块的端口名称赋予设计中的信号名。上例可写为

```
com1:u1 PORT MAP (a=>n1,b=>n2,c=>m);
```

任务二、设计一个 32 位减法器

任务一中使用“MegaWizard Plug-In Manager”对 LPM 进行参数化并建立包装文件的，在 VHDL 设计文件中还可以通过端口和参数定义例化 LPM。下面通过设计一个 32 位减法器的例子，介绍通过端口和参数定义例化 LPM 的方法。

一、任务描述

设计一个 32 位减法器，要求使用 Quartus Ⅱ 中基本宏功能 Lpm_add_sub 模块，此模块属于 LPM 函数的算术组件。

二、Lpm_add_sub 组件相关资料

要通过端口和参数定义例化 LPM 的方法使用 Lpm_add_sub 组件，必须了解其相关材料，可以通过 Quartus Ⅱ 的帮助文档获得。

1. Lpm_add_sub 组件声明

```
component LPM_ADD_SUB
generic (LPM_WIDTH : natural;        -- MUST be greater than 0
   LPM_DIRECTION : string := "UNUSED";
   LPM_REPRESENTATION: string := "SIGNED";
   LPM_PIPELINE : natural := 0;
   LPM_TYPE : string := L_ADD_SUB;
   LPM_HINT : string := "UNUSED");
   port (DATAA : in std_logic_vector(LPM_WIDTH-1 downto 0);
   DATAB : in std_logic_vector(LPM_WIDTH-1 downto 0);
   ACLR : in std_logic := '0';
   CLOCK : in std_logic := '0';
   CLKEN : in std_logic := '1';
   CIN : in std_logic := 'Z';
   ADD_SUB : in std_logic := '1';
   RESULT : out std_logic_vector(LPM_WIDTH-1 downto 0);
   COUT : out std_logic;
   OVERFLOW : out std_logic);
end component;
```

2. Lpm_add_sub 所属的库和程序包

```
LIBRARY lpm;
USE lpm.lpm_components.all;
```

3. Lpm_add_sub 输入端口

Lpm_add_sub 的输入、输出端口如表 4.2 和表 4.3 所示。

表 4.2　Lpm_add_sub 输入端口

端口名称	是否必要	描述	说明
cin	No	到低阶位的进位	对于加法，默认为 0，减法则为 1
dataa[ ]	Yes	被加数/被减数	输入端口 LPM_WIDTH 宽度
datab[ ]	Yes	加数/减数	输入端 H LPM_WIDTH 宽度
add_sub	No	如果为高电平，则运算 = dataa[]+datab[]+cin 如果为低电平，则运算 = dataa[]−datab[]+cin−1	如果使用了 LPM_DIRECTION 参数，就不能使用 Add_sub。如果省略，则默认值是“ADD”。Altera 推荐使用 LPM_DIRECTION 参数来指 lpm_add_sub 函数的运算，而不是为 add_sub 端口指定一个常数
clock	No	用于流水线用法的时钟	时钟端口为 lpm_add_sub 函数提供流水线操作。如果 LPM_PIPELINE 值不为 0(默认值)，则必须连接 clock 端口
clken	No	用于流水线用法的时钟使能端	如果省略，默认值是 1
aclr	No	用于流水线用法的异步清除	流水线初始化成未定义的(X)逻辑电平，使用 aclr 端口可以在任一时刻将流水线设置成全 0 与 clock 信号异步

表 4.3　Lpm_add_sub 输出端口

端口名称	是否必要	描述	说明
result	Yes	dataa[]+datab[]+cin 或 dataa[]−datab[]+cin−1	输出端口 LPM_WIDTH 宽度
cout	No	MSB 的进位输出或输入	如果使用 overflow，就不能使用 cout。cout 端口具有作为 MSB 的进位输出或输入的物理解释。cout 对在“UNSIGNED”运算中检测溢出的操作至关重要
overflow	No	如果超出可能的精确度	如果使用 overflow，就不能使用 cout。overflow 端口可作为 MSB 的进位输出口与进位输入口。SENTATION 参数值是“SIGNED”时，overflow 才有意义

4. Lpm_add_sub 参数

Lpm_add_sub 的参数如表 4.4 所示。

表 4.4　组件参数表

参数	类型	是否必要	说明
LPM_WIDTH	Integer	Yes	dataa[ ],datab[ ]和 result[ ]端口的宽度
LPM_DERECTION	String	No	值是"ADD"、"SUB"和"UNUSED",如果忽略,则默认值是"DEFAULT",该默认值指向从 add_sub 端口获得值的参数。如果使用 LPM_DIRECTION,就不能使用 add_sub 端口。Altera 推荐使用 LPM_DIRECTION 参数来规定 lpm_add_sub 函数的运算,而不是为 add_sub 端口指定一个常数
LPM_REPRESENTATION	String	No	执行的加法类型:"SIGNED","UNSIGNED"或"UN-USED"。如果省略,则默认值是"SIGNED"
LPM_PIPELINE	Integer	No	规定与 result[]输出相关的延迟的时钟周期的数量。0 值表明没有延迟,将实例化一个纯组合函数。如果忽略,则默认值 0(无流水线)
LPM_HINT	String	No	允许在 VHDL 设计文件中规定 Altera 特有参数,默认值是"UN-USED"
LPM_TYPE	String	No	确定在 VHDL 设计文件中 LPM 实体名
ONE_INPUT_IS_CONSTANT	String	No	Altera 特有参数。必须在 VHDL 设计文件中用 LPM _HINT 参数规定 ONE_INPUT_IS_CONSTANT 参数。值是"YES"、" NO"和"UNUSED"。如果一个输入是常数,则提供更大的优化。如果忽略,默认值是"NO"
MAXIMIZE_SPEED	Integer	No	Altera 特有参数。必须在 VHDL 设计文件中用 LPM _HINT 参数规定 MAXIMIZE_SPEED 参数。可以指定 0～10 之间的值。如果使用此参数,Quartus Ⅱ 会试图更多地为了速度而不是面积来优化 lpm_add_sub 函数的特例,并且覆盖在 Optimization Technique logic option 中的设置。如果不使用 MAXIMIZE_SPEED,就使用 Optimization Technique option 设置中的值。如果 MAXIMIZE _SPEED 的设置是 6 或更高,编译器就会优化 lpm_add_sub,以便得到更高的速度;如果设置是 5 或更低,编译器就会优化 lpm_add_sub,以便得到更小的面积
USE_WYS	String	No	Altera 特有参数。必须在 VHDL 设计文件中用 LPM _HINT 参数规定 USE_WYS 参数。规定是否使用来自于不与任何其他逻辑结合的 result[]端 El 的数据来构造一个优化的累加器。值是"ON"和"OFF"。如果忽略,默认值是"OFF"。对于使用 Cyclone,Cyclone Ⅱ,HardCopy Stratix,Stratix,Stratix GX 的设计,如果打开 add_sub 的端口,这参数必须设置为"ON"。这参数仅对 Cyclone,Cyclone Ⅱ,APEX Ⅱ,HardCopy Stratix,Mercury,Stratix, Stratix GX 等器件使用

三、VHDL 描述

根据 HDL 输入法的设计流程，在路径 D:\EDA_book\lpm_sub32 下建立工程文件 lpm_sub32.qpf，然后创建 VHDL 文件 lpm_sub32.vhd，编写如下源程序，保存并编译，创建仿真文件验证减法器的功能，其仿真波形如图 4.20 所示。

VHDL 描述：

```
LIBRARY lpm;
USE lpm.lpm_components.ALL;
LIBRARY ieee;
USE ieee.Std_logic_1164.ALL;
ENTITY  lpm_sub32  IS
    GENERIC(WIDTH:INTEGER:=32);                    --数据位宽度
    PORT(a,b:IN  STD_LOGIC_VECTOR(WIDTH-1 DOWNTO 0);
       Y:OUT STD_LOGIC_VECTOR(WIDTH-1 DOWNTO 0));
END lpm_sub32;
ARCHITECTURE behave OF lpm_sub32 IS
    SIGNAL ar:STD_LOGIC_VECTOR(WIDTH-1 DOWNTO 0);
    BEGIN
    sub32:lpm_add_sub
    GENERIC MAP(LPM_WIDTH=>WIDTH,                  --数据位宽度
    LPM_REPRESENTATION=>"SIGNED",                  --有符号数
    LPM_DIRECTION=>"SUB",                          --减法
    LPM_PIPELINE=>0)                               --表明没有延迟
    PORT MAP(dataa=>a,
          datab=>b,
          result=>ar);
          y<=ar;
END behave;
```

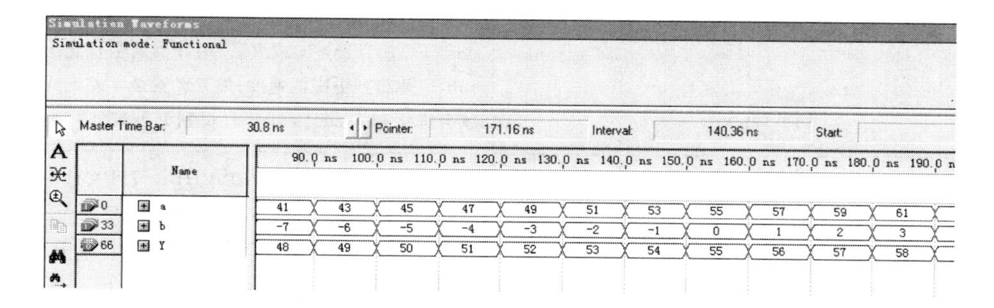

图 4.20　功能时序波形

单元模块三　VHDL 层次化文件设计

层次化设计既是一种设计方法，更是一种设计思想。层次化设计的思想主张将系统模块化，层次化的设计方法是对各种设计输入方法的择优组合，也使数字系统的设计变得更加灵活多变。

VHDL 支持层次化文件设计，即将一个复杂的数字系统划分为若干模块，再把较大的模块划分为较小的模块，整个系统由若干模块组成，较大的模块由较小的模块组成。划分后的每个模块分别采用适合的输入方法编写设计文件，系统的整体则由顶层文件描述。顶层文件把各个模块文件作为元件调用，而较大的模块文件把较小的模块的文件作为元件调用。下面以 4 位二进制加法器为例说明 VHDL 层次化文件设计法。

任务一、4 位二进制加法器的 VHDL 描述

一、任务描述

用 VHDL 层次化文件设计法设计一个 4 位二进制加法器。4 位二进制加法器由 4 个全加器构成，而 1 个全加器又由 1 个半加器和 1 个或门构成。半加器的真值表如表 4.5 所示。输入信号 *a*、*b* 为被加数和加数，输出信号 so 为和，co 为低位向高位的进位。

表 4.5　半加器的真值表

输入		输出	
a	*b*	so	co
0	0	0	0
0	1	1	0
1	0	1	0
1	1	0	1

半加器的逻辑表达式如下：

```
so = NOT(a XOR(NOT b))
co = a AND b
```

一位全加器的真值表如表 4.6 所示。

- 输入信号：c_in 是低位的进位，i1 和 i2 是被加数和加数。
- 输出信号：fs 是和，c_out 是向高位的进位。

表 4.6　一位全加器的真值表

输入			输出	
c_in	i1	i2	fs	c_out
0	0	0	0	0
0	0	1	1	0

续 表

输入			输出	
c_in	i1	i2	fs	c_out
0	1	0	1	0
0	1	1	0	1
1	0	0	1	0
1	0	1	0	1
1	1	0	0	1
1	1	1	1	1

全加器的逻辑表达式如下：

fs = i1 ⊕ i2 ⊕ c_in

c_out = (i1 AND i2)OR(i1 AND c_in)OR(c_in AND i2)

二、层次化设计

1. 模块划分

根据算法分析，4 位二进制加法器可由 4 个全加器构成，画出其原理方框图。4 位二进制加法器原理方框图如图 4.21 所示。而每个全加器又可划分为一个半加器和一个或门这两个更小的模块，画出其原理方框图。全加器原理方框图如图 4.22 所示。

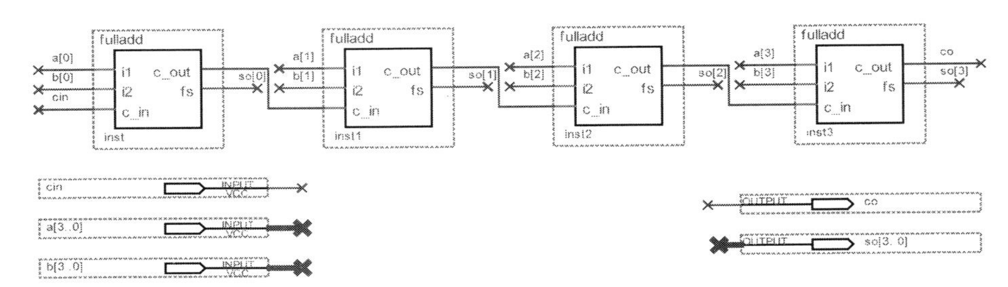

图 4.21　4 位二进制加法器原理框图

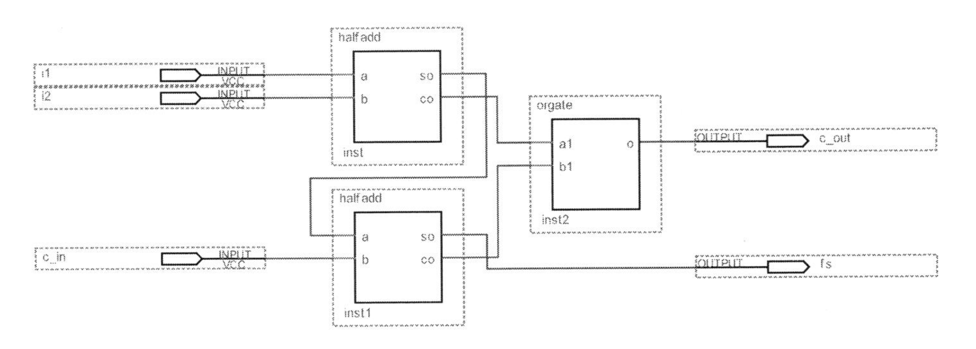

图 4.22　1 位全加器原理方框图

2. 设计底层文件

(1) 设计半加器文件 halfadd. vhd

halfadd. vhd 文件代码如下：

```
ENTITY halfadd IS
PORT(a,b:IN BIT;
  so,co:OUT BIT);
END halfadd;
ARCHITECTURE behave OF halfadd IS
BEGIN
  PROCESS(a,b)
  BEGIN
    so<= NOT(a XOR(NOT b)) AFTER 10ns;
    co<= a AND b AFTER 10 ns;
  END PROCESS;
END behave;
```

(2) 设计或门电路文件 orgate. vhd

orgate. vhd 文件代码如下：

```
ENTITY orgate IS
PORT(a1,b1:IN BIT;
  o:OUT BIT);
END orgate;
ARCHITECTURE behave OF orgate IS
BEGIN
  o<= a1 OR b1;
END behave;
```

(3) 设计全加器文件 fulladd. vhd

设计全加器文件,其中把半加器和或门电路文件作为元件调用。

fulladd. vhd 文件代码如下：

```
ENTITY fulladd IS
  PORT(i1,i2,c_in:IN BIT;
      fs,c_out:OUT BIT);
END fulladd;
ARCHITECTURE behave OF fulladd IS
  SIGNAL temp_s,temp_c1,temp_c2:BIT;
  COMPONENT halfadd
      PORT(a,b:IN BIT;
      so,co:OUT BIT);
  END COMPONENT;
  COMPONENT orgate
      PORT(a1,b1:IN BIT;
```

```
        o:OUT BIT);
    END COMPONENT;
BEGIN
U0:halfadd PORT MAP(i1,i2,temp_s,temp_c1);
U1:halfadd PORT MAP(temp_s,c_in,fs,temp_c2);
U2:orgate PORT MAP(temp_c1,temp_c2,c_out);
END behave;
```

3. 设计顶层文件

设计顶层文件 add4. vhd,其中把全加器文件作为元件调用。

add4. vhd 文件代码如下:

```
ENTITY add4 IS
     PORT(a,b:IN BIT_VECTOR(3 DOWNTO 0);
          cin:IN BIT;
          so:OUT BIT_VECTOR(3 DOWNTO 0);
          co:OUT BIT);
END add4;
ARCHITECTURE behave OF add4 IS
     SIGNAL temp_co0,temp_co1,temp_co2:BIT;
     COMPONENT fulladd IS
          PORT(i1,i2,c_in:IN BIT;
               fs,c_out:OUT BIT);
     END COMPONENT;
   BEGIN
     U0:fulladd PORT MAP(a(0),b(0),cin,so(0),temp_co0);
     U1:fulladd PORT MAP(a(1),b(1),temp_co0,so(1),temp_co1);
     U2:fulladd PORT MAP(a(2),b(2),temp_co1,so(2),temp_co2);
     U3:fulladd PORT MAP(a(3),b(3),temp_co2,so(3),co);
END behave;
```

4. 层次化设计流程

(1) 根据 HDL 输入法的设计流程,在路径 D:\EDA_book\add4 下建立工程文件 add4. qpf。

(2) 新建 VHDL 文件 halfadd. vhd,保存并编译。若有错误,则加以纠正,直到通过为止。

(3) 新建 VHDL 文件 orgate. vhd,保存并编译。若有错误,则加以纠正,直到通过为止。

(4) 新建 VHDL 文件 fulladd. vhd,保存并编译。若有错误,则加以纠正,直到通过为止。

(5) 新建 VHDL 文件 add4. vhd,保存,如图 4.23 所示,在 add4. vhd 文件上右击,执行"Set as Top-Level Entity"命令,将 add4. vhd 设置成顶层文件并编译。若有错误,则加以纠正,直到通过为止。

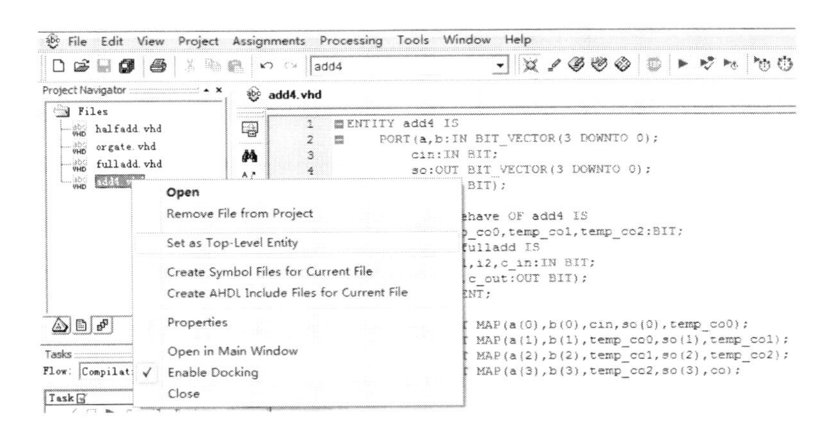

图 4.23　设置顶层文件

5. 仿真顶层设计文件

最后，新建仿真文件保存为 add4.vwf，仿真顶层文件，若发现功能错误，应检查其原因，并加以纠正。4 位二进制加法器的仿真图如图 4.24 所示。

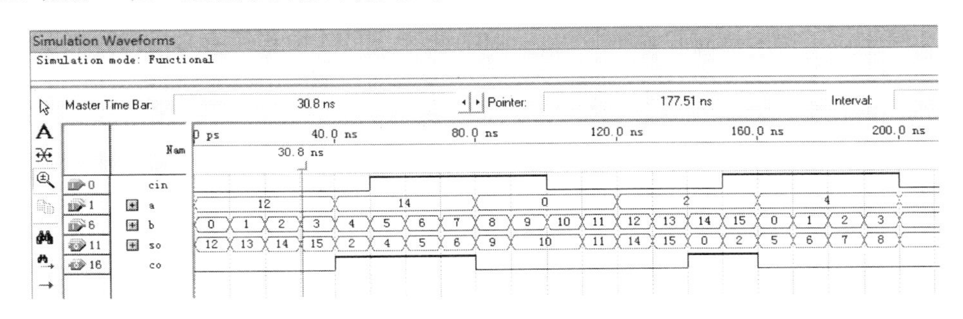

图 4.24　4 位二进制加法器仿真波形图

任务二、正弦信号发生器设计

一、任务描述

设计一个正弦信号发生器。正弦波可以通过 VHDL 编程得到，也可以采用查表法的方式获得，在这里，用后者进行设计，即用一个周期的正弦波采样数据存放于参数化模块库 LPM 的存储器模块 LPM_ROM 中(可以调用模块二中设计的数据存储 data_rom. vhd)，然后，按照一定频率将 LPM_ROM 中的数据顺序取出，并送 DAC 转换即可得到正弦波；要取出正弦波数据，需设计地址发生器，因为数据是连续存放，可以用计数器完成；要将正弦波数据取出后显示成波形，需要将数字量转换成模拟量。因此，可将正弦波信号发生器的结构分为地址发生器、存储正弦波数据的 ROM、数模转换器 D/A 和 VHDL 顶层设计文件 4 部分，其原理框图如图 4.25 所示，图中正弦波数据 ROM 专用于存储正弦波一个周期的采样点值，如要正弦波的失真度小一点就要多取一些值进行保存，当然 ROM 的存储空间有限，本着够用的原则，本设计 ROM 中保存了 64 个样点值，即将一个周期的正弦波等距离取 64 个样点，分别得到正弦波幅值，样点值中最大值以 111111(63)计，其余值按比例求得；地址发生器按顺序从 ROM 中取出保存的正弦波样点数据，样点值的多少决定地址发生器的位数，若要寻址保存到 ROM 中的 64 个样点值，地址发生器为 6 位($2^6=64$)，依此，可以通过要保存的样点值算出地址发生器的寻址空间。存储于 ROM 正弦波样点送给数模转换器 DAC0832 可以实现正弦波的模拟输出。

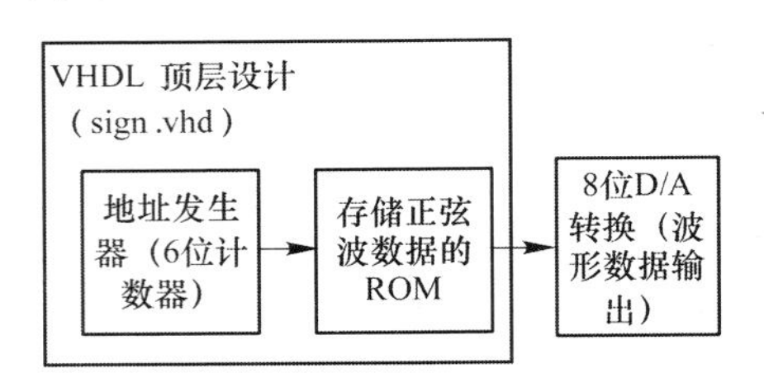

图 4.25　正弦信号发生器结构框图

二、层次化设计

1. 模块划分

根据正弦波信号发生器的结构框图，正弦波信号的产生采用从 ROM 中顺序取值的设计思路。正弦波信号发生器的 VHDL 顶层设计文件包含地址发生器模块和 ROM 模块两部分，其中 ROM 模块可以调用模块四中的单元模块二，用 LPM 函数生成的 data_rom. vhd；地址发生器是用来查找存储的波形数据的，由于 ROM 中连续存放了 64×8bit 正弦波样点值，因此可用一个 6 位的计数器实现，在波形产生时钟作用下，6 位计数值依次加 1，遍寻 ROM 模块的 64 个存储空间，并依此将存于这些空间的样点值送入 DAC0832，输出正弦波模拟信号。图 4.26 为正弦信号发生器原理框图。

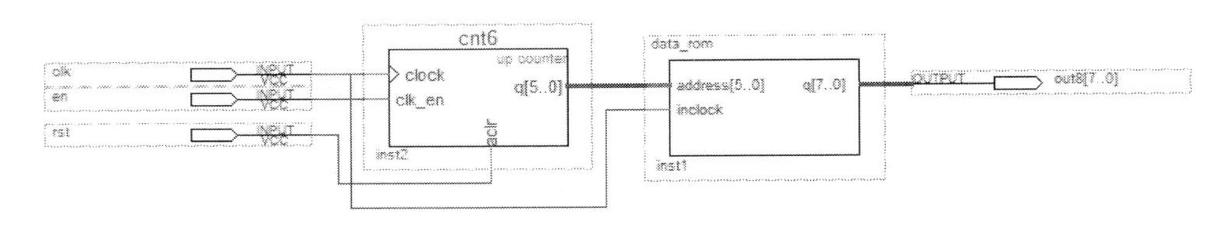

图 4.26　正弦信号发生器原理框图

2. 设计底层文件

正弦信号发生器所需的底层文件，即数据存储文件已经在模块四中的单元模块二任务一中描述清楚，最终生成的 data_rom. vhd 文件，这里直接引用，不再重述。

3. 设计顶层文件

经过前述分析可知，本设计中的地址发生器其实为一个模 64 的计数器，用 VHDL 很容易实现，因此下面在设计计数器的同时，把存储器文件 data_rom. vhd 作为元件调用，完成正弦波发生器的顶层 sign. vhd 文件设计。sign. vhd 程序代码如下：

```
LIBRARY IEEE;
USE IEEE.STD_LOGIC_1164.ALL;
USE IEEE.STD_LOGIC_UNSIGNED.ALL;
ENTITY SIGN IS
  PORT(CLK:IN STD_LOGIC;                                  --信号源时钟
    DOUT:OUT STD_LOGIC_VECTOR(7 DOWNTO 0));
                                                          --8位波形数据输出
```

```
END ENTITY SIGN;
ARCHITECTURE behave OF SIGN IS
  COMPONENT data_rom
    PORT
    (
    address   : IN STD_LOGIC_VECTOR (5 DOWNTO 0);
    inclock   : IN STD_LOGIC ;
        q   : OUT STD_LOGIC_VECTOR (7 DOWNTO 0)
    );
  END COMPONENT;
  SIGNAL Q1:STD_LOGIC_VECTOR (5 DOWNTO 0);
                                                    --设定内部节点作为地址计数器
  BEGIN
  PROCESS(CLK)
  BEGIN
  IF CLK'EVENT AND CLK='1' THEN Q1<=Q1+1;
                                                       --Q1 作为地址发生器计数器
  END IF;
  END PROCESS;
 u1:data_rom PORT MAP(address=>Q1,inclock=>CLK,q=>DOUT);
 END  behave;
```

上述程序用例化语句将地址发生器与定制好的 ROM 文件 data_rom. vhd 连接起来，完成了地址发生器按时钟信号 CLK 顺序读取 ROM 中的正弦波样点值，实现了顶层设计功能。

4. *层次化设计流程*

层次化设计流程可用下面三步完成：

(1) 根据 HDL 输入法的设计流程，在路径 D:\EDA_book\sign 下建立工程文件 sign. qpf。

(2) 定制 LPM_ROM 元件，输出文件保存到 D:\EDA_book\sign\data_rom. vhd。

(3) 新建顶层文件 sign. vhd，保存，在 sign. vhd 文件上右击，执行“Set as Top-Level Entity”命令，将 sign. vhd 设置成顶层文件并编译。若有错误，则加以纠正，直到通过为止。

5. *仿真顶层设计文件*

最后，新建仿真文件保存为 sign. vwf，仿真顶层文件，若发现功能错误，应检查其原因，并加以纠正。正弦信号发生器的仿真图如图 4.27 所示。从仿真结果看，输出的数据和最初写入 ROM 中的数据完全一致，但是这仅仅是正弦波形的数据，不够直观，要能够看到正弦波形可以设置波形仿真编辑器(Quartus Ⅱ 9.0)的输出或借助 D/A 转换器，进行硬件测试。

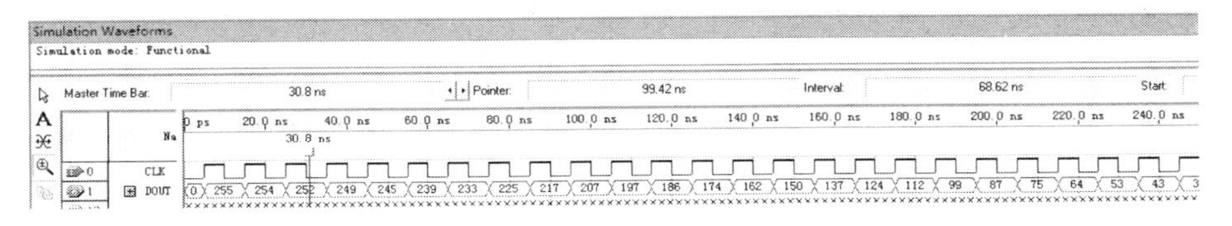

图 4.27　仿真波形输出

6. 硬件测试

使用 GW48 EDA 实验箱，选择系统的电路模式 No.5，引脚绑定信息为：时钟信号 CLK 接实验箱中的时钟频率 Clock$_0$；将 DOUT(0)、DOUT(1)、…、DOUT(7)分别与实验箱上 DAC0832 的 I/O(PIO24、PIO25、PIO26、PIO27、PIO28、PIO29、PIO30、PIO31)绑定。编译下载 sign.sof 后，打开±12V 电压开关，将实验箱上时钟频率 Clock$_0$ 的跳线选择到 750kHz 的频率，再将示波器接于实验箱上 DAC0832 输出端的挂钩上即可观察输出波形。

三、嵌入式逻辑分析仪 SignalTap Ⅱ

Quartus Ⅱ 提供一种将高效的硬件测试手段和传统的系统测试方法相结合来完成的测试工具，即嵌入式逻辑分析仪 SignalTap Ⅱ。

嵌入式逻辑分析仪是一种类似于示波器的波形测试设备，它可以监测硬件电路工作时的逻辑电平(高或低)，并加以存储，用图形的方式直观地表达出来，便于用户检测、分析电路设计(硬件设计和软件设计) 中的错误。它可以随设计文件一并下载到目标芯片中，用以捕捉目标芯片内部系统信号节点处的信息或总线上的数据流，而又不影响硬件系统的正常工作。逻辑分析仪是设计中不可缺少的设备，通过它，可以迅速地定位错误，解决问题，达到事半功倍的效果。

在实际监测中，SignalTap Ⅱ 将测得的样本信号暂存于目标器件中的嵌入式 RAM 中，通过器件的 JTAG 端口将采集的信息传出，送入计算机进行显示和分析。任务二中设计的正弦信号发生器可以借助 SignalTap Ⅱ 观测正弦波形。下面以设计正弦信号发生器为例介绍 SignalTap Ⅱ 的使用方法。

1. 打开 SignalTap Ⅱ 编辑窗

执行“File→New...”命令，在“New”窗口中选择“Verification/Debugging Files”中“SignalTap Ⅱ Logic Analyzer File”，如图 4.28 所示，单击“OK”按钮，出现 SignalTap Ⅱ 编辑窗口。或者如图 4.29 所示，执行“Tools→SignalTap Ⅱ Logic Analyzer”命令打开“SignalTap Ⅱ”编辑窗口，如图 4.30 所示。

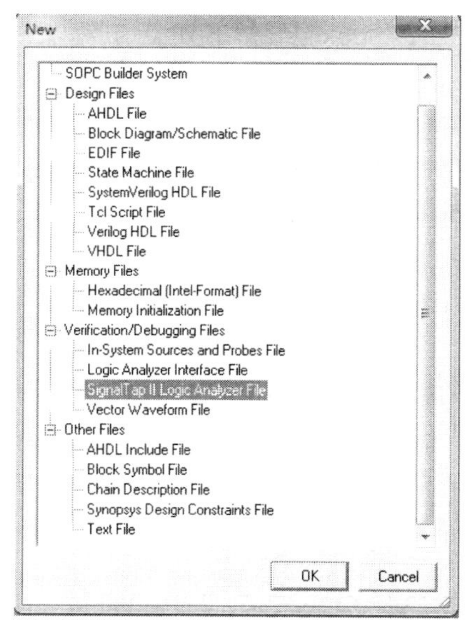

图 4.28 执行“File→New...”命令

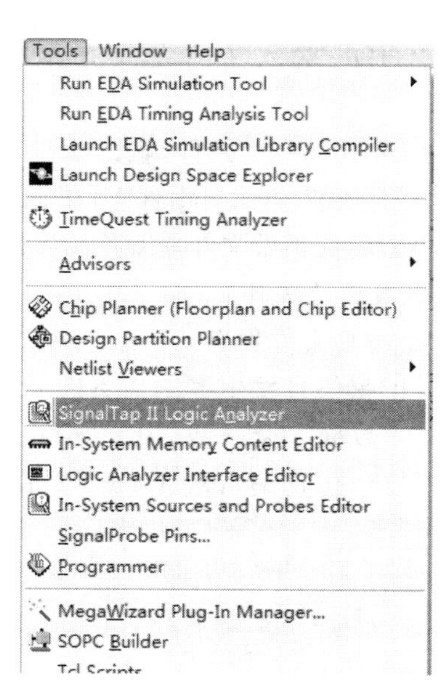

图 4.29 执行“Tools→SignalTap Ⅱ Logic Analyzer”命令

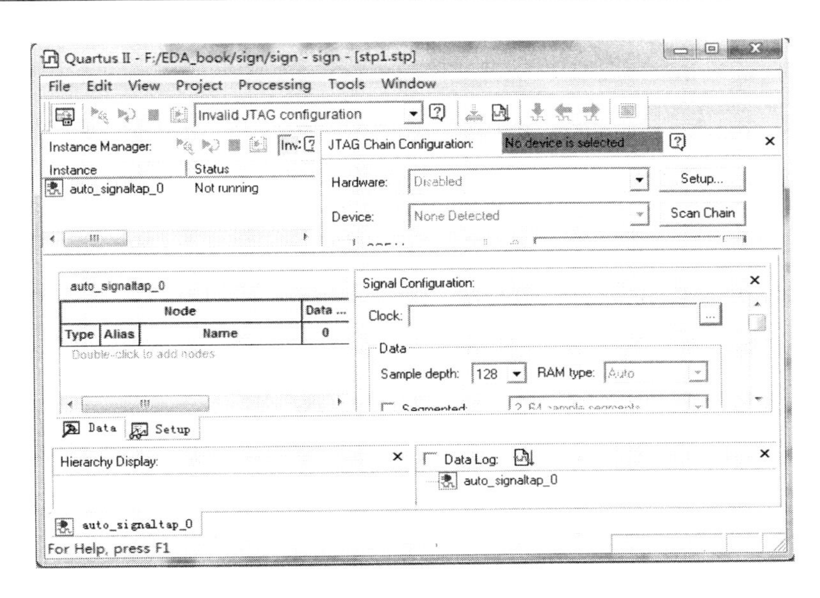

图 4.30　SignalTap Ⅱ 编辑窗口

2. 调入待测信号

单击 SignalTap Ⅱ 编辑窗口的“Instance”栏内的“auto_signaltap_0”，更改此名为待测信号名，如 sign，这是待测信号名中的一组。为调入待测信号名，在下栏(Sign 栏)的空白处双击，会弹出“Node Finder”窗口(图 4.31)，单击“List”按钮，即在左栏中出现此工程相关的所有信号。

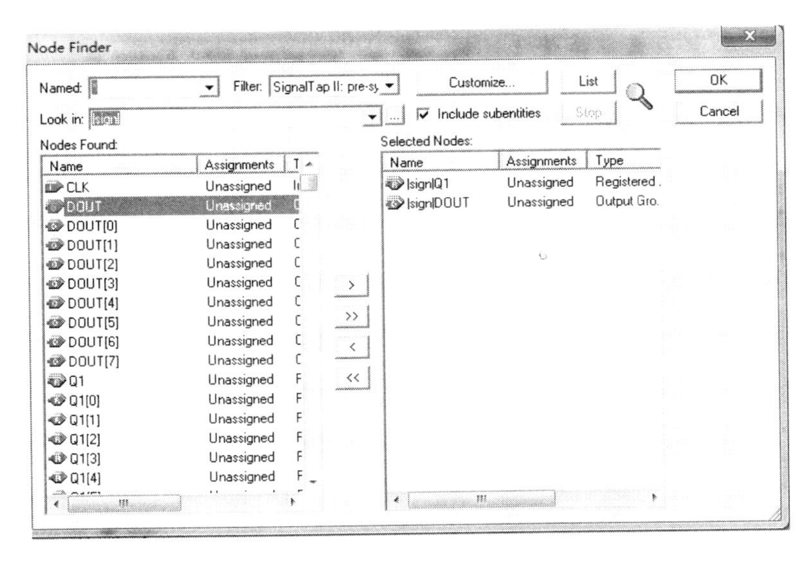

图 4.31　Node Finder 窗口

选择要观察的信号名：ROM 地址信号 Q_1；8 位输出信号 DOUT。单击“OK”按钮后即可将这些信号调入 SignalTap Ⅱ 观察窗口，如图 4.32 所示。

注意：调入信号时根据实际需要决定调入哪些信号，不要随意调入过多的或没有实际意义的信号，否则会导致 SignalTap Ⅱ 无谓占用芯片内过多的逻辑资源和存储资源。

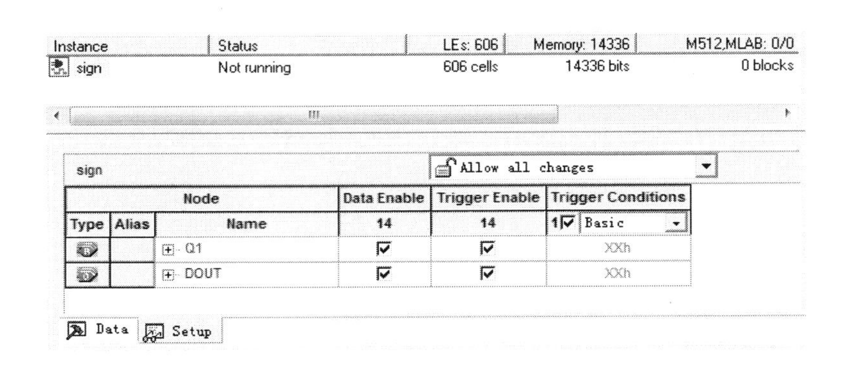

图 4.32　调入待测信号

3. SignalTap Ⅱ参数设置

在 SignalTap Ⅱ编辑窗口右侧的“Signal Configuration”栏内进行参数设置。

首先输入逻辑分析仪的工作时钟信号 Clock。单击“Clock”右侧的“...”按钮，在打开的“Node Finder”窗口中，选择计数器的时钟信号 CLK 作为逻辑分析仪的采用时钟；在“Data”框的“Sample depth”栏选择采样深度为 1K。

注意：采用深度关系 sign 组的每一位信号都具有相同的采用深度，它选择不合适可能造成 FPGA 内部存储单元不够用，因此要综合考虑待测信号采用要求、信号组总的信号数量，以及该工程可能占用 ESB/M4K 的规模。

然后设置触发方式。在“Trigger”框中“Trigger flow control”选择连续采样“Sequential”；“Trigger position”选择前触发“Pre trigger position”；“Trigger condition”选择 1（默认值）。设置如图 4.33 所示。SignalTap Ⅱ在 CLK 的驱动下根据设置 sign 信号组的信号进行连续采样。

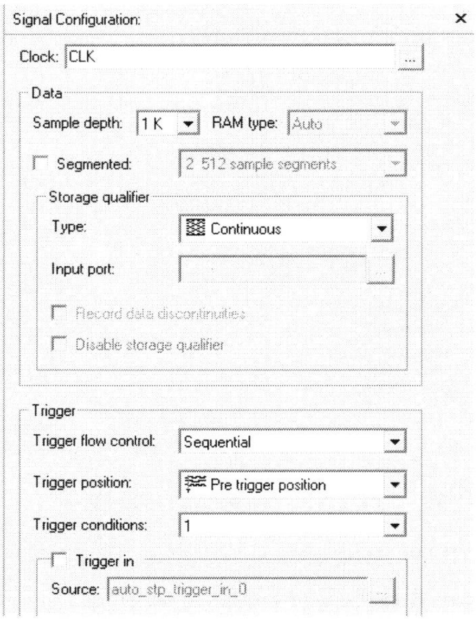

图 4.33　SignalTap Ⅱ参数设置

4. 文件存盘

执行“File”中“Save As”命令，输入 SignalTap Ⅱ 文件名为 sign. stp(扩展名为默认)。单击“保存”按钮，出现如图 4.34 所示对话框“Do you want to enable SignalTap Ⅱ File ‘sign. stp’for the current project”，单击“是”按钮，将此 SignalTap Ⅱ 文件与当前工程(sign)绑定在一起综合/适配，以便一同被下载到 FPGA 芯片中完成实时测试。

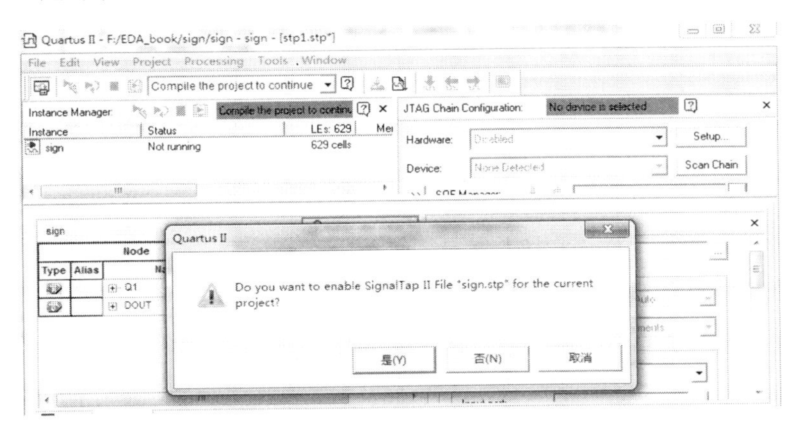

图 4.34　文件存盘

若单击“否”按钮，也可自行设置。单击菜单“Assignments”中的“Settings”项，在弹出窗口中，“Category”栏中选择“SignalTap Ⅱ Logic Analyzer”，如图 4.35 所示，单击“...”按钮，选择已存盘的 SignalTap Ⅱ 文件名 sign. stp，并打勾选中“Enable SignalTap Ⅱ Logic Analyzer”，单击“OK”按钮。

利用 SignalTap Ⅱ 将芯片中的信号测试完成后，将 SignalTap Ⅱ 从芯片中除去，可以用相同的办法打开图 4.35 对话框，单击去掉“Enable SignalTap Ⅱ Logic Analyzer”的勾选，然后重编译即可。

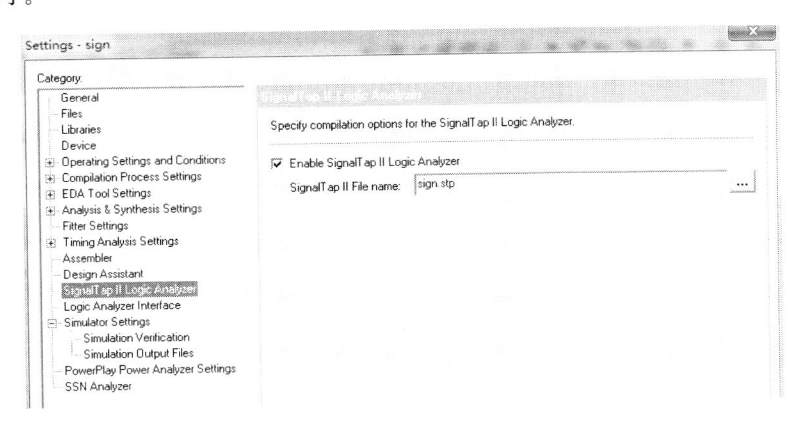

图 4.35　设置全程编译中加入 SignalTap Ⅱ 文件

5. 编译下载

选择“Processing”菜单的“Start Compilation”项，启动全程编译。编译结束后，打开 SignalTap Ⅱ 文件。

打开实验箱的电源，连接 JTAG 口，设定通信模式。单击如图 4.36 所示右上角的“Setup...”按钮，选择硬件通信模式：ByteBlaster Ⅱ。然后单击下方的“Device”栏的“Scan Chain”按钮，对实验板进行扫描。如果在栏中出现板上 FPGA 型号名，表示系统 JTAG 通信情况正常，可以进行下载。

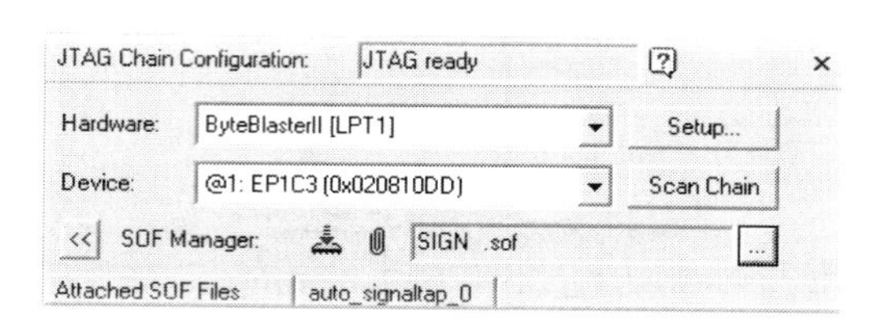

图 4.36　下载模式和文件选择

最后在 SOF Manager 栏中单击“...”按钮选中下载文件(sign. sof)。单击左侧的下载标号，观察左下角下载信息。下载成功后，设定实验板上的模式(模式 No. 5，与硬件测试时相同)，CLK 的频率可在实验箱 $Clock_0$ 处用跳线帽设为 65 536Hz。

6. *启动 SignalTap Ⅱ进行采样与分析*

单击 Instance 名“sign”，再单击“Autorun Analysis”按钮，启动 SignalTap Ⅱ。单击左下角的“Data”页，这时就能在 SignalTap Ⅱ数据窗口通过 JTAG 口观察到来自实验板上 FPGA内部的实时信号。

如果单击图中总线名左侧的“+”可以展开此总线信号，用鼠标左右键可以控制数据的展开和收缩。也可以右击所要观察的总线信号名，在弹出的下拉菜单中选择总线数据显示模式“Bus Display Format”为“Unsigned Decimal”。图 4.37 中两个总线信号都选择了 Unsigned Decimal 数据格式。

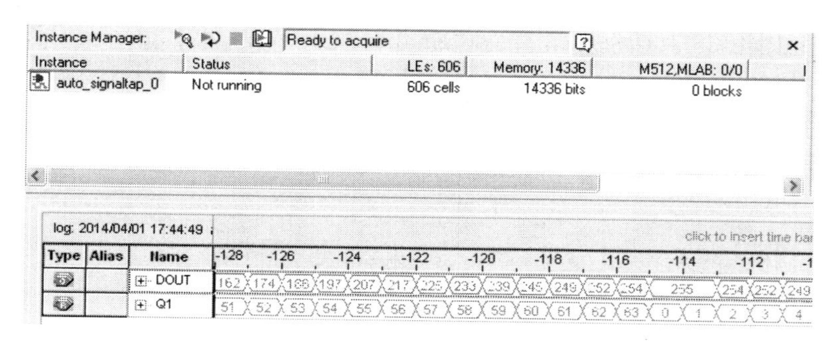

图 4.37　Unsigned Decimal 数据格式

如果希望观察到将要形成模拟波形的数字信号波形，可以右击所观察的总线信号名，在弹出的下拉菜单中选择总线显示模式“Bus Display Format”为“Unsigned Line Chart”，即可获得如图 4.38 所示的模拟信号波形。

如果利用“In-System Memory Content Editor”改变 ROM 中的波形数据，即可编辑和下载数据，则能通过 SignalTap Ⅱ直接观察到输出数据的变化。

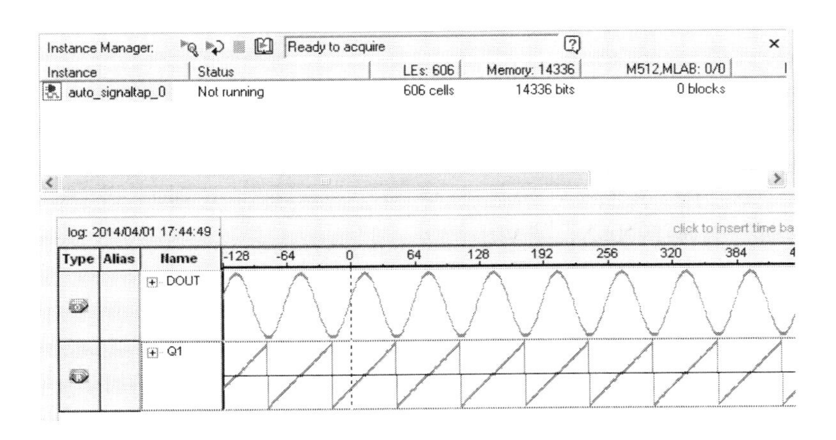

图 4.38　Unsigned Line Chart 数据格式

模块四　小结

本模块分别用子程序应用、块语句应用、参数可定制的 LPM 函数应用进行 VHDL 程序设计，这些设计与数字电路中常用的电路相关，以任务的形式出现，提出任务，在完成设计任务的过程中，将子程序应用、块语句应用、库和程序包应用，以及常用 LPM 函数的定制方法贯穿其中。最后以 4 位二进制加法器和正弦信号发生器设计为例，讲述了 VHDL 层次化设计方法，尽管项目很小，但反映了自顶向下逐层分解、细化设计任务；先完成底层电路设计，然后在顶层设计中调用底层电路，最终实现设计任务的思想。

习　　题

一、单项选择题

1. 除了块语句(BLOCK)之外，下列语句同样可以将结构体的并行描述分成多个层次的是______。

A. 元件例化语句(COMPONENT)　　B. 生成语句(GENERATE)

C. 报告语句(REPORT)　　D. 空操作语句(NULL)

2. 以下不是生成语句(GENERATE)组成部分的是______。

A. 生成方式　　B. 说明部分　　C. 并行语句　　D. 报告语句(REPORT)

3. 断言语句对错误的判断级别最高的是______。

A. Note(通报)　　B. Warning(警告)　　C. Error(错误)　　D. Failure(失败)

4. 下列选项中不属于过程调用语句(PROCEDURE)参量表中可定义的流向模式的

是______。

A. IN　　B. INOUT　　C. OUT　　D. LINE

5. 下列选项中不属于等待语句(WAIT)书写方式的是______。

A. WAIT　　B. WAIT ON 信号表

C. WAIT UNTILL 条件表达式　　D. WAIT FOR 时间表达式

6. 下列选项中不属于 NEXT 语句书写方式的是______。

A. NEXT

B. NEXT LOOP 标号

C. NEXT LOOP 标号　WHEN 条件表达式

D. NEXT LOOP 标号　CASE 条件表达式

7. 下列选项中不属于 EXIT 语句书写方式的是______。

A. EXIT

B. EXIT LOOP 标号

C. EXIT LOOP 标号　WHEN 条件表达式

D. EXIT LOOP 标号　CASE 条件表达式

8. 下列语句中完全不属于顺序语句的是______。

A. WAIT 语句　　B. NEXT 语句

C. ASSERT 语句　　D. REPORT

9. 下列语句中不完全属于并行语句的是______。

A. REPORT 语句　　B. BLOCK 语句

C. ASSERT 语句　　D. REPORT

10. 以下不是并行断言语句(ASSERTE)组成部分的是______。

A. ASSERT　　B. REPORT

C. SEVERITY　　D. EXIT

11. 下列属性描述中不属于 VHDL 属性的是______。

A. 数值属性(Value Attributes)　　B. 过程属性(Process Attributes)

C. 函数属性(Function Attributes)　　D. 信号属性(Signal Attributes)

12. 下列属性描述中不属于数值类型属性的是______。

A. Type_name’High　　B. Type_name’Low

C. Type_name’Middle　　D. Type_name’Left

13. 下列属性描述中不属于函数数组属性的是______。

A. Array_name’LEFT(n)　　B. Array_name’High(n)

C. Array_name’Middle(n)　　D. Array_name’Low(n)

14. 下列属性描述中不属于函数信号属性的是______。

A. Signal_name’EVENT　　B. Signal_name’ACTIVE

C. Signal_name’FIRST_EVENT　　D. Signal_name’LAST_ACTIVE

15. 下列属性描述中不属于信号属性的是______。

A. 带 DELAYED(time)属性的信号　　B. 带 STABLE(time)属性的信号

C. 带 QUIET (time)属性的信号　　D. 带 TRANSITION 属性的信号

16. 下列过程不属于仿真周期的是______。

A. 敏感条件成立或等待条件成立

B. 更新进程中的信号值

C. 退出被激活的进程

D. 执行每一个被激活的进程，直到被再次挂起

二、填空题

1. VHDL 语句可以分为________行和________行两类。

2. VHDL 用于仿真验证的高级并行语句主要有________、________、________、________和________语句。

3. VHDL 用于仿真验证的高级顺序语句主要有________、________、________、________和________语句。

4. 块语句(BLOCK)实现的是从________上的划分，并非________上的划分。

5. 生成语句(GENERATE)由________、________、________和________四部分组成。

6. REPORT 语句是________的语句，类似于 C 语言中的 printf 语句。

7. VHDL 中的断言语句主要用于________、________的人机对话，属于不可综合语句，综合中被忽略而不会生成逻辑电路，只用于检测某些电路模型是否正常工作等。

8. 过程调用语句属于 VHDL ________的一种类型。________是一个 VHDL 程序模块，利用________来定义和完成算法，应用它能更有效地完成重复性的设计工作。

9. 在进程中，当程序执行到 WAIT 语句时，运行程序将被________，直到满足此语句设置的________条件后，才重新开始执行进程或过程中的程序。

10. NEXT 语句主要用于在________语句执行中进行有条件的或无条件的________控制。

11. VHDL 常用的预定义属性有________、________、________、________和________ 5 大类。

12. VHDL 的数值属性有________、________和________ 3 大类。

13. VHDL 的函数属性有________、________和________ 3 种。

14. VHDL 语言总共定义了________、________、________和________ 4 种信号属性供设计者使用。

15. 数据类型属性(Type Attributes)主要用于返回________或________的基本(BASE)类型(Type)。

16. 数据区间的属性函数又称为________，用于返回________的指定数组类型的范围。

17. ________是 VHDL 仿真中最重要的特性设置，为建立精确的________，甚至可以不使用 VHDL 仿真器得到更接近实际的结果。

18. 仿真周期包括________、________和________ 3 部分。

19. VHDL 系统的仿真延迟分为________和________两种。

三、分析题

FIFO 是一种存储电路，用来存储、缓冲在两个异步时钟之间的数据传输。使用异步 FIFO 可以在两个不同时钟系统之间快速而方便地实时传输数据。在网络接口、图像处理、CPU 设计等方面具有广泛应用。在 Quartus Ⅱ 中，利用宏函数模块设计向导完成 8 位数据

输入 FIFO 模块的定制设计和验证,给出仿真波形图。

实训项目

项目一　8 位十六进制频率计设计

一、实训目的

- 熟悉 Quartus Ⅱ的 VHDL 文本设计过程。
- 学习 8 位十六进制频率计的设计。
- 学习较复杂的数字系统设计方法、层次化设计方法。

二、实训设备

装有 Quartus Ⅱ软件的计算机和配合硬件测试的相关实验箱。

三、实训内容

(一) 实训原理

根据频率的定义和频率测量的基本原理,测定信号的频率必须有一个脉宽为 1 秒的输入信号脉冲计数允许的信号;1 秒计数结束后,计数值被锁入锁存器,计数器清 0,为下一测频计数周期做好准备。如图 4. 39 所示,测频控制信号可以由一个独立的发生器(FTCTRL)来产生。FTCTRL 的计数使能信号 CNT_EN 能产生一个 1 秒脉宽的周期信号,并对频率计中的 32 位二进制计数器 COUNTER32B 的 ENABL 使能端进行同步控制。当CNT_EN高电平时允许计数;低电平时停止计数,并保持其所计的脉冲数。在停止计数期间,首先需要一个锁存信号 LOAD 的上跳沿将计数器在前 1 秒钟的计数值锁存进锁存器 REG32B 中,并由外部的十六进制 7 段译码器译出,显示计数值。设置锁存器的好处是数据显示稳定,不会由于周期性地清 0 信号而不断闪烁。锁存信号后,必须有一清 0 信号 RST_CNT 对计数器进行清零,为下一秒的计数操作作准备。

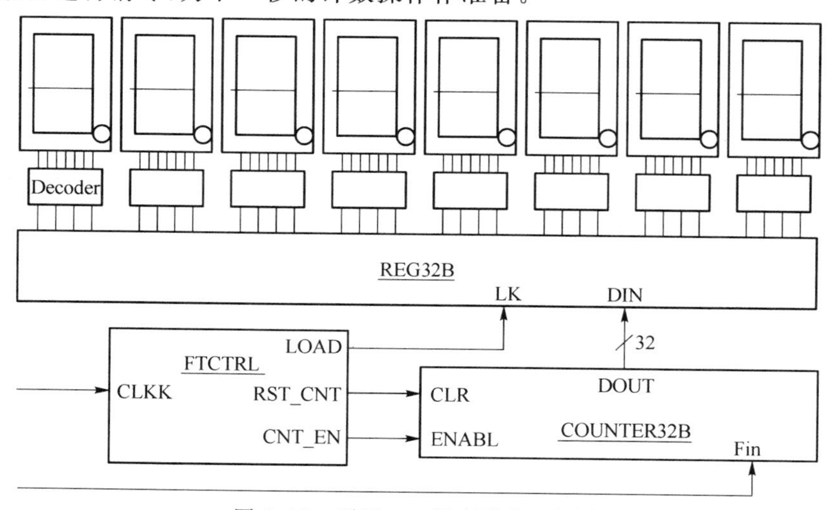

图 4.39　项目一　频率计电路框图

（二）实训步骤

1. 文本编辑输入。分别完成底层文件（测频控制电路 FTCTRL. vhd 和 32 位锁存器 REG32B. vhd 和 32 位计数器 COUNTER32B. vhd）的输入，然后再设计顶层文件 FREQTEST. vhd。参考代码如下：

```
  -- 测频控制电路 FTCTRL. vhd
LIBRARY IEEE;
USE IEEE.STD_LOGIC_1164.ALL;
USE IEEE.STD_LOGIC_UNSIGNED.ALL;
ENTITY FTCTRL IS
    PORT (CLKK : IN STD_LOGIC;                          -- 1 Hz
        CNT_EN : OUT STD_LOGIC;                         -- 计数器时钟使能
        RST_CNT : OUT STD_LOGIC;                        -- 计数器清零
         Load : OUT STD_LOGIC      );                   -- 输出锁存信号
END FTCTRL;
ARCHITECTURE behav OF FTCTRL IS
    SIGNAL Div2CLK : STD_LOGIC;
BEGIN
    PROCESS( CLKK )
    BEGIN
        IF CLKK 'EVENT AND CLKK = '1' THEN              -- 1Hz 时钟 2 分频
            Div2CLK <= NOT Div2CLK;
        END IF;
    END PROCESS;
    PROCESS (CLKK, Div2CLK)
    BEGIN
        IF CLKK = '0' AND Div2CLK = '0' THEN RST_CNT<='1';      -- 产生计数器清零信号
        ELSE RST_CNT <= '0';   END IF;
    END PROCESS;
    Load  <= NOT Div2CLK;     CNT_EN <= Div2CLK;
END behav;

  -- 32 位锁存器 REG32B. vhd
LIBRARY IEEE;
USE IEEE.STD_LOGIC_1164.ALL;
ENTITY REG32B IS
    PORT (     LK : IN STD_LOGIC;
             DIN : IN STD_LOGIC_VECTOR(31 DOWNTO 0);
             DOUT : OUT STD_LOGIC_VECTOR(31 DOWNTO 0) );
END REG32B;
ARCHITECTURE behav OF REG32B IS
BEGIN
    PROCESS(LK, DIN)
```

```
        BEGIN
            IF LK'EVENT AND LK = '1' THEN   DOUT <= DIN;
            END IF;
                END PROCESS;
    END behav;

    --32 位计数器 COUNTER32B.vhd
    LIBRARY IEEE;
    USE IEEE.STD_LOGIC_1164.ALL;
    USE IEEE.STD_LOGIC_UNSIGNED.ALL;
    ENTITY COUNTER32B IS
        PORT (FIN : IN STD_LOGIC;                              -- 时钟信号
              CLR : IN STD_LOGIC;                              -- 清零信号
              ENABL : IN STD_LOGIC;                            -- 计数使能信号
              DOUT :  OUT STD_LOGIC_VECTOR(31 DOWNTO 0));      -- 计数结果
    END COUNTER32B;
    ARCHITECTURE behav OF COUNTER32B IS
        SIGNAL CQI :  STD_LOGIC_VECTOR(31 DOWNTO 0);
    BEGIN
        PROCESS(FIN, CLR, ENABL)
        BEGIN
            IF CLR = '1' THEN   CQI <= (OTHERS =>'0');              -- 清零
            ELSIF FIN'EVENT AND FIN = '1' THEN
            IF ENABL = '1' THEN CQI <= CQI + 1; END IF;
            END IF;
        END PROCESS;
        DOUT <= CQI;
    END behav;

    -- 频率计顶层文件 FREQTEST.vhd
    LIBRARY IEEE;
    LIBRARY IEEE;
    USE IEEE.STD_LOGIC_1164.ALL;
    ENTITY FREQTEST IS
        PORT ( CLK1HZ : IN STD_LOGIC;
                 FSIN : IN STD_LOGIC;
                 DOUT : OUT STD_LOGIC_VECTOR(31 DOWNTO 0) );
    END FREQTEST;
    ARCHITECTURE struc OF FREQTEST IS
        COMPONENT FTCTRL
            PORT (CLKK : IN STD_LOGIC;                         -- 1Hz
              CNT_EN : OUT STD_LOGIC;                          -- 计数器时钟使能
             RST_CNT : OUT STD_LOGIC;                          -- 计数器清零
```

```
            Load : OUT STD_LOGIC     );                          -- 输出锁存信号
    END COMPONENT;
    COMPONENT COUNTER32B
        PORT (FIN : IN STD_LOGIC;                                -- 时钟信号
            CLR : IN STD_LOGIC;                                  -- 清零信号
          ENABL : IN STD_LOGIC;                                  -- 计数使能信号
           DOUT :  OUT STD_LOGIC_VECTOR(31 DOWNTO 0));           -- 计数结果
    END COMPONENT;
    COMPONENT REG32B
        PORT (     LK : IN STD_LOGIC;
                  DIN : IN STD_LOGIC_VECTOR(31 DOWNTO 0);
                 DOUT : OUT STD_LOGIC_VECTOR(31 DOWNTO 0) );
    END COMPONENT;
    SIGNAL TSTEN1 : STD_LOGIC;
    SIGNAL CLR_CNT1 : STD_LOGIC;
    SIGNAL Load1 : STD_LOGIC;
    SIGNAL DTO1 : STD_LOGIC_VECTOR(31 DOWNTO 0);
    SIGNAL CARRY_OUT1 : STD_LOGIC_VECTOR(6 DOWNTO 0);
BEGIN
    U1 :     FTCTRL PORT MAP(CLKK  =>CLK1HZ,CNT_EN=>TSTEN1,
                          RST_CNT  =>CLR_CNT1,Load  =>Load1);
    U2 :     REG32B PORT MAP(  LK=>Load1,    DIN=>DTO1, DOUT=>DOUT);
    U3 : COUNTER32B PORT MAP( FIN=>FSIN, CLR=>CLR_CNT1,
                              ENABL=>TSTEN1, DOUT=>DTO1 );
END struc;
```

2. 仿真测试。

3. 引脚绑定。建议选实验电路模式 5;8 个数码管以十六进制形式显示测频输出;待测频率输入 FIN 由 $clock_0$ 输入,频率可选 4 Hz、256 Hz、3 Hz、…、50 MHz 等;1 Hz 测频控制信号 CLK1HZ 可由 $clock_2$ 输入(用跳线选 1 Hz)。注意,这时 8 个数码管的测频显示值是十六进制的。

4. 硬件下载测试。

四、实训报告

请根据实训内容写实训报告,包括:程序设计、软件编译、仿真分析、硬件测试及详细实验过程;程序分析报告、仿真波形图及其分析报告。

五、实训总结

实验结束后,对自己的实训思路、方法,或实训中出现的问题和解决方法加以论述,也可以对实训题目的难易程度进行总结或提出建议、意见。

项目二　数据采集电路和简易存储示波器设计

一、实训目的

- 进一步熟悉 Quartus Ⅱ。

- 学习 LPM_RAM 模块 VHDL 元件定制、调用和使用方法。
- 了解 HDL 文本描述与原理图混合设计方法。

二、实训设备

装有 Quartus Ⅱ软件的计算机和配合硬件测试的相关实验箱。

三、实训内容

(一) 实训原理

利用 FPGA 直接控制 0809 对模拟信号进行采样，然后将转换好的 8 位二进制数据迅速存储到存储器中，在完成对模拟信号一个或数个周期的采样后，由外部电路系统（如单片机）将存储器中的采样数据读出处理。其原理如图 4.40 所示。

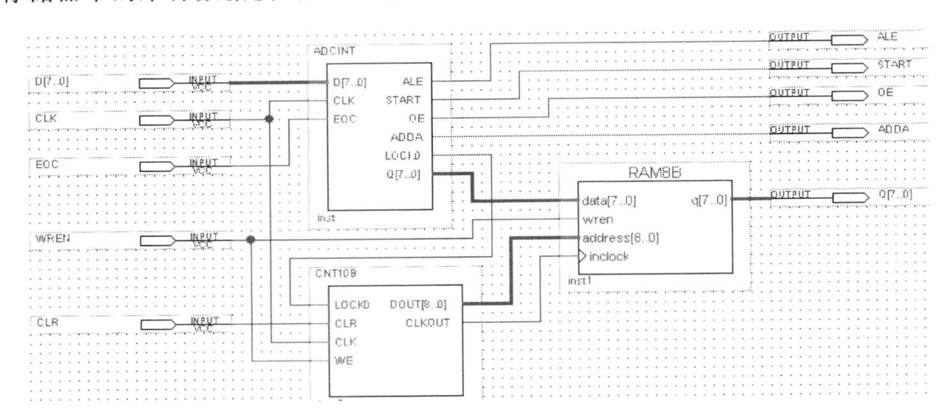

图 4.40　项目二原理图

(二) 实训步骤

1. 文本编辑输入。分别完成底层文件（控制 0809 的采样状态机 ADCINT. vhd、RAM 的 9 位地址计数器 CNT10B. vhd 和 LPM_RAM 数据存储 RAM8B. vhd）的输入，然后再设计顶层文件 RSV. bdf。其中 LPM_RAM 采用 LPM 函数定制，是 8 位数据线，9 位地址线，WREN 是写使能，高电平有效。参考代码如下：

```
-- 控制 0809 的采样状态机 ADCINT.vhd
  LIBRARY IEEE;
  USE IEEE.STD_LOGIC_1164.ALL;
  ENTITY ADCINT IS
      PORT(D：IN STD_LOGIC_VECTOR(7 DOWNTO 0);           -- 来自 0809 转换好的 8 位数据
         CLK：IN STD_LOGIC;                              -- 状态机工作时钟
         EOC：IN STD_LOGIC;                              -- 转换状态指示，低电平表示正在转换
         ALE：OUT STD_LOGIC;                             -- 8 个模拟信号通道地址锁存信号
       START：OUT STD_LOGIC;                             -- 转换开始信号
         OE ：OUT STD_LOGIC;                             -- 数据输出三态控制信号
       ADDA：OUT STD_LOGIC;                              -- 信号通道最低位控制信号
      LOCK0：OUT STD_LOGIC;                              -- 观察数据锁存时钟
          Q  ：OUT STD_LOGIC_VECTOR(7 DOWNTO 0));        -- 8 位数据输出
  END ADCINT;
  ARCHITECTURE behav OF ADCINT IS
```

```
   TYPE states IS (st0, st1, st2, st3,st4) ;          --定义各状态子类型
   SIGNAL current_state, next_state: states := st0 ;
   SIGNAL REGL        : STD_LOGIC_VECTOR(7 DOWNTO 0);
   SIGNAL LOCK        : STD_LOGIC;                    -- 转换后数据输出锁存时钟信号
BEGIN
   ADDA <= '1';
     -- 当 ADDA<='0',模拟信号进入通道 IN0;当 ADDA<='1',则进入通道 IN1
   Q <= REGL; LOCK0 <= LOCK ;
   COM: PROCESS(current_state,EOC)  BEGIN             --规定各状态转换方式
   CASE current_state IS
      WHEN st0 =>ALE<='0';START<='0';LOCK<='0';OE<='0';  next_state <= st1;
      WHEN st1 =>ALE<='1';START<='1';LOCK<='0';OE<='0';  next_state <= st2;
      WHEN st2 => ALE<='0';START<='0';LOCK<='0';OE<='0';
          IF (EOC='1') THEN next_state <= st3;        --EOC=1 表明转换结束
          ELSE next_state <= st2;  END IF ;           --转换未结束,继续等待
      WHEN st3 => ALE<='0';START<='0';LOCK<='0';OE<='1'; next_state <= st4;
      WHEN st4 => ALE<='0';START<='0';LOCK<='1';OE<='1'; next_state <= st0;
      WHEN OTHERS =>next_state <= st0;
   END CASE ;
   END PROCESS COM ;
   REG: PROCESS (CLK)
   BEGIN
      IF (CLK'EVENT AND CLK='1') THEN current_state<=next_state; END IF;
  END PROCESS REG ;        -- 由信号 current_state 将当前状态值带出此进程:REG
  LATCH1: PROCESS (LOCK) -- 在 LOCK 的上升沿,将转换好的数据锁入
  BEGIN
   IF LOCK='1' AND LOCK'EVENT THEN   REGL <= D ; END IF;
  END PROCESS LATCH1 ;
END behav;
--地址计数器 CNT10B.vhd
LIBRARY IEEE;
USE IEEE.STD_LOGIC_1164.ALL;
USE IEEE.STD_LOGIC_UNSIGNED.ALL;
ENTITY CNT10B IS
    PORT (LOCK0,CLR : IN STD_LOGIC;
                CLK : IN STD_LOGIC;
                 WE : IN STD_LOGIC;
               DOUT : OUT STD_LOGIC_VECTOR(8 DOWNTO 0);
             CLKOUT : OUT STD_LOGIC );
END CNT10B;
ARCHITECTURE behav OF CNT10B IS
    SIGNAL CQI   :  STD_LOGIC_VECTOR(8 DOWNTO 0);
    SIGNAL CLK0 :  STD_LOGIC;
```

```
BEGIN
   CLK0 <= LOCK0 WHEN WE = '1' ELSE    CLK;
   PROCESS(CLK0,CLR,CQI)
    BEGIN
      IF CLR = '1' THEN  CQI <= "000000000";
      ELSIF CLK0'EVENT AND CLK0 = '1' THEN  CQI <= CQI + 1; END IF;
    END PROCESS;
    DOUT <= CQI; CLKOUT <= CLK0;
END behav;
```

2. 仿真测试。

3. 引脚绑定。建议选择电路模式 No. 5，打开+/-12 V 电源，首先使 WE='1'，即键 1 置高电平，允许采样，由于这时的程序中设置 ADDA <='1'，模拟信号来自 AIN1，即可通过调协实验板上的电位器（此时的模拟信号是手动产生的），将转换好的数据采入 RAM 中；然后按键 1，使 WE='0'，$clock_0$ 的频率选择 16 384 Hz（选择较高时钟），即能从示波器中看见被存于 RAM 中的数据（可以首先通过 Quartus Ⅱ 的 RAM 在系统读写器观察已采入 RAM 中的数据）。

4. 硬件下载测试。

四、实训报告

请根据实训内容写实训报告，包括：程序设计、软件编译、仿真分析、硬件测试及详细实验过程；程序分析报告、仿真波形图及其分析报告。

五、实训总结

实验结束后，对自己的实训思路、方法，或实训中出现的问题和解决方法加以论述，也可以对实训题目的难易程度进行总结或提出建议、意见。

模块五

EDA综合设计项目

EDA课程是一门注重应用、实践性很强的课程。通过前面四个模块的学习，可以看到本课程所要求的技能和知识点都贯穿于各单元模块中，为了培养、训练学生综合运用数字电子技术、可编程逻辑器件等基本知识，培养独立设计相对比较复杂的数字逻辑系统的能力。本模块作为前面各模块所介绍内容的综合应用，通过三个与我们生活息息相关的典型数字电路产品，详细讲述综合设计项目的设计方法。本模块的基本知识点如下：

(1) 了解综合设计项目的设计流程。

(2) 掌握依据综合设计项目的要求划分设计环节。

(3) 综合应用Quartus Ⅱ原理图分析方法、VHDL编程语言和相关电子技术课程的知识设计各功能模块。

单元模块一　综合设计项目概述

在本节，首先介绍综合设计项目的设计流程，然后说明在确定综合设计项目规格时应该考虑的内容和制订总体方案的方法，最后以大家熟知的数字钟、简易信号发生器和直流电机控制系统为设计实例，详细讲述综合设计项目的设计步骤和测试方法。

一、综合设计项目的设计流程

1. 早期的电子产品设计

早期电子产品设计的过程分为如下几步，首先，设计人员对产品进行需求分析，明确所设计的系统应该具备的功能和主要性能指标等，有些还要形成可操作的设计需求任务书。其次，进行总体方案设计，目的是从宏观上解决“怎么做”的问题。其主要内容应包括：技术路线或设计途径、采用的关键技术、系统框架、硬件选型、软件平台、测试条件和测试方法等。再次，硬件设计。主要为根据系统总体方案选择系统所需的各类元器件、设计系统的电子线路图和印制电路板。硬件设计要确保功能设计和接口设计满足系统需求，同时需要考虑器件硬件成本的经济性。最后，实物测试。在硬件设计基础上，将元器件安装到印制电路板上，调试各功能模块，查看是否达到设计目的，若与所要求的功能不符，则要进行产品方案修订，修正设计后再次进行实物加载测试，直到达到产品性能要求为止。

早期的电子产品设计过程在功能完善时需要更改实物系统；方案实现时需要实物验证。在实际设计过程中，设计方案往往不一定一次性达到设计需求，因此，这种设计方式会造成一定程度的浪费，而计算机在整个设计过程中无用武之地。

2. 含有可编程器件 PLD 的综合设计项目的设计过程

随着新型元器件的推出及新电子工艺的发展，出现了 PLD，如简单可编程器件 PLD 中的 GAL 或 PAL 等，复杂 PLD 有 CPLD、FPGA。这些微结构和微电子学的研究成果为电子系统的设计提供了新天地。因此，这些器件的出现，使电子产品的设计由原来的分立元件实现阶段转换为代码实现及功能时序测试，即分立元件实现变更为软件编程实现，原来的硬件测试变更为软件仿真测试。在进入实物验证阶段时才采用实物加载验证。整个设计过程中，计算机发挥作用，缩短了实现实物验证迭代的周期，减少实物浪费。缩短了实物验证迭代的周期。

3. EDA 设计的主要流程

EDA 设计的一般步骤可归纳为需求分析、系统规划、电路模块划分、设计输入、器件和引脚指派、编译和纠错、功能仿真、时序仿真和实际硬件系统下载验证。由此可见，利用 EDA 技术进行电路设计的大部分工作可在 EDA 软件平台上进行，即采用 EDA 技术进行综合设计项目的过程中，计算机几乎都发挥着主要作用，真正实现了电子设计自动化。

二、制订综合设计项目的总体方案

总体方案所完成的任务就是从宏观上解决“做什么？如何做?”的问题，也就是说系统采用何种方法进行功能模块的划分，确定模块间的关系和性能指标的分解等问题。

1. 明确问题，确定技术方法

首先，要明确综合设计项目要解决什么样的问题，针对这些问题可采取哪些技术方法去解决。技术方法是指为了实现系统功能而准备采用的可行的技术手段，包括：高性能器件、合适的开发平台、开发软件、软件算法等。经过对比优选合适的方法，制订方案，解决所面对的问题。

2. 划分功能模块

系统的技术方案确定后，就可以针对系统需求，划分系统主要功能，确定完成各主要功能的模块、根据需要的 I/O 引脚的数量初步确定所选器件的信号、确定各模块相应功能技术指标和各模块间的接口关系。

3. 画出系统框图

根据系统功能模块，以结构框图的方式表示系统的体系结构，图中标明系统各部分的组成结构、各部分之间的接口方式、系统与外界的接口关系等，由系统框图了解综合设计项目中各模块的组成关系。

4. 系统综合

当系统的指标逐项得到分解、各模块的功能指标均已落实、系统体系已经建立后，设计者有必要从系统总体的角度出发，对各模块进行综合性分析，检查各模块功能合成后能否达到系统的设计要求。

总之，系统的总体方案应该能反映整个系统的综合情况，要从正确性、可行性、先进性、可用性和经济性等角度来评价系统的总体方案。只有总体方案满足以上基本要求后，设计好的目标系统才有可能符合这样的基本规格。总体方案通过后，才能为模块的设计开发提供一个指导性的文件。

三、综合设计项目实例

下面就利用上述内容，以常见的数字钟、简易信号发生器和 FPGA 直流电机 PWM 控制系统为例，熟悉综合设计项目的流程和设计方法。

单元模块二　数字钟设计

数字钟是人们日常生活中常用的计时工具。由于数字集成电路技术的发展和先进的石英技术，使数字钟与传统的机械钟相比，具有走时准确、性能稳定、功耗小、功能多、携带方便等优点，在人们的日常生活中得到了广泛应用。

一、设计原理

数字钟作为一种计时工具，其最基本的功能就是计数，因此数字钟电路的基本结构可看成由一个二十四进制计数器和两个六十进制计数器级联而成，分别对时、分、秒计时，即在正常工作时，对 1 Hz 的频率进行计数，当计时至 23 时 59 分 59 秒时，再来一个计数脉冲，则计数器归零，重新开始一轮计数。另外，数字钟通常还有校准和整点报时功能，校准状态下，数字钟对需要调整的时间模块进行计数；而整点报时功能，需要在外部控制信号的作用下进行报时和显示。系统结构框图如图 5.1 所示。

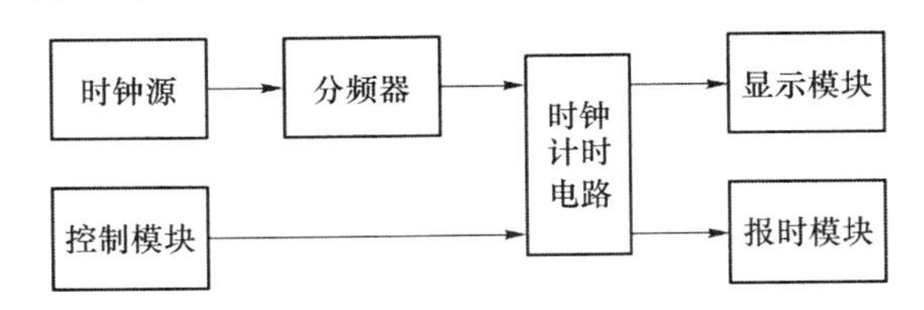

图 5.1　数字钟系统框图

由图 5.1 可知，数字钟系统主要包括时钟源、分频器、时钟计时电路、控制模块、显示和报时模块 6 部分。

本设计时钟源选择频率为 1 MHz 的时钟源，通过分频可以得到所需的脉冲频率（1 Hz、1 kHz、500 Hz）。对于秒计数器需要 1 Hz 的时钟信号，则进行 10^6 分频；报时模块在规定时刻以 4 次较低频率的蜂鸣声（500 Hz，经 1 次 10^3 分频和 1 次 2 分频）和 1 次较高的蜂鸣声（1 kHz，经 10^3 分频）完成报时任务。

时钟计时电路包括时、分、秒三部分，每部分用两位十进制表示计数值，分为时十位、时个位、分十位、分个位、秒十位和秒个位。对 1Hz 的脉冲信号进行秒计数，设计一个模 60 计数器，产生秒位；当秒位累计至 59 时，等下一个 1 Hz 时钟信号到来后，秒位变 00 并产生秒位的进位，此进位信号作为分计数脉冲，分位也由模 60 计数器构成；当分位由 59 变 00 时产生分位的进位，它就是时位的计数脉冲信号，时位由模 24 计数器构成。

控制模块完成模式转换和校准时钟的功能。用控制按键“sel”结合按键的次数，来选择数字钟为哪种校准模式，即在秒个位、秒十位、分个位、分十位、时十位、时个位间循环切换，选中需要校准的位，用“up”按键调整时间。计数状态由按键“en”选定，当 en＝0 时，计数器正常计数，当 en=1，计数器处于校准状态。

显示模块将时、分、秒计数器的输出状态送到七段译码显示器，通过六位 LED 七段显示器显示出来。校时电路用来对时、分、秒显示数字进行调整。

LED 数码管的显示方式有静态显示和动态扫描显示两种，为了简化电路的设计，可以考虑采用动态扫描显示。如图 5.2 所示，其中 $a \cdots g$ 为段码输入端，$k_1 \sim k_6$ 为扫描信号输入端，任意时刻只能有一个数码管的扫描信号有效，且只有扫描输入信号有效的 LED 数码管才能显示 $a \cdots g$ 段码输入端的数据。

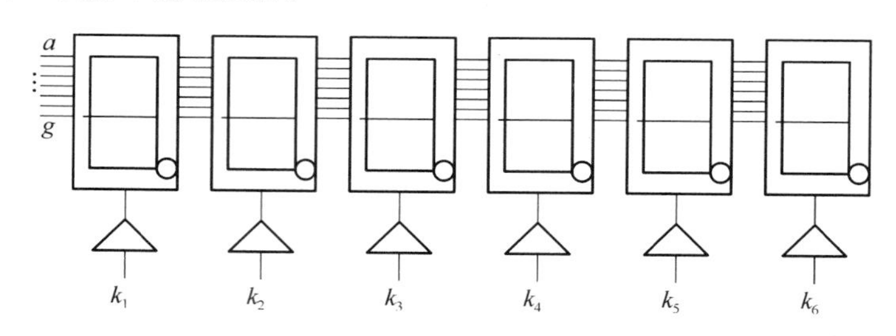

图 5.2　LED 数码扫描显示电路

二、系统模块设计

本系统主要包括 3 个单元模块的设计：六十进制和二十四进制计数器模块、报时模块和 LED 显示驱动模块。其结构如图 5.3 所示。

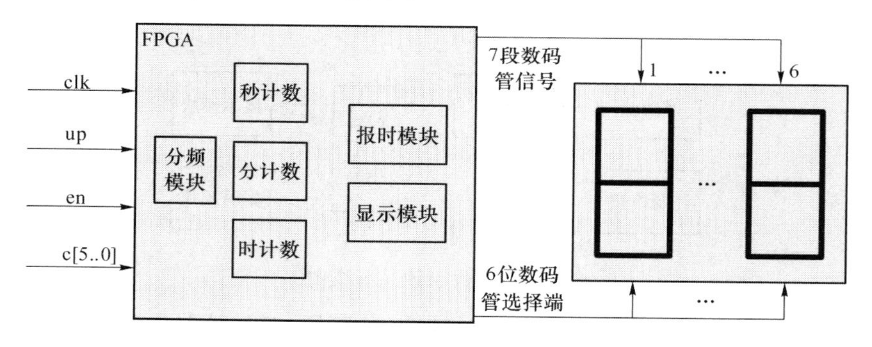

图 5.3　系统结构图

图 5.3 中，clk 为 1 MHz 的时钟信号，经过分频模块处理可得 1 Hz 秒时钟信号，up 为校准时间时调节时间的按键信号，c[5..0] 为位选信号，用于选中需校准时间的对应位，en 为计数模式和校准模式的转换端。初始状态下，en=0，时钟电路处于计数状态，秒时钟信号每出现一个上升沿，秒计数电路开始计数，计满 60，产生的进位信号作为分计数电路工作时钟，同理分计数电路计满 60 会产生进位信号，该进位信号又作为时计数电路的计数时钟，实现计数任务。当en=1 时配合位选信号 c[5..0]会在小时校准状态、分钟校准状态、秒校准状态之间的相应位切换。在校准状态下，小时、分钟或秒会在 up 信号的作用下依次增加。图 5.3 中 6 个 LED 数码管负责显示时间信号，从左到右依次为“小时-分钟-秒”。

1. 分频模块

分频模块将信号源提供的 1 MHz 脉冲信号，经 10^6 分频，成为 1 Hz 秒时钟计数信号，同理经分频，可得 1 kHz 和 500 Hz 的高低音报时信号。分频模块如图 5.4 所示，元件 div1

为 10^6 分频器，div2 为 1 000 分频器，div 为二分频器。

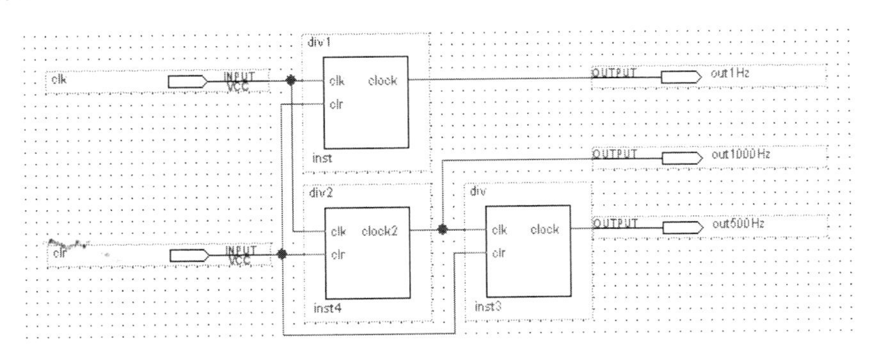

图 5.4　分频模块组成

10^6 分频器的 VHDL 程序如下：

```
--*****************************************************************
-- 模块名 ： 10^6 分频模块
-- 文件名：div1.vhd
--*****************************************************************
LIBRARY IEEE;
USE IEEE.Std_Logic_1164. ALL;
  ENTITY div1 IS
   PORT ( clk ,clr : IN   Std_Logic;
           clock : OUT  Std_Logic);
  END ;
ARCHITECTURE beha OF div1   IS
SIGNAL   cp:std_logic;
BEGIN
PROCESS (clk,clr)
VARIABLE num : INTEGER RANGE 0 TO 499999;
                         -- 分频系数为 1M÷2÷1-1=499 999(将 1 MHz 脉冲信号分频为 1 Hz)
BEGIN
if clr='0' then cp<='0';num:=0;
elsif (clk'EVENT AND clk='1') THEN
 IF (num=499 999)  then  num :=  0;
        cp <= not cp;
     ELSE num := num+1;
END IF;
END IF;
END PROCESS;
  clock<=cp;
END ARCHITECTURE;
```

同理，可写出 1 000 分频和 2 分频的 VHDL 程序，将这些程序编译通过后，通过执行“Files→New→Create/Updata→Create Symbol Files for Current Files”命令后生成元件符号，然后借助 Quartus Ⅱ 原理图编辑器，调用这些分频器的元件符号即可画出图 5.4，而图

5.4 也可执行上面的生成元件命令，打包为图 5.5 所示的分频模块元件 Dvf，以供绘制数字钟原理图时使用。

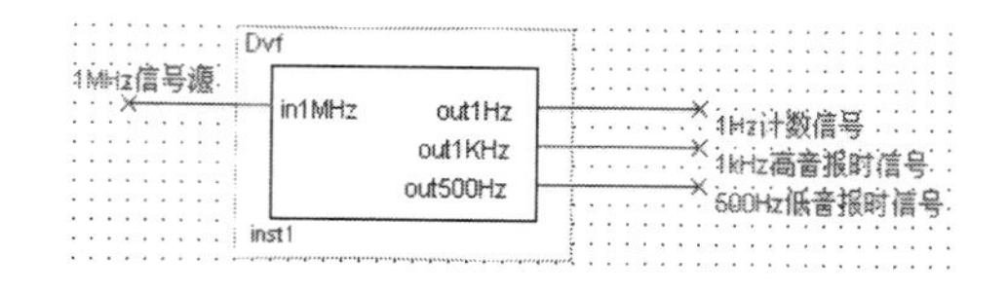

图 5.5　分频模块

2 分频模块的 VHDL 程序：

```
--**************************************************************
-- 模块名 ：2 分频模块
-- 文件名：div.vhd
--**************************************************************
LIBRARY IEEE;
USE IEEE.Std_Logic_1164. ALL;
  ENTITY div IS
   PORT ( clk ,clr : IN  Std_Logic;
         clock : OUT  Std_Logic);
  END ;
ARCHITECTURE beha OF div IS
BEGIN
PROCESS (clk,clr)
VARIABLE num :std_logic;
BEGIN
if (clk 'EVENT AND clk = '1 ') THEN
   if clr = '0 ' then num: = '0 ';
else
   num: = not num;
END IF;
END IF;
 clock< = num;
END PROCESS;
END ARCHITECTURE;
```

2. 计数功能

分频模块产生的 1 Hz 信号可作为秒个位的时钟信号，由于分和秒计数器都采用六十进制计数器，可以通过十进制计数器和六进制计数器级联而成。本设计中，十进制计数器和六进制计数器都可以用 VHDL 语言分别实现，程序如下所示：

```
--**************************************************************
-- 模块名 ：十进制计数器
-- 文件名：counter10.vhd
--**************************************************************
library ieee;
use ieee.std_logic_1164.all;
```

```
use ieee.std_logic_unsigned.all;
entity counter10 is
  port(clk,en:in std_logic;
        c:out std_logic;
        dout:out std_logic_vector(3 downto 0));
end counter10;
architecture one of counter10 is
signal dd:std_logic_vector(3 downto 0);
signal c1:std_logic;
begin
process(clk) is
begin
if en='0' then                --en=0 计数使能
    if rising_edge(clk)then
        if dd="1001" then dd<="0000";c1<='1';
        else dd<=dd+1;c1<='0';
        end if;
    end if;
end if;
end process;
    dout<=dd;c<=c1;
end one;
```

同理,写出六进制计数器的 VHDL 程序,如下所示:

```
library ieee;
use ieee.std_logic_1164.all;
use ieee.std_logic_unsigned.all;
entity counter6 is
  port(clk,en:in std_logic;
        c:out std_logic;
        dout:out std_logic_vector(2 downto 0));
end counter6;
architecture one of counter6 is
signal dd:std_logic_vector(2 downto 0);
signal c1:std_logic;
begin
process(clk) is
begin
if en='0' then
      if rising_edge(clk) then
      if dd="101" then dd<="000";c1<='1';
      else dd<=dd+1;c1<='0';
      end if;
    end if;
  end if;
```

```
end process;
 dout<=dd;c<=c1;
end one;
```

将十进制计数器和六进制计数器的 VHDL 程序编译通过后，生成对应元件 counter10 和 counter6，并进行级联成为图 5.6 所示的六十进制计数器，以供秒计数电路和分计数电路直接使用。

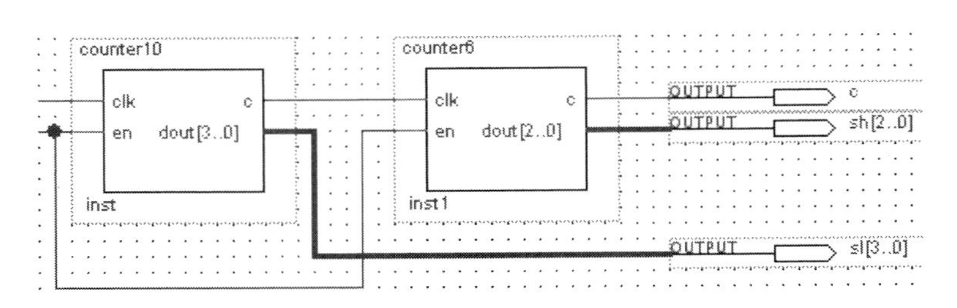

图 5.6　六十进制计数器

小时计数器是一个二十四进制计数器，即当数字钟运行到 23 时 59 分 59 秒时，秒的个位计数器再输入一个秒脉冲，数字钟进入下一个循环，自动显示为 00 时 00 分 00 秒，此功能可用 VHDL 语言实现。

```
library ieee;
use ieee.std_logic_1164.all;
use ieee.std_logic_unsigned.all;
entity counter24 is
    port(clk,en :in std_logic;
         dh:out std_logic_vector(1 downto 0);          --时十位
         dl:out std_logic_vector(3 downto 0));         --时个位

end counter24;
architecture one of counter24 is
signal dl1:std_logic_vector(3 downto 0);
signal dh1:std_logic_vector(1 downto 0);
begin
process(clk) is
begin
if en='0'then                                          --计数使能信号有效
    if rising_edge(clk) then
    if (dh1="10" and dl1="0011")  then dl1<="0000"; dh1<="00";
    elsif dl1="1001" then dl1<="0000";                 --时个位在 0-9 之间变化
dh1<=dh1+1;
else dl1<=dl1+1;
        end if;
    end if;
end if;
```

```
end process;
dh< = dh1;dl< = dl1;
end one;
```

编译 counter24. vhd,通过后,将二十四进制计数器生成元件符号,如图 5.7 所示,图中 dh[1..0]代表时十位,它有 0,1,2 三种状态,所以用 2 位二进制表示;dl[3..0] 代表时个位,它在 dh 为 0 和 1 时,时个位有 0~9 十种状态,当 dh 变为 2 时,时个位有 0~3 四种状态。

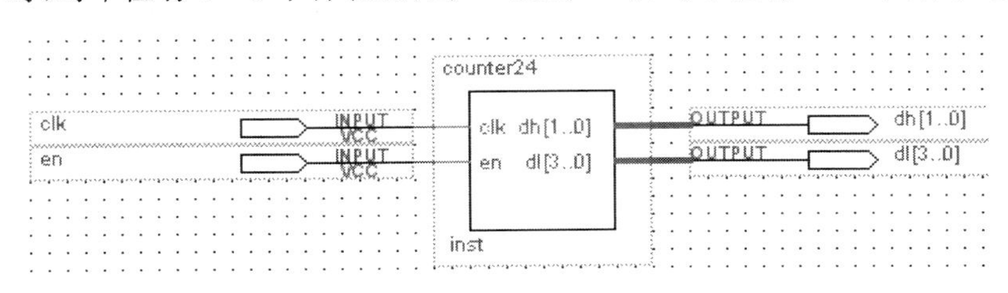

图 5.7　二十四进制计数器

3. 校准功能

小时、分、秒校准的原理相同,这里仅以小时校准为例分析校准原理,校准功能的程序设计流程如图 5.8 所示。

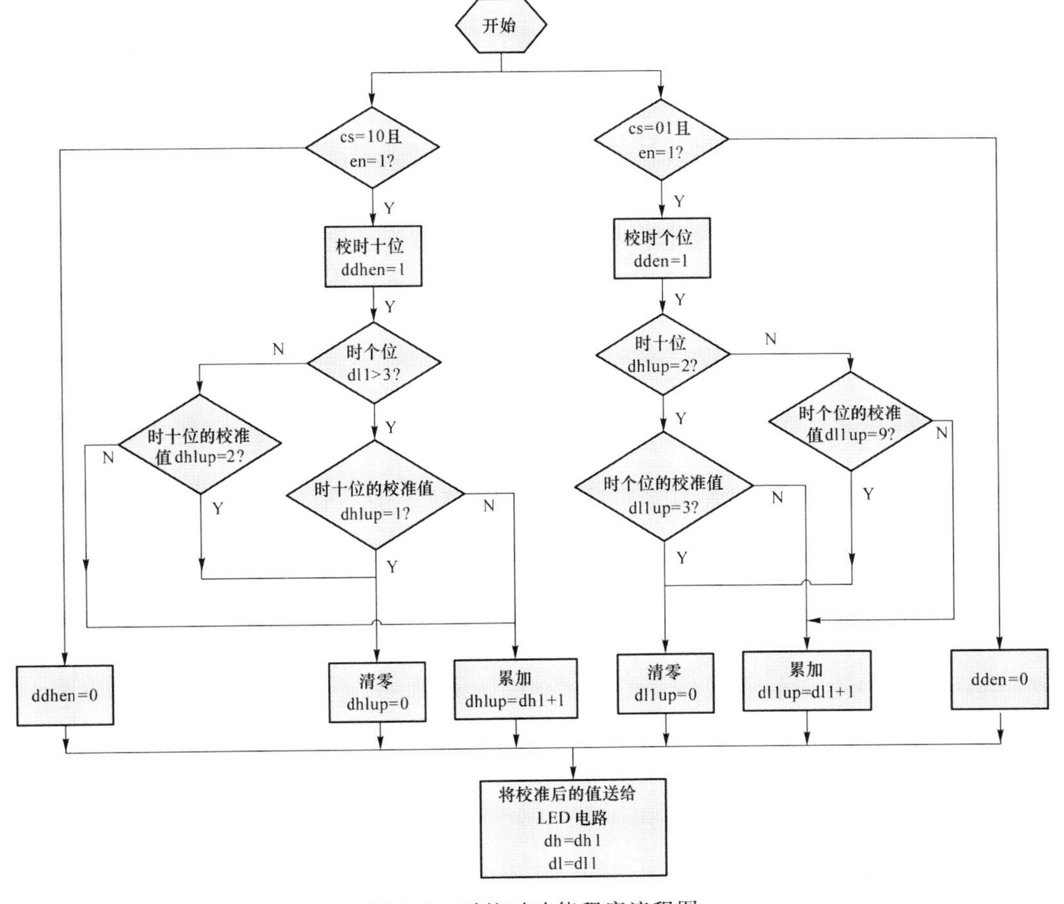

图 5.8　时校时功能程序流程图

小时校准的设计思路是校准使能信号 en 和小时的片选信号 cs 有效时,则在按键的作用下,相应小时信号的对应位加 1。由于校准信号由外部按键给定,为了将校准值及时送至 LED 显示,可以设一个校准状态开关量 dden(时个位)和 ddhen(时十位)来表明数字钟是否处于校准状态。当进入时个位校准状态后,首先判断时个位校准信号 dden 是否为 1,若为 1,则表示请求时个位校准,此时若按键按下,则进行时个位加 1 校准,当时十位为 2、时个位为 3 时,时个位信号清零;若时十位不为 2,则时个位可在 0～9 之间变化。当 dden 为 0 时,表示在系统时钟频率下时个位信号不在校准模式,需要下一次校准条件满足时,继续进行时个位信号的校准。时十位校准与此基本一样,具体情况看图 5.8。

图 5.9 为按照图 5.8 程序流程图实现的带有校准端子的秒时钟原理图,图中秒时钟分为秒个位 counter10 和秒十位 counter6,两者的输出端 dout[3..0]和 dout[6..4]与数码扫描电路相接,实时显示校时的结果。counter10 和 counter6 都带有片选端 cs,分别与图 5.10 中片选控制模块 selectChip 相连。

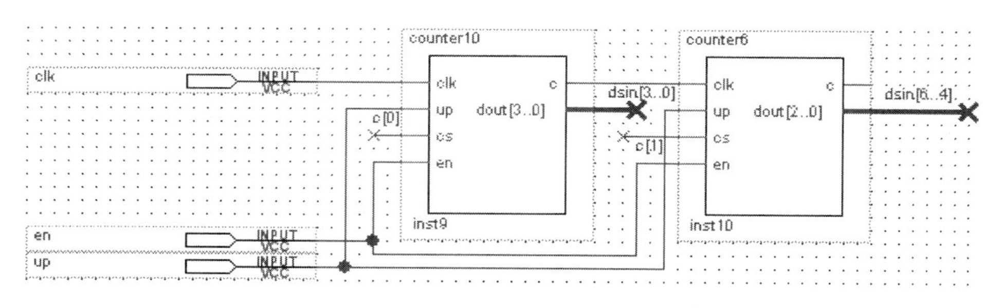

图 5.9　带校准端子的秒时钟原理图

为了表明数字钟的哪一位处于校准状态,因此在时、分、秒各位在校准信号作用下调整时间的同时,其对应位下方的二极管会点亮作为被调整位的指示信号。时、分、秒校准位的选择及指示程序生成的电路元件如图 5.10 所示。

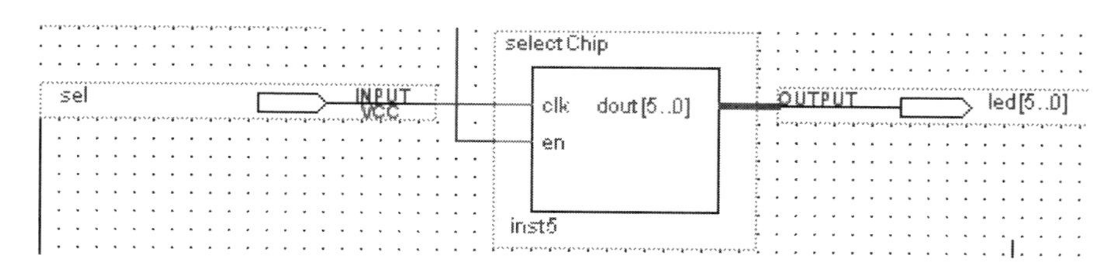

图 5.10　片选显示

图 5.10 对应的 VHDL 程序实现如下所示:

```
library ieee;
use ieee.std_logic_1164.all;
use ieee.std_logic_unsigned.all;
entity selectChip is
  port(clk,en:in std_logic;
        dout:out std_logic_vector(5 downto 0));
end selectChip;
architecture one of selectChip  is
```

```
signal dd:std_logic_vector(2 downto 0);
signal ddout:std_logic_vector(5 downto 0);
begin
process(clk) is
 begin
   if en = '1' then
       if rising_edge(clk) then
           if dd = "110" then dd<= "000";
           else dd<= dd + 1;
           end if;
       end if;
   else
       dd<= "000";
   end if;
end process;
ddout<= "000001" when dd = "001" else                 --选中秒个位
        "000010" when dd = "010" else                 --选中秒十位
        "000100" when dd = "011" else                 --选中分个位
        "001000" when dd = "100" else                 --选中分十位
        "010000" when dd = "101" else                 --选中时个位
        "100000" when dd = "110" else                 --选中时十位
        "000000";
dout<= ddout;                                         --被选中位对应的指示灯点亮
end one;
```

4. 报时功能

当数字钟计时至整点前 10 秒，每隔一秒鸣叫一次，共发出五次响声，前四次为低音，后一声为高音，即时钟显示 59′51″，59′53″，59′55″，59′57″时，分别发出一声 500 Hz 的蜂鸣声；当时钟计到 59′59″时，发出一声 1 000 Hz 的蜂鸣声。需要在某时刻报时，就在该时刻将一定频率的信号送至蜂鸣器，进行报时。由于 59′51″对应的 4 个输出分别为 0101，1001，0101，0001；59′53″对应的 4 个输出分别为 0101，1001，0101，0011；59′55″对应的 4 个输出分别为 0101，1001，0101，0101；59′57″对应的 4 个输出分别为 0101，1001，0101，0111；59′59″对应的 4 个输出分别为 0101，1001，0101，1001。由于报时频率不相同，分别将前述分频器输出信号 out500Hz 接至报时模块输入端 clk500Hz 实现前四声低频鸣叫，将 out1kHz 接至报时模块输入端来实现第五声高频鸣叫。下面为报时电路的 VHDL 程序实现。

```
library ieee;
use ieee.std_logic_1164.all;
use ieee.std_logic_unsigned.all;
entity alarm1 is          --报时电路
port( clk:in std_logic;
          dmin:in std_logic_vector(6 downto 0);
          dsin:in std_logic_vector(6 downto 0);
```

```
            clk500Hz:in std_logic;
            clk1kHz:in std_logic;
            dout:out std_logic);
end alarm1;
architecture one of alarm1 is
signal dd:std_logic_vector(5 downto 0);
signal ddout:std_logic;
begin
process(clk)
 begin
 if dmin = "1011001 "  then          -- 当分时钟为 59
if dsin = "1010001 " or dsin = "1010011 " or dsin = "1010101 " or dsin = "1010111 " then   -- 秒
时钟为 51、53、55、57
          ddout<= clk500Hz ;
     end if;
 elsif dmin = "1011001 " and dsin = "1011001 " then          -- 当时钟到达 59 分 59 秒
     ddout<= clk1KHz;
 end if;
 dout<= ddout;
end process;
end one;
```

将报时电路对应的程序生成元器件，如图 5.11 所示。

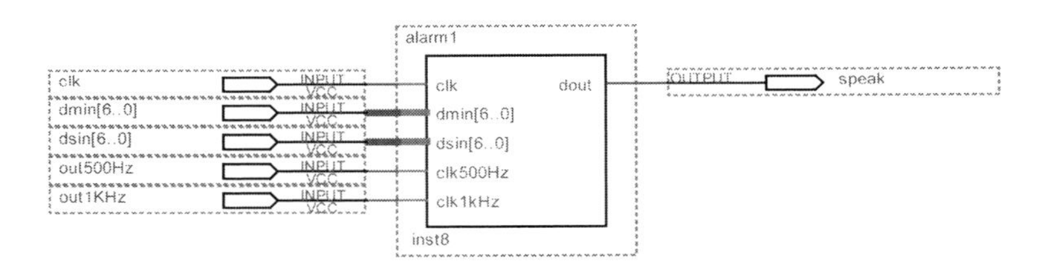

图 5.11　报时模块

5. 译码显示功能

本设计采用 6 个共阴极 LED 数码管动态扫描显示“小时-分-秒”，时、分、秒各占两位。由于小时信号的十位 dh 和个位 dl、分钟信号十位 mh 和个位 ml、秒信号十位 sh 和个位 sl 均为十进制数，为了显示时间，可以将这些十进制数分别用对应的 8421BCD 码表示，即将时信号转换成 6 位二进制数、分和秒信号转换成 7 位二进制数，若要将数字钟的计时状态直观清晰地显示出来，需把表示时、分、秒的 BCD 码译成数码器显示时所需要的高低电平。其中来自表示时、分、秒三种计数器的 6 个输出端直接接至 LED 显示模块，如图 5.12 所示。该模块实现扫描 6 个数码管并进行译码处理，其中 7 位 SG 信号从低位到高位分别对应 7 段数码显示器的 a、b、c、d、e、f、g 端，用 6 位 BT 信号进行片选，完成扫描任务，任意时刻只能有一个数码管的扫描信号有效，且只有扫描输入信号有效的数码管才能显示 SG 信号输入的数据。因此该模块可直接接至数码管进行显示。

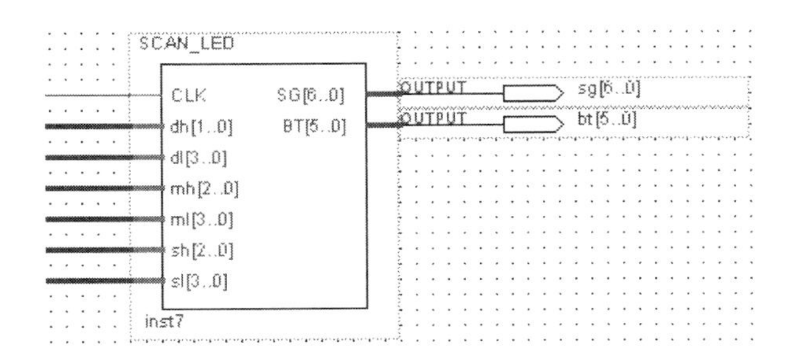

图 5.12 译码显示模块

用VHDL语言实现译码显示模块功能的程序如下：

```
library ieee;
use ieee.std_logic_1164.all;
use ieee.std_logic_unsigned.all;
entity  SCAN_LED is
port ( CLK: in std_logic;
SG  : out  std_logic_vector(6 downto 0);        --段码信号输出
BT  : out  std_logic_vector(5 downto 0);        --扫描信号输出
dh  : in std_logic_vector(1 downto 0);
dl   : in std_logic_vector(3 downto 0);
mh  : in std_logic_vector(2 downto 0);
ml   : in std_logic_vector(3 downto 0);
sh   : in std_logic_vector(2 downto 0);
sl   : in std_logic_vector(3 downto 0));
end;
architecture one of  SCAN_LED is
    signal  CNT6  : std_logic _vector(2 downto 0);
    signal   A  : std_logic _vector(3 downto 0);
begin
P1: process( CNT6 )       --扫描6个数码管
    begin
        case  CNT6  is
          when "000" => BT <= "000001"; A(1 downto 0) <= dh ;
          when "001" => BT <= "000010"; A <= dl ;
          when "010" => BT <= "000100"; A(2 downto 0) <= mh ;
          when "011" => BT <= "001000"; A <= ml ;
          when "100" => BT <= "010000"; A(2 downto 0) <= sh ;
          when "101" => BT <= "100000"; A <= sl ;
          when others => null ;
        end  case ;
 end  process  P1;
 P2: process (CLK)
   begin
```

```
    if  CLK'event  and  CLK='1' then CNT6 <= CNT6 + 1;  end if;
  end  process  P2 ;
  P3: process ( A )        --译码电路
  begin
  case  A  is
  when "0000" => SG <= "0111111";  when "0001" => SG <= "0000110";
  when "0010" => SG <= "1011011";  when "0011" => SG <= "1001111";
  when "0100" => SG <= "1100110";  when "0101" => SG <= "1101101";
  when "0110" => SG <= "1111101";  when "0111" => SG <= "0000111";
  when "1000" => SG <= "1111111";  when "1001" => SG <= "1101111";
  when others =>null;
  end  case ;
  end  process  P3;
  end;
```

三、系统模块调试

系统调试一般包括软件仿真和系统联调。其中软件仿真可用 Quartus Ⅱ 软件环境中的波形图仿真，以便发现程序中的语法、逻辑和时序错误，从而及时纠正；系统联调是在波形仿真之后，排除编程错误后，将程序下载到硬件电路中的 FPGA 芯片，根据系统运行情况发现硬件问题或软件模块中的设计错误，通过系统调试，发现问题，逐个解决，直至达到设计要求。

1. 仿真波形

(1) 计时功能仿真

由于分计时和秒计时都为六十进制计数器，这里仅给出秒计数仿真波形图，如图 5.13 所示。图中 c 为秒计数进位端子，当秒的十位为 5，秒的个位为 9 时，再来一个 clk 时钟上沿，秒的十位变为 0，秒的个位也变 0，而进位信号 $c=1$，即产生进位，该进位信号作为分个位的计时信号使用；en 为计数使能端，低电平有效，而当 en=1 时作为校时使能信号来用。

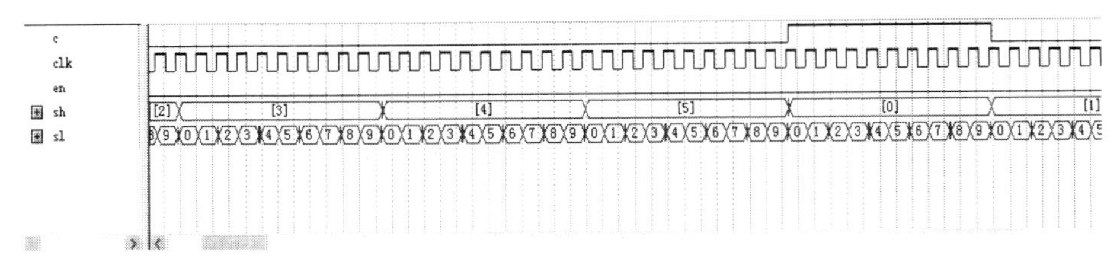

图 5.13　秒计数器仿真波形图

小时计数为二十四进制计数器，图 5.14 是小时计数仿真波形图。由图可知，小时计数在时钟脉冲 clk 端子作用下完成 00～23 的往复计数过程，clk 时钟脉冲其实由分十位的进位信号产生，当 clk 上沿来时，小时计数器的个位 dl 增 1，当其计至 9 时，再来一个 clk 时钟上沿，则小时计数器十位 dh 变 1，小时计数器个位 dl 变 0，小时计数器个位 dl 开始新一轮的计数过程，当小时计数器个位 dl 再次计至 9，小时计数器十位 dh 变 2，小时计数器个位 dl 变 0，这次小时计数器个位 dl 只计到 3，这正好符合二十四进制计数器的计数要求。图中的 en 端与秒计数、分计数器中的作用一样，都为计数和校时的转换端子，当其为低电平时，计数，反之校时。

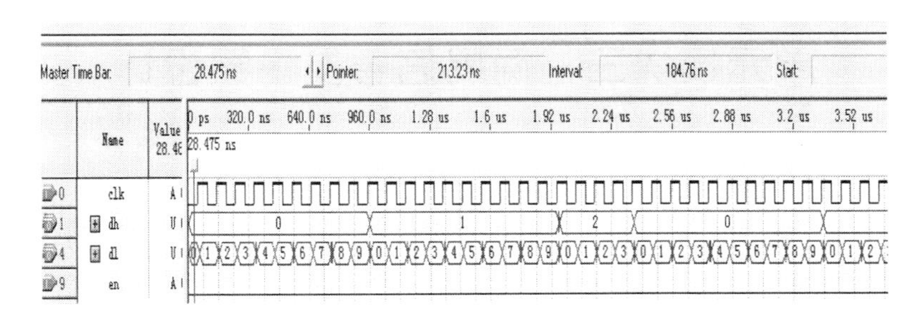

图 5.14　小时计数器仿真波形图

(2) 分频模块仿真

本设计中需要 3 种不同的频率信号，它们是 1 Hz 秒计时信号、500 Hz 低音报时及 1 000 Hz 高音报时信号，通过分频模块可以获得，仿真波形如图 5.15 所示。图中 clk 为外部 1M 基频，它可分频产生 3 种所需信号。由于基频比较高，所以仿真时一定要合理设置仿真输入信号，另外由于 1M 基频要分频得到 1 Hz 信号，所以耗时比较长(本模块波形仿真耗时 3 分钟)。可以参考如下设置，仿真结束时间为 10μs，clk 周期为 10ps。

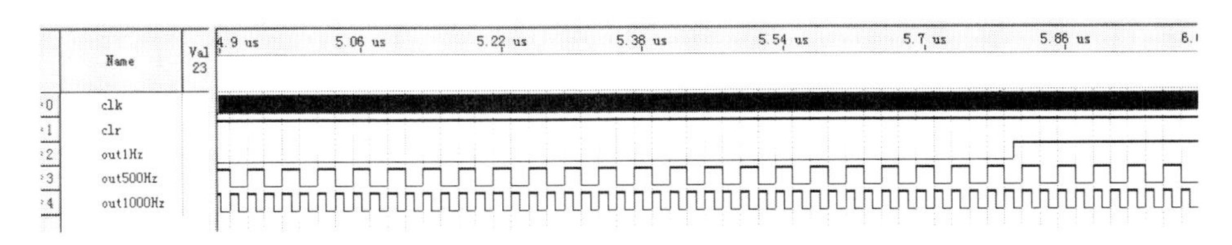

图 5.15　分频模块仿真波形图

2. 硬件下载

波形仿真完成后，可进行管脚绑定和程序下载，完成系统联调。该过程可自制硬件电路也可借助实验箱。若要将前述程序下载至实验箱中的 FPGA，一定要根据实验箱提供的芯片型号在设计模块时，进行修改，这样绑定管脚才不会出错；同时本设计中的分频模块和 LED 显示模块可以省略，一般实验箱提供的多种频率信号足够数字钟系统使用，而实验箱都会带有 LED 译码、显示电路，可简化设计。本设计针对自制硬件电路的情况，根据数字钟设计原理和所实现的功能选用 cyclone 系列芯片 EP1C3T144C8，完成硬件下载和测试。在绑定管脚时，根据送入 FPGA 芯片信号的作用不同，信号可分为分频器处理过的时钟信号、不同频率的报时信号，计时/校时切换按键、校准信号按键、片选按键。时间信号送给 LED 显示模块处理后直接送至硬件电路板上的数码管，利用 LED 显示模块中的 BT 信号扫描选择 6 个数码管，完成显示。

经过下载测试，得到下面结论，当计数使能端 en＝0，计数器开始计数，计数器处于计数状态时，能完成秒到分钟、分钟到小时的进位功能；当 en＝1 时，切换至校时状态，被校时的对应位下方二极管会点亮，指示校准位；报时功能在计数器计至整点前 10 秒，会在 51 秒、53 秒、55 秒、57 秒时将 speak 信号送到硬件电路中的蜂鸣器，发出 4 声低频鸣叫和在 59 秒时发出高音鸣叫。系统运行正常，符合设计初衷。

单元模块三　简易信号发生器设计

信号发生器又称信号源，作为一种提供电信号的设备，广泛应用于电子电路、自动控制和科学实验等领域。它能产生被测电路所需的电测试信号，根据输出信号波形不同，信号源可以分为正弦波信号发生器、矩形波信号发生器、函数信号发生器和随机信号发生器四大类。例如，在通信、广播、电视系统中，需要高频振荡器（信号源）产生射频信号运载音频、视频或其他信号（都为低频）。

本单元在前述模块介绍的 EDA 设计方法基础上，利用 Quartus Ⅱ 软件环境，以 FPGA 芯片为编程对象、设计一个简易信号发生器，该设备根据输入信号可以输出正弦波、三角波、锯齿波、方波等信号，且其频率、幅值参数可在一定范围内进行调整。

一、设计原理

简易信号发生器的设计如图 5.16 所示，它主要包含 5 部分：分频模块、波形产生模块、波形选择模块、参数调节模块和 D/A 转换控制模块。

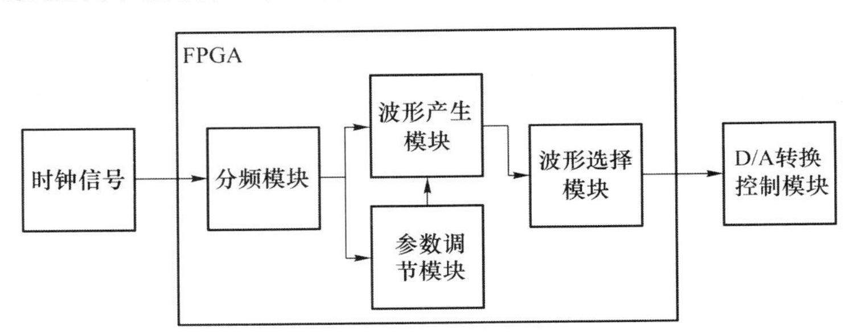

图 5.16　简易信号发生器结构框图

其中，波形产生模块负责产生正弦波、三角波、锯齿波和方波 4 种波形，这些信号的产生有多种方式，如查表法或直接采用 VHDL 硬件描述语言设计各种信号波形；波形选择模块可用四选一数据选择器控制 4 种波形的输出；参数调节模块具有调节信号幅值和频率功能；D/A 转换控制模块通过 FPGA 编程控制 DAC0832 按时序工作，正常输出波形。本设计主要围绕两个问题展开：一个是 FPGA 如何产生不同的波形信号；另一个是 FPGA 对 D/A 转换器的控制。据此，本设计采用自顶向下的设计方法，对系统分模块，逐个设计。

1. 正弦波产生原理

正弦波信号发生器的结构分为地址发生器、存储正弦波数据的 ROM、数模转换器 DAC0832 和 VHDL 顶层设计文件 4 部分，如图 5.17 所示，图中正弦波数据 ROM 专用于存储正弦波一个周期的采样点值；地址发生器按顺序从 ROM 中取出正弦波样点数据，样点值的多少决定了地址发生器的位数，例如要寻址保存到 ROM 中的 128 个样点值，地址发生器则为 7 位；数模转换器 DAC0832 可以实现正弦波的模拟输出。

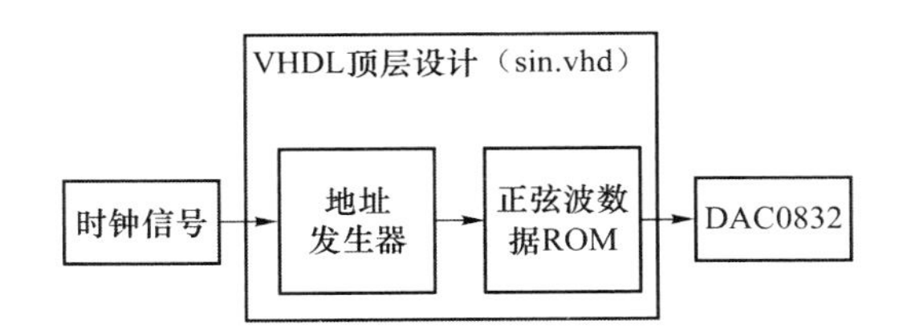

图 5.17　正弦波信号发生器结构图

2. D/A 转换器

本设计采用 NSC 公司生产的 DAC0832 数字模拟转换器，其采样精度为 8 位、外部引脚如图 5.18 所示。此数模转换器内有两级输入寄存器，具备双缓冲、单缓冲和直通 3 种输入方式，可以满足各种电路的需要（如要求多路 D/A 异步输入、同步转换等），因此获得了广泛的应用。转换结果采用电流形式输出。若需要相应的模拟电压信号，可通过一个高输入阻抗的线性运算放大器实现。运放的反馈电阻可通过 R_{fb} 端引用片内固有电阻。DAC0832 逻辑输入满足 TTL 电平，可直接与 TTL 电路或微机电路连接。

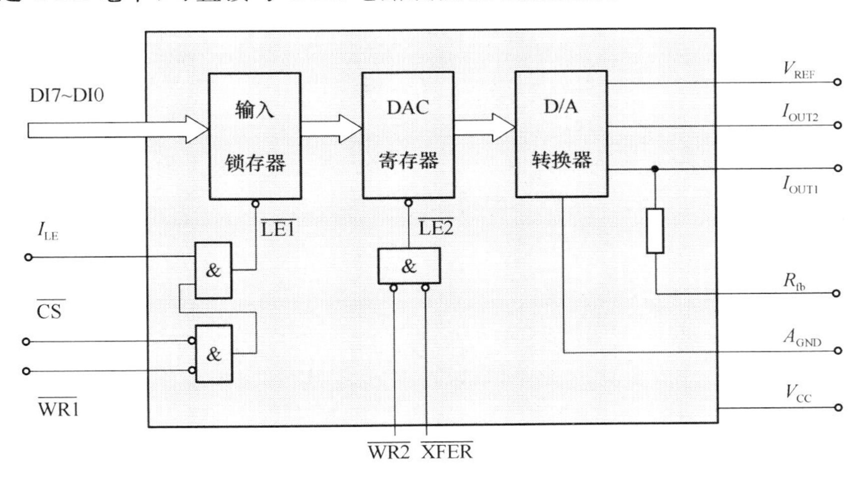

图 5.18　FPGA 与 DAC0832 功能模块图

本设计采用直通连接方式，图 5.19 为 FPGA 与 DAC0832 连接图。图中 DAC0832 片选信号输入线$\overline{CS}$、输入锁存器写选通信号$\overline{WR1}$、DAC 寄存器写选通输入线$\overline{WR2}$、数据传送控制信号输入线$\overline{XFER}$均为低电平，输入锁存器允许信号 ILE 为高电平有效时，DAC0832 的模拟输出端 I_{OUT1} 或 I_{OUT2} 对 $D_7 \sim D_0$ 数据总线输入端的数字信号做出响应。由于 DAC0832 输出的是电流，通过外接运算放大器 LM324 完成电流/电压的转换，即将电流信号转变为电压信号，模拟电压值 V_0 与输入数字量之间的函数关系为

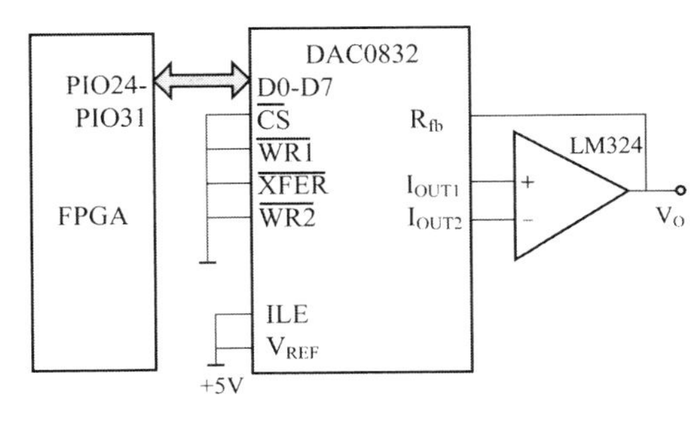

图 5.19　FPG 与 DAC0832 连接图

$$V_0 = -\frac{D}{2^8}V_{REF} \tag{5-1}$$

其中，D 为输入数字量，V_{REF} 为参考输入电压。

3. 方波产生原理

占空比为 50%的方波信号是一种高低电平各占一半，其间没有别的电平信号干扰的波形。要用 VHDL 硬件描述语言实现方波信号，只需在要求的时钟信号作用下，将两个不同大小的数字信号交替送给 DAC0832 即可。本设计中的方波为 8 位数据宽度，对应的数据值为 00000000～11111111，共 256 个数，因此程序需要设计一个模 256 的计数器，通过复位(清零)信号控制方波，检查计数器是否计到 255(11111111)，若计满则变 0(00000000)；同时每计满 128 个数输出脉冲信号翻转一次，即实现 0，1 两种电平的交替出现，则在 DAC0832 的电压输出端会产生一个占空比为 50%、幅值为 5V 的方波信号。

4. 锯齿波、三角波产生原理

锯齿波(Sawtooth Wave)是常见的波形之一，标准锯齿波的波形如图 5.20 所示，由图可见，信号先呈直线上升，随后陡落，再上升，再陡落，往复出现。同样 8 位数宽的锯齿波信号的实现也是设计模为 256 的计数器，只需在复位信号 rst＝1 时，判断计数器是否计到最大值 255，若是即归 0，否则继续计数，直至 255 再变 0；而当 rst＝0 时，计数器清零。同理，图 5.21 所示三角波的产生与锯齿波类似，只是三角波由两段不同斜率的线段组成，只要在编程时判断计数值位于正斜率线段还是负斜率线段，并为两个不同斜率的线段设置标记值，根据标记值在正斜率线段未达到最大值 255 时做加计数，直到最大值；在负斜率线段未达到最小值 0 时做减计数，直到 0，依此循环即可产生三角波。

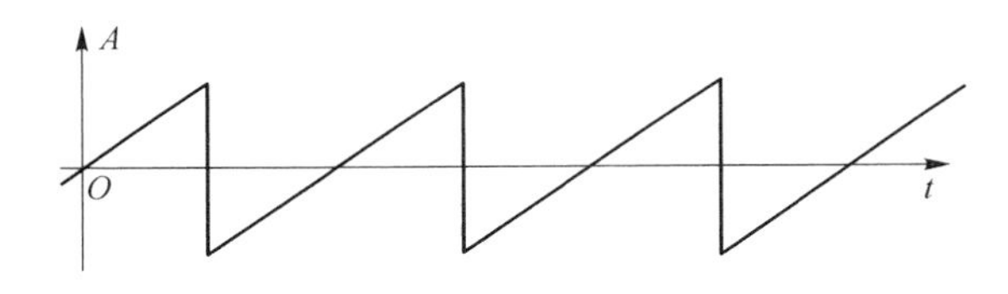

图 5.20 锯齿波信号

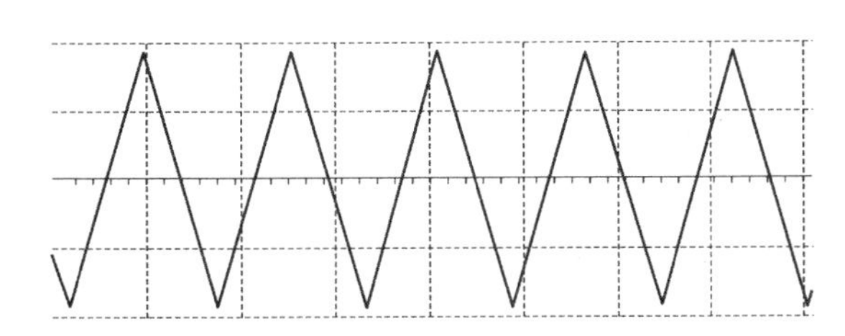

图 5.21 三角波信号

二、系统设计

1. 正弦波信号设计

正弦波信号发生器已在模块四中设计实现了，这里不再重述。

2. 频率调整模块的设计

调整波形的频率可以通过改变取值的频率或改变产生波形的频率实现对输出波形信号

频率的调节。在此设计一个分频器，对输入的基准时钟进行分频产生不同频率的信号，送给 4 种波形产生电路作为工作时钟，从而改变产生波形的频率。频率调整模块通过按键“offset”的状态（按下或弹起）决定频率的步进，当“offset”按下时，每按“up”键一次频率步进 1；当“offset”弹起时每按“up”键一次，频率以“up”键的次数为步进值，这样可以较好地调至所需的频率处，这个频率作为分频比对输入端的时钟信号进行分频，分频后的信号作为 4 种波形产生电路的工作时钟，从而实现频率连续可调。VHDL 程序实现如下：

```
Library ieee;
Use  ieee.std_logic_1164.all;
Use  ieee.std_logic_unsigned.all;
Use  ieee.std_logic_signed.all;
Entity  divf  is
    port
    (  clk   : IN STD_LOGIC ;
       offset  : IN STD_LOGIC ;
       up   : IN STD_LOGIC ;
       clk_out : OUT STD_LOGIC
    );
end;
Architecture  SYN of  divf  is
Signal  offset_step : Integer range  0 TO 100;
Signal  step  : Integer range  0 TO 1000;
Begin
Process (up,offset,step)
Begin
IF (up'EVENT  and  up = '1') THEN
    IF offset = '1' THEN  offset_step <= offset_step + 1;
       IF offset_step >= 100 THEN   offset_step <= 0;  End if;
    ELSE  step <= step + offset_step;
        IF step >= 1000 THEN     step <= 0;  End if;
    End if;
End if;
End  Process;
Process (clk,step)
Variable num : Integer range 0 to 1000000;
Begin
IF (clk'EVENT AND clk = '1') THEN
   IF (num < step/2) THEN
       clk_out <= '0';
   ELSE
       clk_out <= '1';
   End if;
```

```
    num := num + 1;
    IF (num >= step) THEN num := 0; End if;
End if;
End Process;
End Architecture;
```

3. 波形选择模块的设计

波形选择模块的设计可以通过数据选择器实现，因为有正弦波、方波、三角波、锯齿波 4 种波形需要根据外部选择信号按要求显示，根据数据选择器原理，该数据选择器的控制端应为 2 个，可以表示 4 种组合状态(00、01、10、11)，这些状态分别对应 4 种波形，因此由 2 个控制端选择不同的波形输出，选择器功能如图 5.22 所示。其中 q_1[7..0]、q_2[7..0]、q_3[7..0]、q_4[7..0]分别为方波、锯齿波、三角波、正弦波的数据信号。当 a_1&a_2 分别为 00、01、10、11 时，d_out[7..0]依次输出 q_1[7..0]、q_2[7..0]、q_3[7..0]、q_4[7..0]。VHDL 程序实现如下：

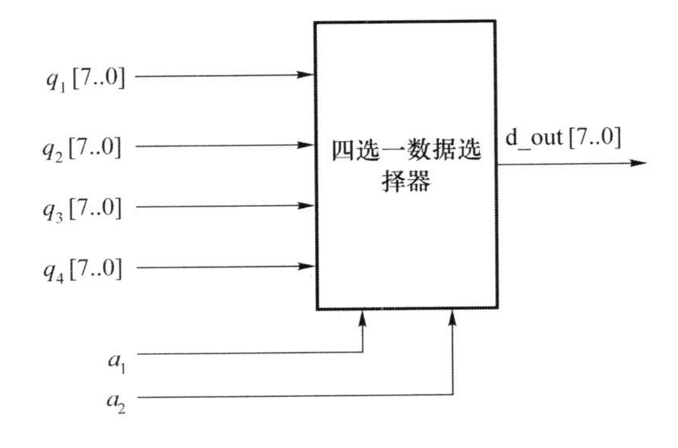

图 5.22 四选一数据选择器功能图

```
library ieee;
use ieee.std_logic_1164.all;
use ieee.std_logic_unsigned.all;
entity select_4 is
port(a1, a2:in std_logic;
    q1,q2,q3,q4:in std_logic_vector(7 downto 0);
    d_out:out std_logic_vector(7 downto 0));
end ;
architecture bhv of select_4 is
  signal a:std_logic_vector(1 downto 0);
begin
process(a)
begin
  a<= a1&a2;
case a is
  when "00" =>d_out<= q1;
  when "01" =>d_out<= q2;
  when "10" =>d_out<= q3;
  when "11" =>d_out<= q4;
  when others => NULL;
end case;
end Process;
```

```
end bhv;
```

4. 方波信号设计

方波信号的软件流程如图 5.23 所示，其输出只有两种取值：0 和 255，其中 temp 为 8 位标准逻辑矢量数据类型，用来控制方波信号的占空比达到 50%。若复位信号 reset 无效，为低电平时，在波形产生时钟 clk 的作用下，若 temp<127（改变此判断值，可改变输出波形的占空比），则输出数据 $q=255$，产生方波信号的高电平，否则输出数据 $q=0$，产生方波信号的低电平。方波的 VHDL 程序描述如下：

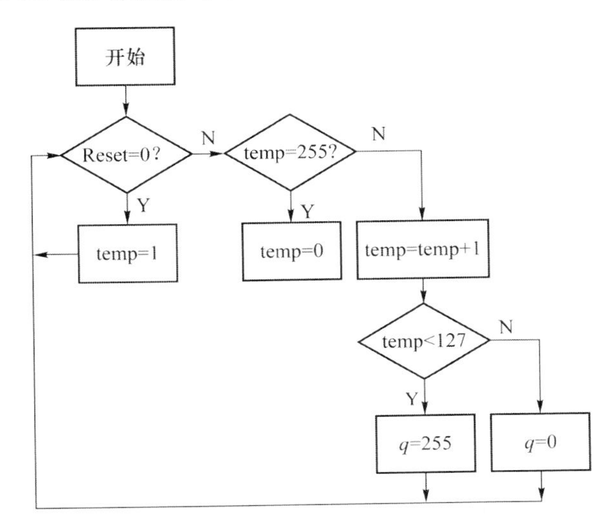

图 5.23　方波信号流程图

```
LIBRARY IEEE;          -- 方波
USE IEEE.STD_LOGIC_1164.ALL;
USE IEEE.STD_LOGIC_UNSIGNED.ALL;
ENTITY square IS
 PORT ( clk,reset:in std_logic;
  q: out std_logic_vector(7 DOWNTO 0));
 END ;
ARCHITECTURE behave OF square IS
SIGNAL temp : std_logic_vector(7 DOWNTO 0) ;
BEGIN
PROCESS(clk,reset,temp)
  BEGIN
  IF reset = '0' THEN
    temp< = "00000000";
  else
      if rising_edge(clk) THEN
          IF temp = "11111111" THEN temp< = "00000000";
          ELSE
              temp< = temp + 1;
        END IF;
```

```
        END IF;
      END IF;
  END PROCESS;
  PROCESS(temp)
  BEGIN
    IF    temp<127 THEN   q<= "00000000";          -- 占空比 = 50 %
    ELSE
      q<= "11111111";
    END IF;
  END PROCESS;
  END ARCHITECTURE behave;
```

5. 锯齿波信号设计

锯齿波信号的程序流程如图 5.24 所示，若复位信号 reset 无效，为低电平时，在波形产生时钟 clk1 作用下，输出信号依次从 0 变为 255，再恢复为 0，不断循环。锯齿波的 VHDL 程序描述如下：

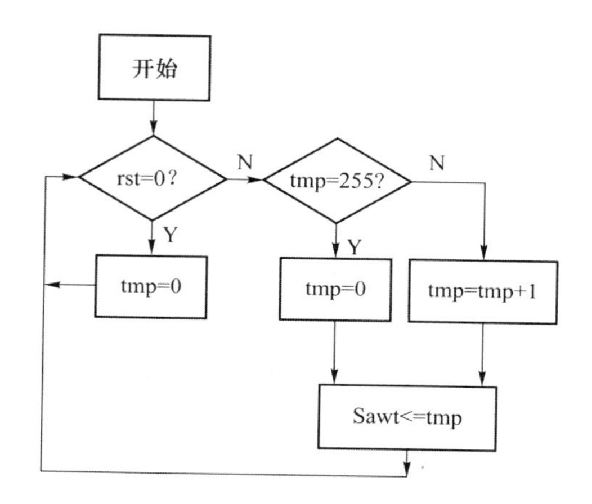

图 5.24　锯齿波信号流程图

```
 LIBRARY IEEE;          -- 锯齿波递增
USE IEEE.STD_LOGIC_1164.ALL;
USE IEEE.STD_LOGIC_UNSIGNED.ALL;
ENTITY sawwave IS
PORT (clk1,rst:in std_logic;
       sawt:out std_logic_vector(7 downto 0));
END ;
ARCHITECTURE behave OF sawwave IS
BEGIN
PROCESS(clk1,rst)
VARIABLE tmp: std_logic_vector(7 downto 0);
BEGIN
IF rst = '0' THEN
    tmp: = "00000000";
ELSIF rising_edge(clk1) THEN
```

```
    IF tmp = "11111111" THEN
      tmp: = "00000000";
    ELSE
    tmp: = tmp + 1;
    END IF;
END IF;
    sawt<= tmp;
END PROCESS;
END ARCHITECTURE behave;
```

6. 三角波信号设计

三角波信号的程序流程如图5.25所示，若复位信号reset无效，为低电平时，在波形产生时钟clk1作用下，输出信号依次从0变为255，再从255减为0，不断循环。三角波的VHDL程序描述如下：

```
LIBRARY IEEE;
USE IEEE.STD_LOGIC_1164.ALL;
USE IEEE.STD_LOGIC_UNSIGNED.ALL;
ENTITY triwave IS
PORT (   clk1,rst:in std_logic;
        tri:out std_logic_vector(7 downto 0));
END ;
ARCHITECTURE behave OF triwave IS
BEGIN
   PROCESS(clk1,rst)
   VARIABLE temp1:std_logic_vector(7 downto 0);
   VARIABLE flag:std_logic;
   BEGIN
   IF rst = '0' THEN    temp1: = "00000000";
          ELSIF rising_edge(clk1) THEN
          IF flag = '0' THEN
              IF temp1 = "11111110" THEN   temp1: = "11111111" ; flag: = '1';
              ELSE   temp1: = temp1 + 1;
              END IF;
          ELSE
              IF temp1 = "00000001" THEN temp1: = "00000000"; flag: = '0';
              ELSE   temp1: = temp1 - 1;
              END IF;
          END IF;
      END IF;
    tri<= temp1;
 END PROCESS;
 END;
```

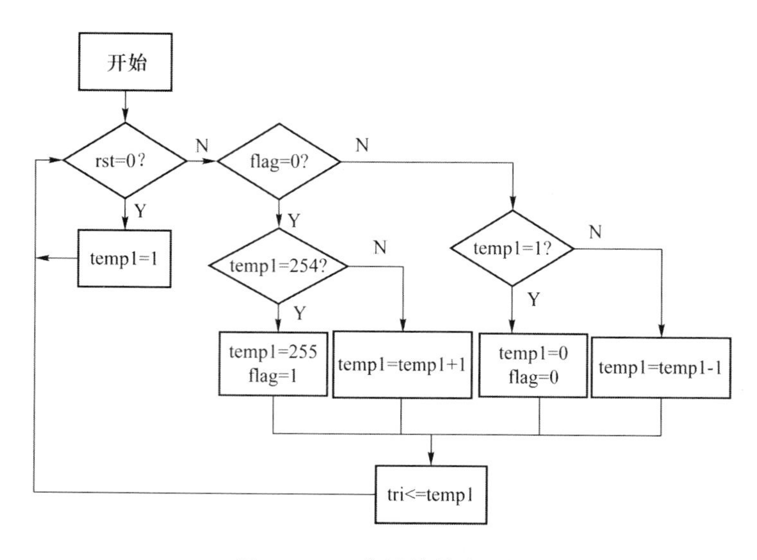

图 5.25 三角波信号流程图

三、系统模块调试

由于模块较多，所以在系统调试过程中，宜采用分模块调试的方法，当单个模块调试好之后，再进行系统联调。

1. 仿真波形

(1) 正弦波仿真

在 Quartus Ⅱ 9.0 中建立波形文件，对输入值进行合理设置，波形仿真通过后，将其输出值 DOUT 设置为模拟波形，可得如图 5.26 所示的模拟正弦波仿真波形。图中时钟脉冲 CLK 触发计数器进行计数，生成 64 个地址值，每个地址分别对应 ROM 中的 64 个正弦波样点值中的一个，依次按序取出，重复这样一个过程，即这些样点值正好构成周期性正弦波信号。

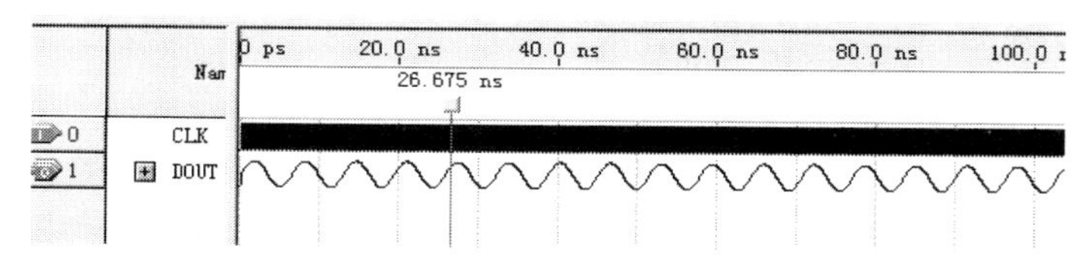

图 5.26 正弦波仿真波形图

(2) 方波仿真

方波信号的仿真波形如图 5.27 所示，当复位信号 reset 为高电平时，在波形产生时钟 clk 的作用下，开始计数，为了产生占空比为 50%的方波信号，对于输出 8 位逻辑向量 q 只有两种取值，即 0 和 255，在程序中合理设置跳变点，就能输出所示的方波。

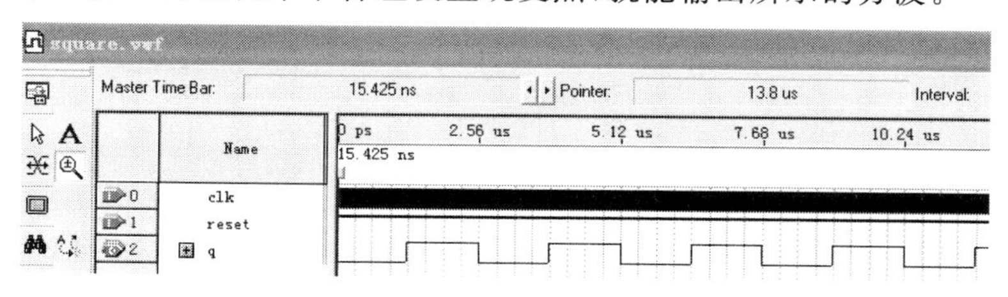

图 5.27 方波仿真波形

（3）锯齿波仿真

锯齿波信号的仿真波形如图5.28所示，图中复位信号rst为高电平时，在clk1的作用下，输出信号对clk1做模为256的加计数，即从0开始自加1直到255，再变为0，循环往复就构成了图中输出信号的波形sawt。

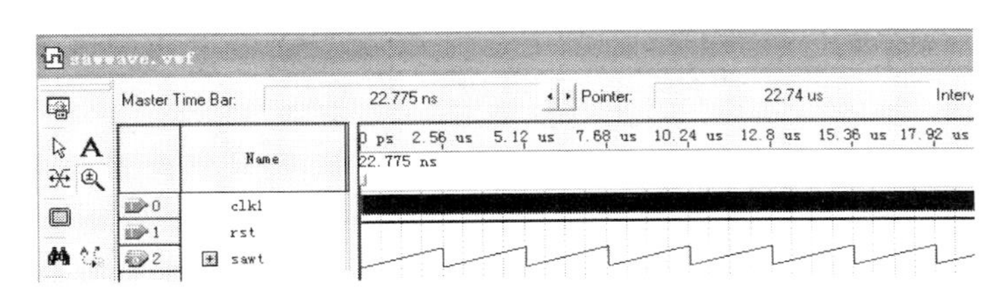

图5.28　锯齿波仿真波形

（4）三角波仿真

三角波信号的波形仿真结果如图5.29所示，若复位信号rst为高电平时，在clk1作用下，输出信号依次从0变为255，再从255减为0，不断循环。由于图中三角波信号tri为8位输出信号，波形的正斜率部分和负斜率部分各要计满255个clk1脉冲，才能显示完整的三角波，所以clk1在图中很密集，而看不出波形脉冲。

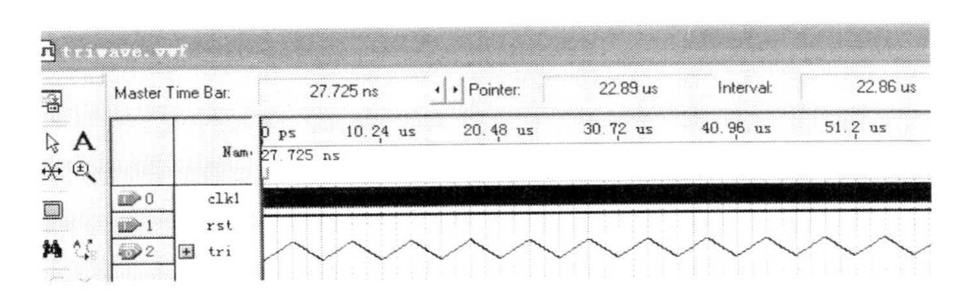

图5.29　三角波仿真波形

（5）波形选择模块仿真

波形选择模块的仿真如图5.30所示，图中控制端a_1、a_2的4种组合方式对输入端8位4路信号q_1、q_2、q_3、q_4进行选择，并送到8位输出端d_out。如a_1&a_2=10，d_out输出q_3的信号。

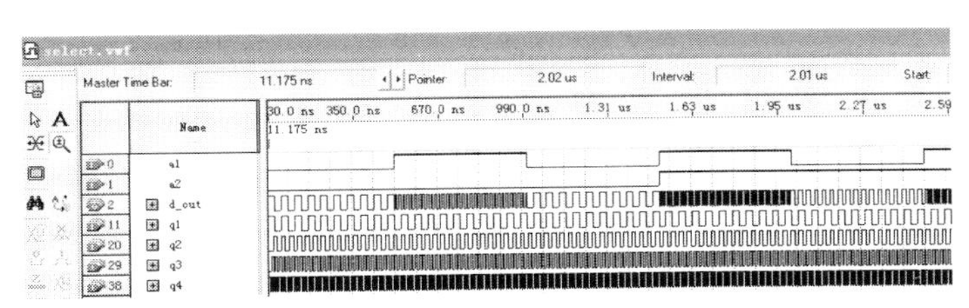

图5.30　波形选择模块

（6）频率调整模块仿真

分频模块的仿真波形如图5.31所示。图中offset=1时表示按键按下，按键“up”每按一次，频率以1作为步进值自加，当offset=0时，up的计数值offset_step=15，则此刻频率的步进值就为15，同时启动了分频功能，图中按下“up”的次数为2(up有两个上升沿)，所以step=30(step初值为0累计两次步进值)，此即分频比，所以此时频率调整模块会对输入时钟 clk 进行 30 分频。当 offset＝0 时，随着按下“up”按键的次数，改变对输入时钟的分频比，从而实现输出频率可控的 clk_out 时钟信号。

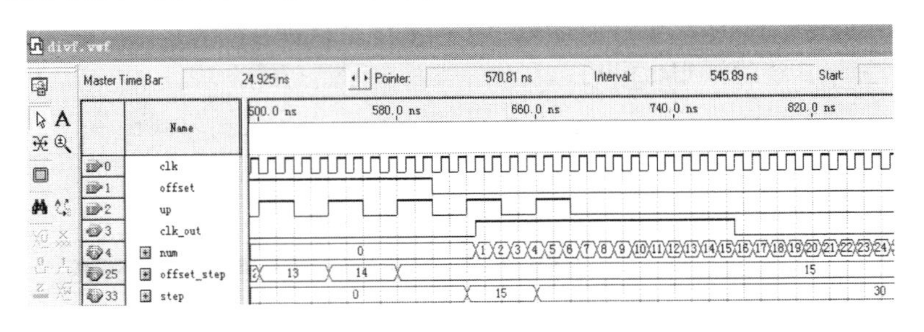

图 5.31　频率调整模块仿真图

2. 管脚绑定及硬件下载测试

波形仿真成功后，将图 5.32 所示电路下载至硬件电路进行调试，本设计以康芯的 GW-48 EDA 实验箱作为实验平台，对电路进行设计和测试。

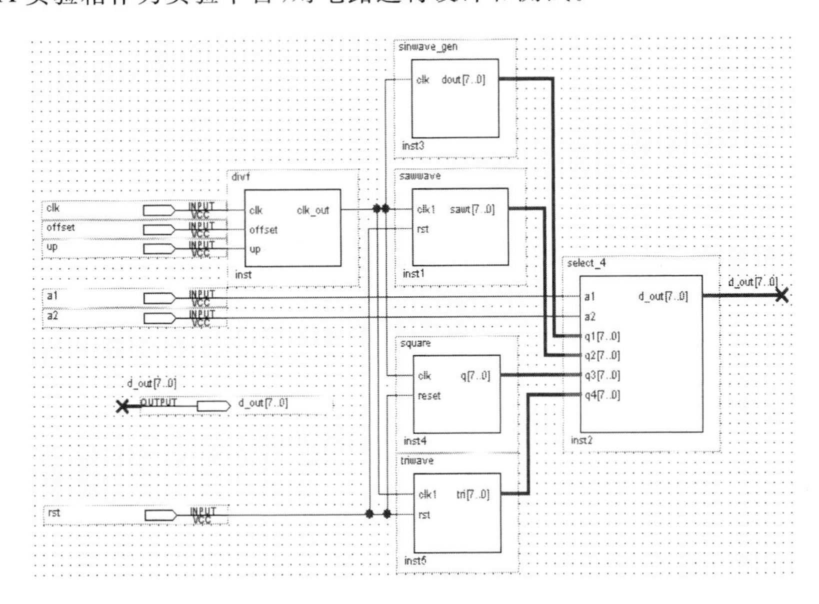

图 5.32　简易信号发生器原理图

下载前，必须进行管脚绑定，由图可知输入硬件电路的信号有时钟信号 clk、调整波形产生频率的两个按键“up”和“offfset”、复位信号 rst、波形选择控制端子 a_1 和 a_2。其中 clk 使用实验箱自带晶振信号，其余的信号可由连接在 FPGA 芯片 I/O 引脚的按键提供，输出 d_out[7..0]所示 8 位数字信号直接送入 DAC0832 进行数模转换后，通过示波器观察各种波形信号。由于本实验箱目标器件为 EP1C3T144C8，考虑到使用 6 个按键信号，所以选实验电路模式 5，用键 1(PIO0，对应的引脚号为 1)控制 rst；用键 2(PIO1，引脚号为 2)控制 up；用键 3 (PIO2，引脚号为 3)控制 offset；用键 4 (PIO3，引脚号为 4)控制 a_1；用键 5 (PIO4，引脚号为 5)控制 a_2；clk 接 $clock_0$(引脚号为 93)；DAC0832 输出端信号接示波器。通过短路帽选择 $clock_0$ 接 256 Hz 信号。

单元模块四　FPGA 直流电机 PWM 控制系统设计

电机作为一种能量转换装置，与我们的日常生活息息相关，如微波炉、吸尘器、VCD 影碟机、电风扇、空调、电动剃须刀等家用电子产品，都使用了各种各样的电机。在很多应用场合，只能旋转的电机已无法满足要求，往往需要能够实现加速、减速、正反转或准确计量旋转速度等功能。因此，本设计针对该问题利用基于现场可编程门阵列 FPGA 的数字系统对直流电机进行控制，提供了一种对直流电机实现数字控制的有效方法。FPGA 器件以硬件电路实现算法程序，将原来的电路板级产品集成为芯片级产品，具有集成度高，体积小，速度快，便于控制，功耗低，可靠性高的优势，因此在工业过程及设备控制中得到日益广泛的应用。

一、设计原理

本设计以 FPGA 芯片为控制核心，通过按键设定电机速度和 PWM 占空比，由 FPGA 的 I/O 口控制直流电机的转动方向，用码盘测量其旋转速度并以数码管进行显示。因此系统主要可分为以下 4 个模块：转速调节模块、脉宽调制（PWM）信号产生模块、速度计量模块、电机正反转方向控制模块。系统框图如图 5.33 所示。

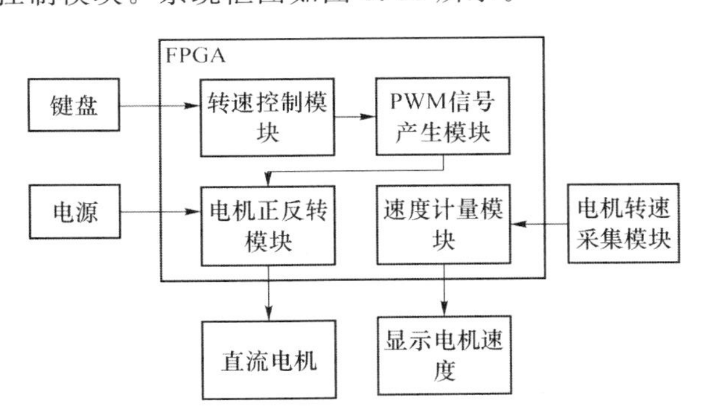

图 5.33　直流电机 PWM 控制系统框图

图中，PWM 信号产生模块通过比较器产生周期性的 PWM 信号；转速控制模块通过键盘改变提供给 FPGA 控制系统的时钟脉冲，从而改变 PWM 信号占空比，最终达到调控电机旋转速度的目的；电机正反转方向控制模块通过外部按键生成送入 H 桥电路控制电机正转、反转的触发信号，来控制电机的转向；速度计量模块通过红外光电管测得的转速脉冲信号计算出电机的旋转速度。

1. 直流电机工作原理

图 5.34 是一个最简单的直流电动机模型。在一对静止的磁极 N 和 S 之间，装设一个可以绕轴转动的圆柱形铁芯，在它上面装有矩形的线圈 abcd。这个转动的部分通常叫作电枢。线圈的两端 a 和 d 分别接到叫作换向片的两个半圆形铜环上。两铜环之间彼此绝缘，且它们与电枢装在同一根轴上，可随电枢一起转动。A 和 B 是两个固定不动的碳质电刷，它们和换向片之间是滑动接触的。来自直流电源的电流就是通过电刷和换向片流到电枢的

线圈里。当电刷 A、B 接到直流电源上，A 接正极，B 接负极。这时线圈中的电流从 A 流入，而从 B 流出。我们知道，载流导体在磁场中会受到电磁力，其方向由左手定则来决定。当电枢为如图 5.34 所示的位置时，线圈 ab 边的电流从 a 流向 b，cd 边的电流从 c 流向 d，根据左手定则可以判断出，ab 边受力的方向是从右向左，而 cd 边受力的方向是从左向右。这样，在电枢上就产生了逆时针方向的转矩，因此电枢将沿着逆时针方向转动起来。当电枢转动使线圈的 ab 边到 S 极下，而 cd 边到 N 极下，与线圈 a 端连接的换向片跟电刷 B 接触，而与线圈 d 端连接的换向片跟电刷 A 接触。这样，线圈内的电流方向变为从 d 流向 c，再从 b 流向 a，从而保持在 N 极下面的导体中的电流方向不变。因此转矩的方向也不改变，电枢仍然按照原来的逆时针方向继续旋转。由此可以看出，换向器配合电刷可保证每个极下线圈边中电流始终是一个方向，就可以使电动机能连续旋转，这就是直流电动机的工作原理。

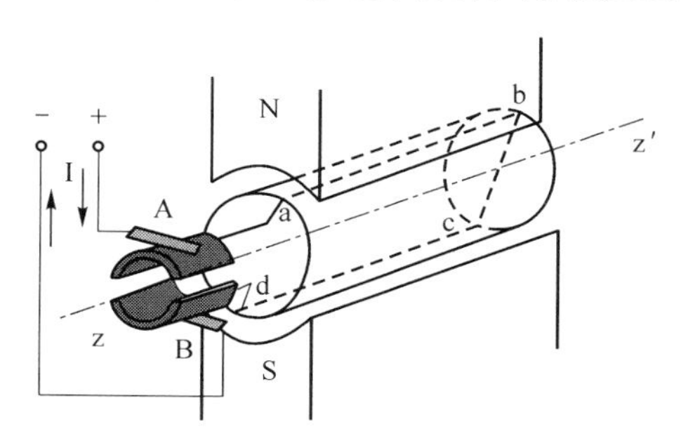

图 5.34　直流电机模型

2. 直流电机 PWM 调速原理

PWM 即脉冲宽度调制，指用改变电机电枢电压接通与断开的时间值，使得电枢电压占空比变化，从而实现负载两端端压的改变，来达到控制电机转速的目的。直流电动机转速 n 与电枢电压 U_a 间的关系如下式所示：

$$n=(U_a-IR)/k\varphi \tag{5-2}$$

其中，I 为电枢电流，R 为电枢电路总电阻，φ 为每极磁通量，k 为电动机结构参数。若电源电压升高，其他条件不变，那么电机的转速会上升，反之，转速降低。虽然式(5-2)中的 φ 也会变化但是基本稳定，可忽略这种弱磁效应，另外，R 很小，则其引起的电枢线路电压可忽略不计，因此可认为转速 n 与 U_a 呈正比。

在本设计中，直流电机调速使用 PWM 调制方式实现。考虑到，电机通电时，速度增加；电机断电时，速度逐渐减小。因此只要改变通、断电时间，即可让电机转速得到控制。设电机持续接通电源时，其转速最大为 V_{max}，设电枢电压占空比为 $D=t_1/T$，则电机的平均速度为

$$V_d=DV_{max} \tag{5-3}$$

其中，V_d 为电机的平均速度，V_{max} 为电机全通时的速度（最大）。V_d 与占空比 D 间的关系，在系统允许时，可将二者近似视为线性关系。因此也就可以看成电机电枢电压 U_a 与占空比 D 成正比，则改变占空比的大小即可控制电机的速度。

3．电机转向控制原理

图5.35中，晶体管 VT_1 与 VT_2、VT_3 与 VT_4 不允许同时导通，否则电源 V_{CC} 直通短路。若 VT_1、VT_4 同时导通，则 VT_2、VT_3 同时关断，正转信号foreware进入H桥，电机正转；同理，VT_2、VT_3 同时导通，则 VT_1、VT_4 同时关断，反转信号reverse进入H桥，电机反转；假设 VT_1、VT_4 同时导通 T_1 秒后同时关断，间隔一定时间（为避免电源直通短路。该间隔时间称为死区时间）之后，再使 VT_2、VT_3 同时导通 T_2 秒后同时关断，如此反复，则电动机电枢端电压的平均值 U_a 为

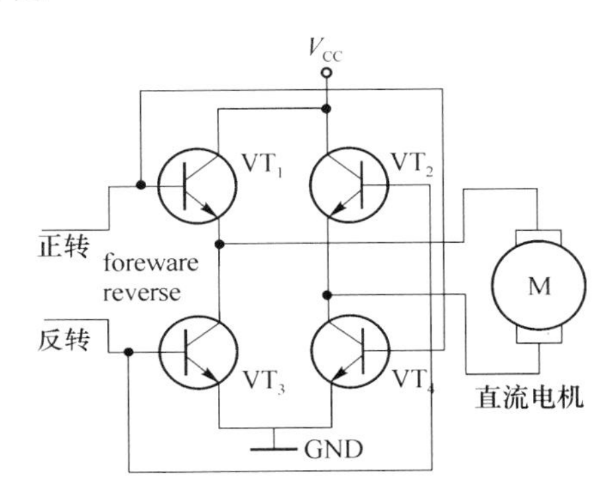

图5.35　直流电机正反转控制

$$U_a=\frac{T_1-T_2}{T_1+T_2}V_{CC}=(2\frac{T_1}{T}-1)V_{CC}=(2\alpha-1)V_{CC} \tag{5-4}$$

由 $0\leqslant\alpha\leqslant1$，$U_a$ 值的范围是 $-V_{CC}\sim+V_{CC}$，意味着电动机可以在正、反两个方向调速运转。

4．直流电机转速测量原理

直流电机的转速可以用光电码盘测速法，即测出转速信号的频率或周期。由于光电码盘安装在转子端轴上，随着电机一起转动，码盘上有 Z 个均布的狭缝，用红外发射管照射在码盘上，在电机带动转盘转动时，当有光线穿过狭缝时，用计数器统计光电脉冲个数，脉冲的频率与电机转速成正比。测速原理如下：在一定的时间 T_c 内，若测得脉冲信号的个数为 M_1，用 M_1 除以 T_c 就可得到光电脉冲的频率 $f_1=M_1/T_c$，电动机每转一圈共产生 Z 个脉冲，f_1 除以 Z 就得到电动机的转速，习惯上，时间 T_c 以秒为单位，而转速是以每分钟的转数r/min为单位，则电动机的转速为

$$n=\frac{60M_1}{T_cZ} \tag{5-5}$$

其中，T_c 和Z为常数，因此转速 n 正比于脉冲个数 M_1。

二、系统模块设计

1．PWM信号产生器设计

PWM信号产生电路如图5.36所示。一般由锯齿波与不同的参考值通过比较器，产生不同脉宽的PWM波形而得到。图5.37中所示的锯齿波 B 与一固定值 A 比较后，可产生固定脉宽的PWM波形，如果要改变PWM的占空比，只要改变 A 值即可。因此基于FPGA

的 PWM 波形产生电路可采用 5 位二进制计数器产生锯齿波与直流电机转速控制模块输出的速度等级通过比较器进行比较，当锯齿波大于直流电机速度值，比较器输出低电平，反之比较器输出高电平，由此产生表征 PWM 信号；当输入的直流电机速度值改变时，则 PWM 信号的占空比也随之改变，而 PWM 的占空比与直流电机的转速呈正比，即 PWM 的占空比增加，电机转速加快，反之，电机转速变慢。下面分别介绍直流电机转速控制模块、锯齿波产生模块和比较器三部分的设计方法。

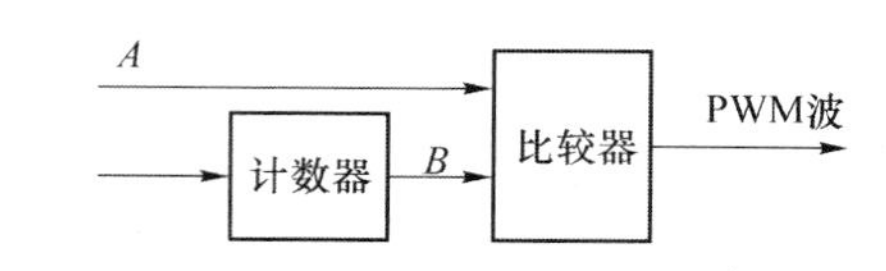

图 5.36　PWM 波产生电路框图

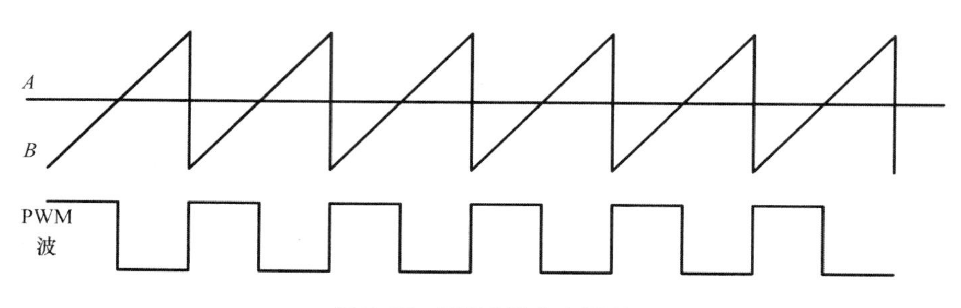

图 5.37　PWM 波产生原理

（1）直流电机转速控制模块 DECD 的设计

通过按键将直流电机的转速分为 4 挡，即 0 挡为不运转，1～3 挡转速依次增加，并用数码管显示当前的转速挡位。模块 DECD 的 VHDL 程序如下：

```
LIBRARY IEEE ;
USE IEEE.STD_LOGIC_1164.ALL ;
USE IEEE.STD_LOGIC_UNSIGNED.ALL;
  ENTITY  DECD IS
    PORT (  CLK : IN  STD_LOGIC;
               DSPY: OUT  STD_LOGIC_VECTOR(1 DOWNTO 0) ;
                  D: OUT  STD_LOGIC_VECTOR(3 DOWNTO 0)) ;
     END ;
ARCHITECTURE  ONE  OF  DECD  IS
SIGNAL CQ : STD_LOGIC_VECTOR(1 DOWNTO 0);
BEGIN
  PROCESS( CQ )
    BEGIN
       CASE  CQ  IS
          WHEN "00" =>  D <= "0100" ; -- 挡位 0 时，转速级别为 4;
          WHEN "01" =>  D <= "0111" ; -- 挡位 1 时，转速级别为 7;
          WHEN "10" =>  D <= "1011" ; -- 挡位 2 时，转速级别为 11;
          WHEN "11" =>  D <= "1111" ; -- 挡位 3 时，转速级别为 15;
          WHEN OTHERS =>  NULL ;
          END CASE ;
```

```
    END PROCESS ;
 PROCESS(CLK)
    BEGIN
      IF CLK'EVENT AND CLK = '1'  then CQ <= CQ + 1; END IF;
    END PROCESS;
   DSPY<= CQ;
 END ;
```

在上述程序中，按键信号由 CLK 送入，DSPY 为两位标准逻辑位矢量，可用来表示 4 种挡位，每一种挡位代表一种速度等级，如挡位 0 的速度等级为 4。将 DSPY[1..0]接至数码管，可及时获知挡位信息。

（2）锯齿波产生模块 CNT5 的设计

锯齿波产生模块可用计数器产生，本设计用 5 位二进制计数器 CNT5 在时钟信号 CLK 激励下输出计数脉冲，为了输出逐渐增大的锯齿波，程序控制在每一个时钟上升沿来时输出计数值的高四位，计数值记至 $2^5=32$ 反 0，继续下一轮计数，以此形成逐渐上升的锯齿波信号。VHDL 程序实现如下：

```
LIBRARY  IEEE;
USE IEEE.STD_LOGIC_1164.ALL;
USE IEEE.STD_LOGIC_UNSIGNED.ALL;
ENTITY CNT5 IS
    PORT ( CLK : IN STD_LOGIC;
             AA : OUT STD_LOGIC_VECTOR(4  DOWNTO  1));
END CNT5;
ARCHITECTURE  behav  OF CNT5 IS
    SIGNAL CQI : STD_LOGIC_VECTOR(4 DOWNTO 0);
BEGIN
    PROCESS(CLK)
    BEGIN
      IF  CLK'EVENT  AND  CLK = '1'  Then  CQI <= CQI + 1;
      END IF;
    END PROCESS;
  AA <= CQI(4  DOWNTO  1);
END behav;
```

由上述程序可知，在进程 PROCESS 中实现了 5 位二进制计数器的功能，计数值在 0～31 之间循环，但是在进程结束后，赋值语句“AA <= CQI(4 DOWNTO 1);”，只输出了计数器输出值的高四位，而将其最低位丢弃，如此往复可以实现周期性出现的渐增的锯齿波信号。

（3）比较器模块 cmp3 的设计

数字比较器是产生 PWM 波形的核心组成部件，锯齿波 CNT5 输出信号 AA[4..1]和直流电机转速控制模块 DECD 速率等级输出信号 D[3..0]同时加至数字比较器的两个输入端，进行比较，如 AA[4..1]的值大于 D[3..0]输出值，则比较器输出低电平，反之输出高电平，由此产生周期性的 PWM 波形，若改变速率等级设定值，就可以改变 PWM 输出信号的占空比。比较器可用 LPM 函数 LPM_COMPARE 进行定制，如图 5.38 所示。

比较器定制完成后，利用 Quartus Ⅱ原理图设计方法，将转速控制模块 DECD、锯齿波产生器 CNT5 和比较器 cmp3 连接起来，则完成了 PWM 信号产生器的电路设计，如图 5.39 所示。

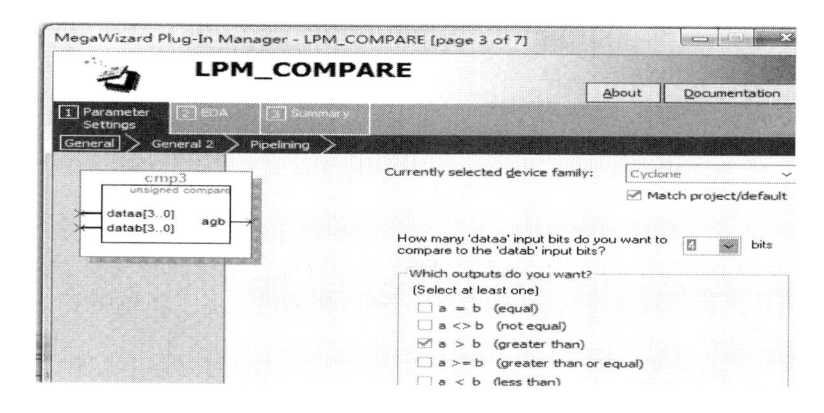

图 5.38 定制比较器

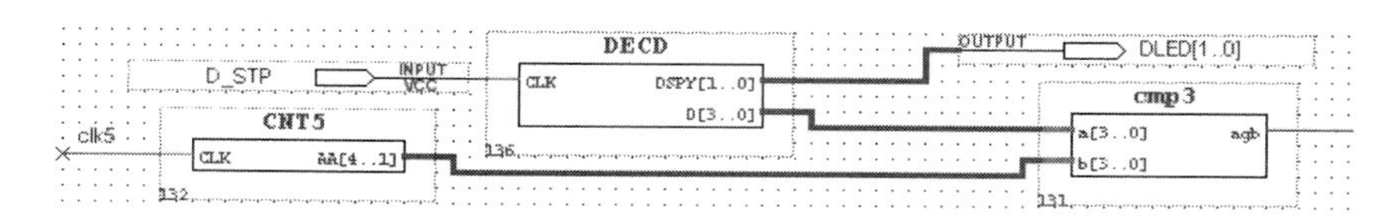

图 5.39 PWM 信号产生

图 5.39 中，比较器的两路输入信号分别为速率等级设定值 a[3..0]和锯齿波信号 b[3..0]，图中比较器 cmp3 输出为高低电平，当锯齿波输出值大于速率等级输出的规定值时，即比较关系为 a[3..0]<b[3..0]，比较器输出低电平，否则输出高电平。比较器输出的高低电平即作为控制直流电机正反转的启动信号。

2. 直流电机启停、正反转设计

直流电机旋转方向控制电路用于控制直流电动机正反转和启/停状态，该电路由两个二选一的多路选择器组成，key_rot 键控制电机的正反转，当 key_rot=1 时，PWM 输出波形从正端 foreware 进入 H 桥，电机正转；当 key_rot=0 时，PWM 输出波形从负端 reverse 进入 H 桥，电机反转。key_start 键通过锁存器 LATCH 控制 PWM 的输出，实现对电机的工作/停止控制：当 key_start=1 时，LATCH 的门打开，允许 PWM 波输出，电机启动；当 key_start=0 时，LATCH 门关闭，PWM 波无法输出，则电机不转动。图 5.40 为直流电机旋转方向控制原理图。

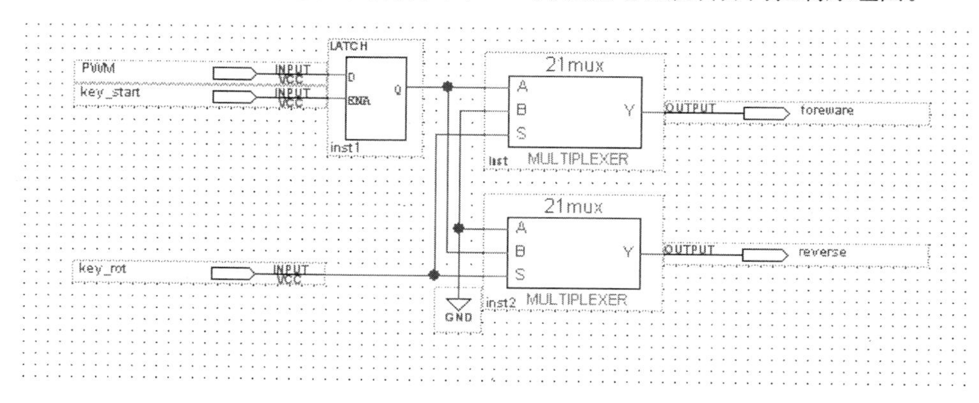

图 5.40 直流电动启/停、正反转控制电路

3. 直流电机转速测量设计

根据直流电机的转速测量原理，可以参照频率计的设计方法，设计电机转速测量电路，并通过数码管显示转速测量结果。直流电机转速测量电路包括时序控制器、计数器和锁存器。其中时序控制器产生控制测量转速信号时的工作时序，计数器用于统计直流电机的转数（光电码盘产生的脉冲个数），锁存器用来锁存计数器输出的计数值。时序控制器要完成测频任务，须产生 3 个重要的控制信号，即计数使能信号、计数锁存信号和计数器清零信号，其中计数使能信号有效的时段必须为 1s，这样锁存器的输出值就为直流电机的频率（频率为单位时间内的次数）。计数使能信号有效时，允许计数器计数，紧接着将计数值锁入锁存器；为了得到每一次的计数值，则须把前一次的计数值锁存后，对计数器清零，所以紧随锁存信号之后须清除锁存器记录。因此计数使能信号（1 Hz 的二分频信号）、计数锁存信号和计数器清零信号的控制时序如图 5.41 所示。据此实现时序控制器的 VHDL 程序如下：

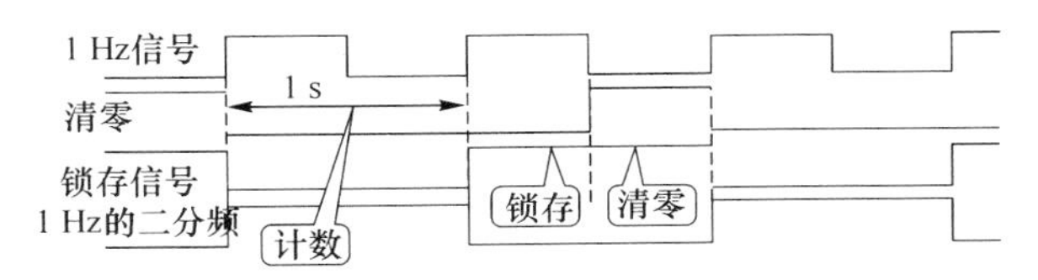

图 5.41　控制时序图

```
LIBRARY IEEE;
USE IEEE.STD_LOGIC_1164.ALL;
USE IEEE.STD_LOGIC_UNSIGNED.ALL;
ENTITY TESTCTL IS
    PORT (CLK : IN STD_LOGIC;                  --1Hz
        TSTEN : OUT STD_LOGIC;                 --计数器时钟使能
      CLR_CNT : OUT STD_LOGIC;                 --计数器清零
         Load : OUT STD_LOGIC  );              --输出锁存信号
END TESTCTL;
ARCHITECTURE behav OF TESTCTL IS
    SIGNAL Div2CLK : STD_LOGIC;
BEGIN
    PROCESS( CLK )
      BEGIN
       IF CLK'EVENT AND CLK = '1' THEN          --1Hz 时钟二分频
            Div2CLK <= NOT Div2CLK;
       END IF;
    END PROCESS;
    PROCESS (CLK, Div2CLK)
      BEGIN
       IF CLK = '0' AND Div2CLK = '0' THEN      --产生计数器清零信号
            CLR_CNT <= '1';
         ELSE
            CLR_CNT <= '0';
```

```
      END IF;
    END PROCESS;
    Load  <= NOT Div2CLK;     TSTEN <= Div2CLK;
END behav;
```

直流电机转速测频电路中的 CNT、REG 可由 LPM 函数定制，根据原理图设计方法完成了测频电路，如图 5.42 所示，图中 ce_in 将直流电机转速脉冲信号送入 CNT 进行统计计数，clk_1Hz 为 1Hz 的时钟信号，送入 TESTCTL 中用来产生测频时所需的三路时序控制信号 TSTEN、CLR_CNT 和 Load，锁存器的工作时钟为 Load 信号，即在 Load=1 和 clk_1Hz=1 时，将 REG 中锁存的转速脉冲个数进行输出，此即直流电机的频率。

将图 5.42 所示电路进行波形仿真，可得图 5.43，图中 CLK 的频率为 1 Hz，因此可以这样考虑，计数使能信号 TSTEN 在 CLK 为 1s 的时段内（一个周期），刚好为高电平，则允许计数器 CNT 计数，根据频率的定义，该计数值刚好是 CNT 输入端送入的电机转速的频率。而在 CLK 信号接下来的 1s 的时段内（一个周期），在 CLK=1 和 Load=1 时将计数值锁入 REG 中，而在 CLK=0 和 Load=1 时，计数器清零信号 CLR_CNT=1 有效，将计数器 CNT 中已经锁存的计数值清除，以便 CNT 在下一个计数使能信号 TSTEN=1（有效）为高电平期间继续统计脉冲数。由此可见，时序关系图符合测频控制器的工作时序。另外，直流电机的频率测量值可通过图 5.42 中的 Dout[15..0]之后接带译码器的数码显示电路，可显示电机的频率，根据式(5-5)可以求得电机的转速。

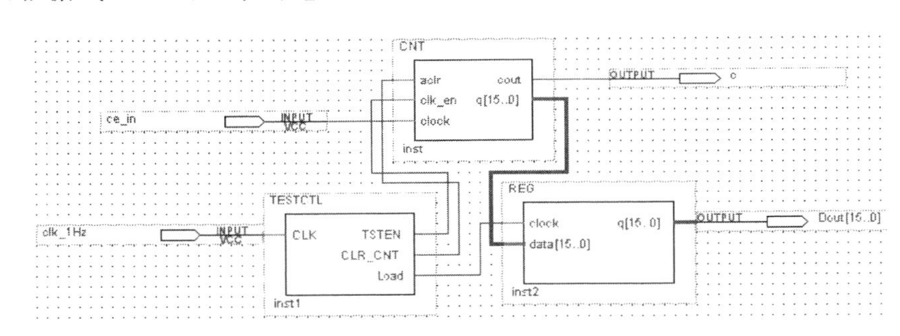

图 5.42　直流电机测频电路图

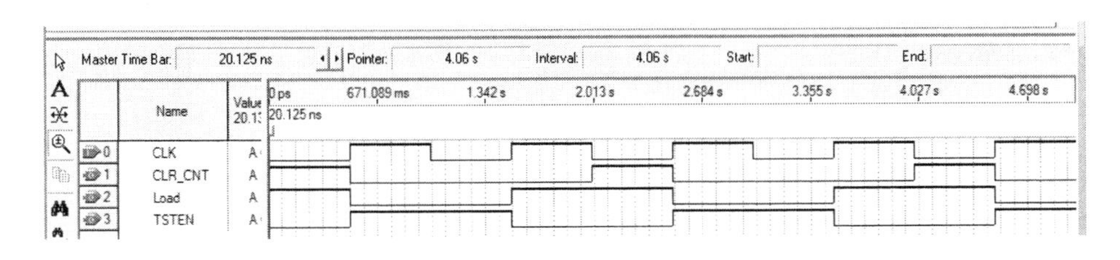

图 5.43　测频时序控制器的波形仿真图

4. 直流电机转速计数去抖动电路

在 FPGA 中加上脉冲信号去抖动电路，对来自红外光电电路测得的转速脉冲信号进行数字滤波，从而实现对直流电机转速的精确测量。在此，采用同步整形消抖电路，只要脉冲抖动不出现在时钟上升沿处，电路就不会把它当作一次有效输入。由于抖动一般持续时间较短，因此时钟信号周期足够大，抖动出现在上升沿处的概率较小。同时，正常输入信号应至少持续一个时钟周期，才被认为是一个有效的输入脉冲，以此实现消抖目的。消抖电路如图 5.44 所示。

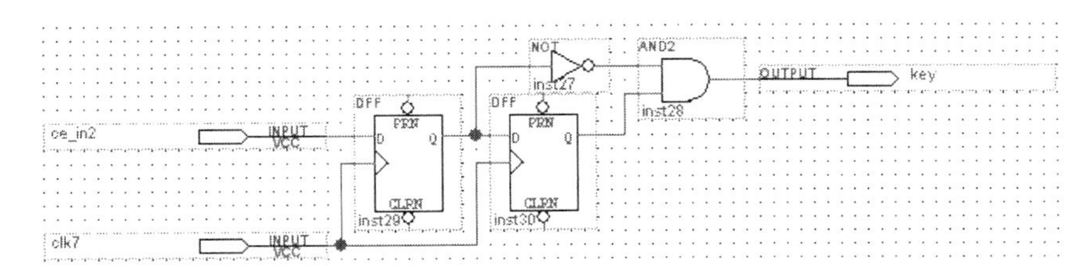

图 5.44　同步整形消抖电路

三、系统模块调试

1. 仿真波形

(1) 锯齿波产生器仿真

锯齿波产生器由 5 位二进制计数器实现，计数器在 CLK 上升沿的激励下输出计数脉冲的高四位 AA[4..1]，舍弃最低位 AA[0]，这样可以输出逐渐增大的锯齿波，当计数值记至 $2^5=32$ 反 0，继续下一轮计数，以此形成逐渐上升的锯齿波信号。仿真波形如图 5.45 所示。

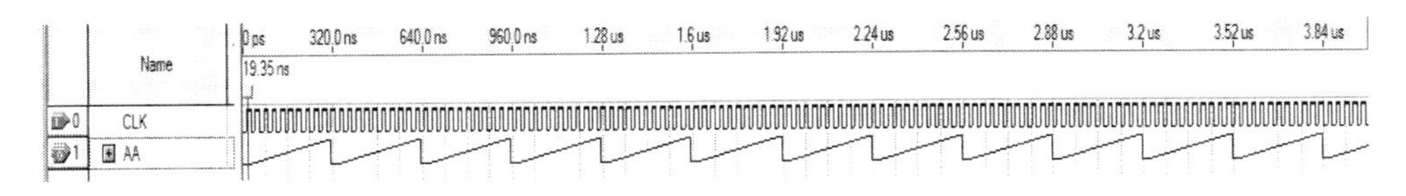

图 5.45　锯齿波信号

(2) 直流电机启停、正反转控制模块仿真

直流电机的启停控制由 LPM 定制的 Latch 函数实现，正反转由两个二选一的数据选择器完成，整个电路模块的波形仿真如图 5.46 所示。图中 Latch 有两个输入端，一路为 PWM 信号，另一路为直流电机启/停控制端 key_start，key_start 的状态可以控制 PWM 信号是否被输出，如当 key_start=1 时启动电机，此时若直流电机正反转控制按键 key_rot=1，则正转输出端 foreware 将 PWM 信号送至 H 桥，直流电机正转；同样条件下，若 key_rot=0，则反转输出端 reverse将 PWM 信号送至 H 桥，直流电机反转。一旦 key_start=0，则电机停止转动，foreware 和 reverse 端无信号输出。

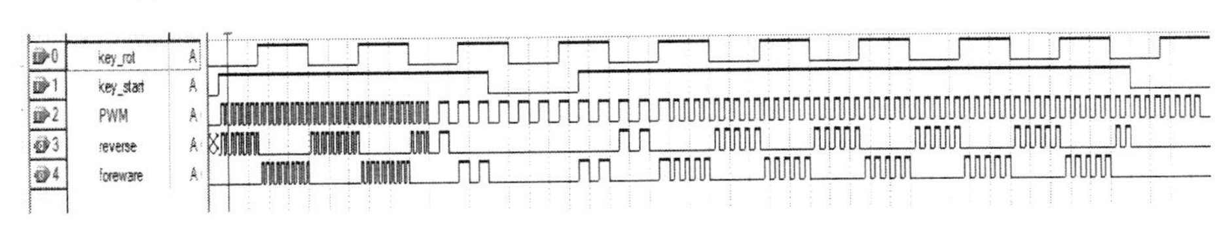

图 5.46　直流电机启停、正反转仿真波形

(3) 电机转速测量控制模块仿真

电机转速测量控制模块仿真波形如图 5.47 所示。图中 oe_in 为光电码盘脉冲信号（直流电机转数），为了检验电机的转速测量值能否正常输出，仿真时 oe_in 波形采用不同频率的信号，因此在图中其波形疏密程度不一样，代表电机的转速不同，波形密集的代表转速快，反之，转速慢。图中 Dout 为测得的电机频率值，该值的输出也满足测频时序控制要求，即图中 Div2CLK=1，统计光电码盘脉冲信号计数；当 Div2CLK=0，clk_1Hz=1 时送出锁存

的光电码盘脉冲计数值；而当 Div2CLK＝0，clk_1Hz＝0 时，恰好清零信号 CLR_CNT＝1，因此计数器清零，为下一轮计数做好准备。

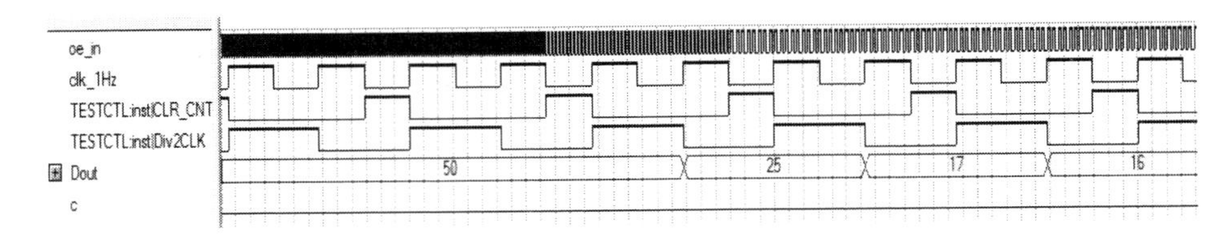

图 5.47　直流电机转速测量电路仿真波形

2. 管脚绑定及硬件下载

图 5.48 为本设计原理电路，图中的信号端有：直流电机转速设定端 D_STP、锯齿波产生器时钟信号 clk5（同时也为消抖电路时钟信号）、电机启停端 key_start、电机正反转控制端 key_rot、光电码盘脉冲信号 oe_in 和直流电机测频门控时钟信号 clk_1Hz。其中D_STP、key_start、key_rot 可用按键控制；clk5、clk_1Hz 接频率信号；oe_in 与光电码盘输出信号相接。输出信号有电机转速挡位设定值 DLED[1..0]和电机频率值 Dout[15..0]，这两个值可用数码管进行显示。

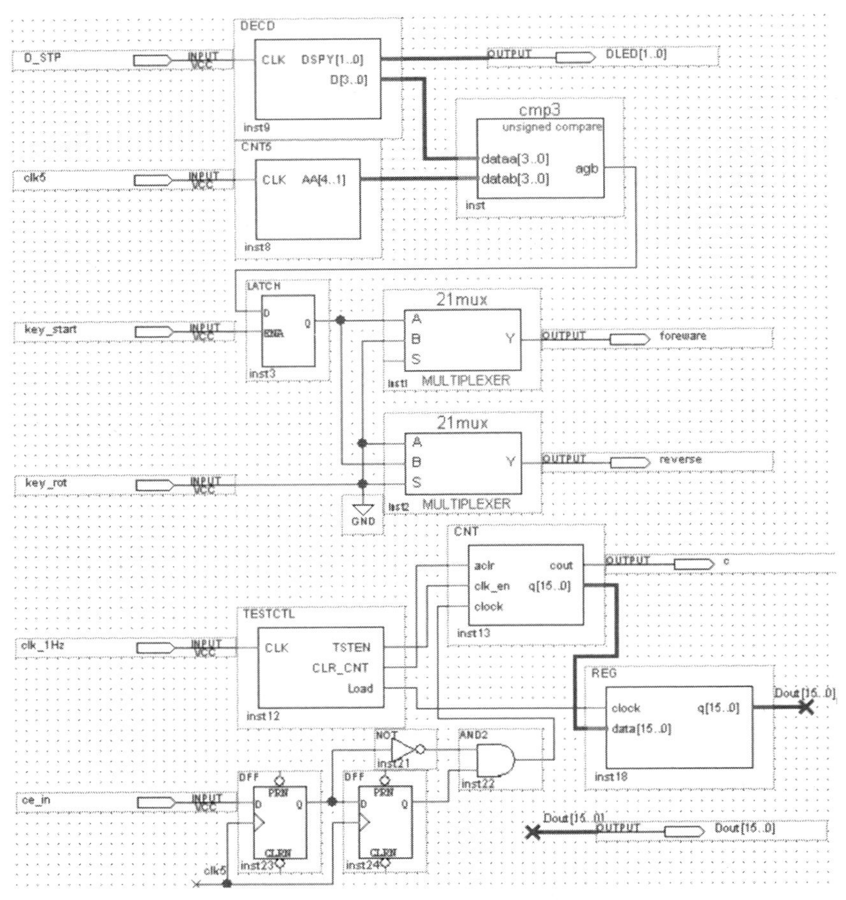

图 5.48　FPGA 直流电机 PWM 控制系统电路

根据上述分析，借助康芯的 GW-48 EDA 实验箱作为实验平台，可对电路进行管脚绑定和下载测试。实验箱目标器件为 EP1C3T144C8，选实验电路模式 5，将 D_STP 与键 1(PIO0，对应的引脚号为 1)绑定；key_start 与键 2(PIO1，引脚号为 2)绑定；key_rot 与键 3(PIO2，引脚号为 3)绑定；clk5 接 clock0（引脚号为 93）；clk_1Hz 接 clock5（引脚号为 16）。而 oe_in 与 PIO66 相接、电机正转控制端 foreware 与 PIO60 相接、电机反转控制端 reverse 与 PIO61 相接，由于实验箱已经固化了这 3 个信号，不用进行绑定，若是自己设计电路，可以参考该连接方式。输出端 DLED[1..0]接至数码管 1，绑定信息为：PIO16(引脚号为 39)、PIO17(引脚号为 40)分别指派给 DLED[0]和 DLED[1]；Dout[15..0]需要用 4 个数码管显示，将 Dout[15..0]由高到低 4 位一组划分给 4 个数码管，即数码管 4(PIO31～PIO28，引脚号为 72～69)、数码管 3(PIO27～PIO24，引脚号为 68、67、52、51)、数码管 2(PIO23～PIO20，引脚号为 50～47)和数码管 1(PIO19～PIO16，引脚号为 42～39)。最后进行编译、下载和硬件测试。

模块五　小结

本章以我们身边熟悉的常见设备，如数字钟、简易信号发生器、直流电机控制系统为例，首先讲清讲透原理，然后根据每个设计实体的原理综合应用原理图和 VHDL 文本编辑方式，利用层次化设计方法，自顶向下地逐层分解、细化设计任务，首先完成底层的小模块，然后在顶层设计中调用先前完成的各个小模块，最终实现设计任务。

实训项目

项目一　等精度频率计设计

一、实训目的

- 熟练应用 Quartus Ⅱ 的原理图输入设计方法和 VHDL 文本设计方法进行等精度频率计设计。
- 学习等精度频率计的设计方法。
- 熟练应用层次化设计方法分模块进行设计。

二、实训设备

装有 Quartus Ⅱ 软件的计算机和配合硬件测试的相关实验箱。

三、实训内容

（一）实训原理

等精度测频的实现方法可表示为图 5.49。BZH 和 TF 是两个可控计数器，标准频率信号 BCLK 从 BZH 的时钟输入端 BCLK 输入，被测信号 TCLK 从 TF 的时钟输入端 TCLK

输入。当预置门控信号 CL 为高电平时，TCLK 的上升沿通过 D 触发器的 Q 端同时启动 BZH 和 TF，BZH、TF 同时对标准频率信号 BCLK 和被测信号 TCLK 进行计数，当预置门信号为低电平的时候，等被测信号的上升沿到来后将使两个计数器同时关闭，则等精度测量方法测量精度与预置门宽度的标准频率有关，与被测信号的频率无关，被测频率精度可以达到标准频率相同的精度。

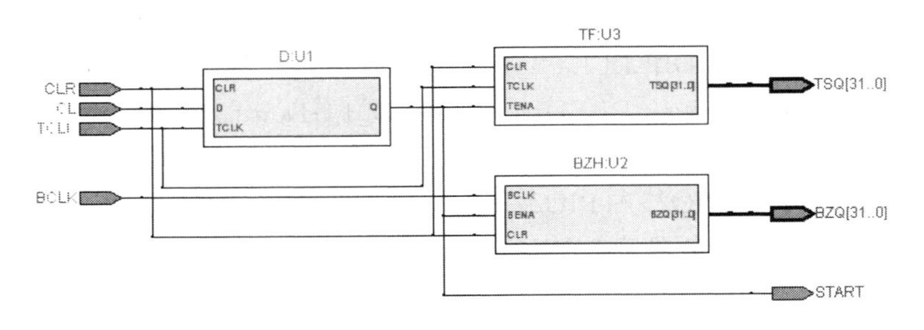

图 5.49　项目一：频率计电路结构框图

要实现图 5.49 所示的等精度测频电路功能，须有图 5.50 所示的频率计测频时序。在测量过程中，由于两个计数器分别对标准频率信号和被测频率信号同时计数。首先给出闸门开启信号 CL(预置闸门上升沿)，此时计数器并不开始计数，而是等到被测信号 TCLK 的上升沿到来时，计数器才真正开始计数。设在一次预置门时间 T_{pr} 中，被测信号 TCLK 的计数值为 N_x，标准频率信号 BCLK 的计数值为 N_s，则所测得的频率为 $F_x=(F_s/N_s)\cdot N_x$。然后预置闸门关闭信号(下降沿)到来时，计数器并不立即停止计数，而是等到被测信号的上升沿到来时才结束计数，完成一次测量过程。

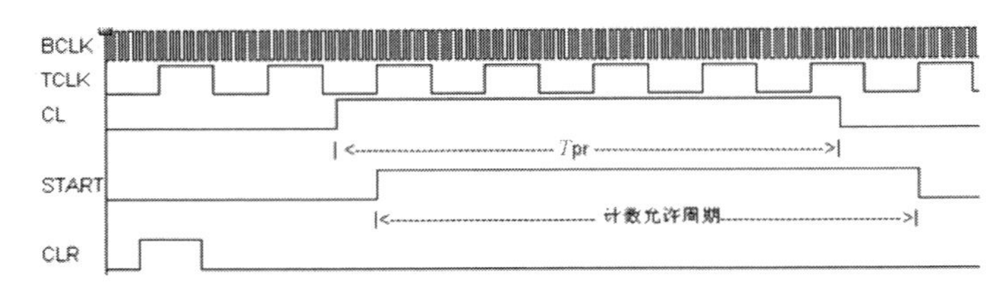

图 5.50　项目一：测频时序图

(二) 实训步骤

1. 编辑输入：

(1) 标准频率计数器模块，用于统计标准时钟个数 N_s 的 32 位加法计数器。可参考如下程序：

```
LIBRARY IEEE;          --标准时钟计数器
USE IEEE.STD_LOGIC_1164.ALL;
USE IEEE.STD_LOGIC_UNSIGNED.ALL;
ENTITY BZH  IS
    PORT (BCLK : IN STD_LOGIC;          --标准频率时钟信号
          BENA : IN STD_LOGIC;          --计数器使能端
           CLR : IN STD_LOGIC;          --清零和初始化信号
           BZQ : OUT STD_LOGIC_VECTOR(31 DOWNTO 0));       --标准计数器输出
```

```
  END BZH;
ARCHITECTURE behav OF BZH IS
SIGNAL ZQ : STD_LOGIC_VECTOR(31 DOWNTO 0);
BEGIN
PROCESS(BCLK, CLR)
    BEGIN
        IF CLR = '1' THEN   ZQ <= ( OTHERS => '0' ) ;
        ELSIF BCLK'EVENT AND BCLK = '1' THEN
            IF BENA = '1' THEN   ZQ <= ZQ + 1;
            END IF;
        END IF;
  END PROCESS;
  BZQ <= ZQ;
END behav;
```

（2）被测频率计数器模块，用于统计被测频率个数 N_x 的 32 位加法计数器。可参考如下程序：

```
LIBRARY IEEE;          --被测频率计数器
USE IEEE.STD_LOGIC_1164.ALL;
USE IEEE.STD_LOGIC_UNSIGNED.ALL;
ENTITY TF  IS
   PORT (TCLK : IN STD_LOGIC;           --被测频率时钟信号
         TENA : IN STD_LOGIC;           --计数器使能端
         CLR : IN STD_LOGIC;            --清零和初始化信号
         TSQ : OUT STD_LOGIC_VECTOR(31 DOWNTO 0));      --被测频率计数器输出
  END TF;
ARCHITECTURE behav OF TF IS
SIGNAL SQ : STD_LOGIC_VECTOR(31 DOWNTO 0);
BEGIN
PROCESS(TCLK, CLR)
    BEGIN
        IF CLR = '1' THEN   SQ <= ( OTHERS => '0' ) ;
        ELSIF TCLK'EVENT AND TCLK = '1' THEN
            IF TENA = '1' THEN   SQ <= SQ + 1;
            END IF;
        END IF;
  END PROCESS;
  TSQ <= SQ;
END behav;
```

（3）门控信号可参考如下程序：

```
LIBRARY IEEE;          --门控信号生成
USE IEEE.STD_LOGIC_1164.ALL;
USE IEEE.STD_LOGIC_UNSIGNED.ALL;
```

```
ENTITY D  IS
    PORT (D : IN STD_LOGIC;           --CLOCK1预置门控信号
          TCLK : IN STD_LOGIC;          --被测频率
          CLR : IN STD_LOGIC;          --清零和初始化信号
          Q : OUT STD_LOGIC);         --门控信号
  END D;
ARCHITECTURE behav OF D IS
SIGNAL SQ : STD_LOGIC_VECTOR(31 DOWNTO 0);
 BEGIN
PROCESS(TCLK,CLR)
   BEGIN
   IF CLR = '1' THEN   Q <= '0';
   ELSIF TCLK'EVENT AND TCLK = '1' THEN Q <= D;
   END IF;
END PROCESS;
END behav;
```

(4) 测频时序控制模块可参考如下程序：

```
LIBRARY IEEE;          --测频时序控制模块
USE IEEE.STD_LOGIC_1164.ALL;
USE IEEE.STD_LOGIC_UNSIGNED.ALL;

ENTITY GWDVPB IS
    PORT (BCLK : IN STD_LOGIC;          --标准频率时钟信号
          TCLK : IN STD_LOGIC;          --待测频率时钟信号
          CLR : IN STD_LOGIC;          --清零和初始化信号
          CL : IN STD_LOGIC;          --预置门控制
          START : OUT STD_LOGIC;          --计数时段
          BZQ,TSQ  :OUT STD_LOGIC_VECTOR(31 DOWNTO 0));        --标准计数器/测频计数器输出
END GWDVPB;
ARCHITECTURE behav OF GWDVPB IS
    SIGNAL ENA : STD_LOGIC;

COMPONENT  BZH  IS
    PORT (BCLK : IN STD_LOGIC;
          BENA : IN STD_LOGIC;
           CLR : IN STD_LOGIC;
           BZQ : OUT STD_LOGIC_VECTOR(31 DOWNTO 0));
END COMPONENT;

COMPONENT  TF  IS
    PORT (TCLK : IN STD_LOGIC;
          TENA : IN STD_LOGIC;
          CLR : IN STD_LOGIC;
```

```
            TSQ : OUT STD_LOGIC_VECTOR(31 DOWNTO 0));
    END COMPONENT;
   COMPONENT  D  IS
       PORT (D : IN STD_LOGIC;
             TCLK : IN STD_LOGIC;
             CLR : IN STD_LOGIC;
             Q : OUT STD_LOGIC);
   END COMPONENT;
   BEGIN
   U1 : D PORT MAP (D=>CL,TCLK =>TCLK,CLR =>CLR,Q=>ENA);
   U2 : BZH PORT MAP (BENA=>ENA,BCLK =>BCLK,CLR =>CLR,BZQ=>BZQ);
   U3 : TF PORT MAP (TENA=>ENA,TCLK =>TCLK,CLR =>CLR,TSQ=>TSQ);
        START<=ENA;
   END behav;
```

要想实现等精度频率计，还要定制乘法器、除法器模块，定制方法在之前的模块中讲过，这里不再涉及，等所需的模块都完成后，分别将这些模块对应的文件生成器件，用原理图中画线的办法或例化语句设计顶层文件。

2. 仿真测试。

3. 引脚绑定。

4. 硬件下载测试。

四、实训报告

请根据实训内容写实训报告，包括：程序设计、软件编译、仿真分析、硬件测试及详细实验过程；程序分析报告、仿真波形图及其分析报告。

五、实训总结

实验结束后，对自己的实训思路、方法，或实训中出现的问题和解决方法加以论述，也可以对实训题目的难易程度进行总结或提出建议、意见。

项目二　四路输入抢答器设计

一、实训目的

• 熟练应用 Quartus Ⅱ 的原理图输入设计方法和 VHDL 文本设计方法设计四路输入抢答器，使其具有如下功能：(1)能识别最先抢答信号，并显示该组序号；(2)能对答题时间进行计时、显示、超时报警；(3)可预置答题时间，具有复位功能，倒计时启动功能。

• 学习四路输入抢答器的设计方法。

• 熟练应用层次化设计方法分模块进行设计。

二、实训设备

装有 Quartus Ⅱ 软件的计算机和配合硬件测试的相关实验箱。

三、实训内容

(一) 实训原理

参照图 5.51 设计一个四路输入抢答器。

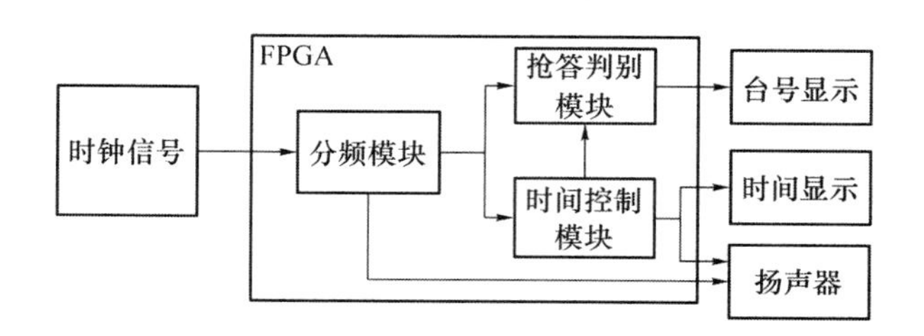

图 5.51　项目二:四路输入抢答器设计框图

（二）实训步骤

1. 编辑输入：

首先完成底层文件设计，即分频器模块设计、抢答判别模块设计、时间控制模块设计、译码显示模块等设计，然后将这些模块生成对应的器件，最后利用这些生成器件连接出完整的电路，完成顶层文件的设计。

抢答判别模块主要用于识别抢答过程中，最先抢答信号。在抢答开始后，当任意一路抢答器按下后，信号输入并进行锁存，这时其他抢答按键再按下则不起作用。参考程序如下：

```
LIBRARY ieee;
  USE ieee.std_logic_1164.ALL;
  USE ieee.std_logic_arith.ALL;
  USE ieee.std_logic_unsigned.ALL;
  ENTITY QDMK IS
     PORT(A,B,C,D:IN std_logic;
           R:IN std_logic;
           SIGNAL CLK:IN std_logic;
           BJ:OUT std_logic;
           Y:buffer std_logic_vector(6 DOWNTO 0));
  END QDMK;
  ARCHITECTURE behave OF QDMK IS
   BEGIN
     PROCESS(A,B,C,D,R,CLK)
      BEGIN
        IF R='1' THEN
           Y<="0000000";
           BJ<='0';
        ELSIF CLK'event AND CLK='1' THEN
          IF Y<="0000000" THEN
             IF A='1' THEN
                 Y<="0110000";
             ELSIF B='1' THEN
                    Y<="1101101";
             ELSIF C='1' THEN
                       Y<="1111001";
             ELSIF D='1' THEN
```

```
            Y<="0110011";
          END IF;
        ELSE NULL;
        END IF;
       BJ<=A OR B OR C OR D;
      END IF;
    END PROCESS;
  END behave;
```

2. 仿真测试。

3. 引脚绑定。

4. 硬件下载测试。

四、实训报告

请根据实训内容写实训报告，包括：程序设计、软件编译、仿真分析、硬件测试及详细实验过程；程序分析报告、仿真波形图及其分析报告。

五、实训总结

实验结束后，对自己的实训思路、方法，或实训中出现的问题和解决方法加以论述，也可以对实训题目的难易程度进行总结或提出建议、意见。

参 考 文 献

[1] 廖超平,黄守宁. EDA 技术与 VHDL 实用教程[M]. 北京:高等教育出版社,2007.
[2] 潘松,黄继业. EDA 技术实用教程[M]. 北京:科学出版社,2006.
[3] 潘松,赵敏笑. EDA 技术及其应用[M]. 北京:科学出版社,2009.
[4] 潘松,黄继业. EDA 技术与 VHDL 语言[M]. 北京:清华大学出版社,2007.
[5] 焦素敏. EDA 应用技术[M]. 北京:清华大学出版社,2005.
[6] 周润景. 基于 Quartus Ⅱ的 FPGA/CPLD 数字系统设计实例[M]. 北京:电子工业出版社,2007.
[7] 宋振辉. EDA 技术与 VHDL[M]. 北京:北京大学出版社,2008.
[8] 于润伟. EDA 基础与应用[M]. 北京:机械工业出版社,2009.
[9] EDA/SOPC 技术实验讲义,杭州康芯电子有限公司,2006.